新硬件主义

焦 娟
冯静静
毛永丰
王晶晶
——
著

U0159136

中国出版集团
中译出版社

图书在版编目（CIP）数据

新硬件主义 / 焦娟等著 . -- 北京：中译出版社，
2022.5

ISBN 978-7-5001-7059-4

Ⅰ . ①新… Ⅱ . ①焦… Ⅲ . ①硬件－关系－信息经济
－研究 Ⅳ . ① TP303 ② F49

中国版本图书馆 CIP 数据核字（2022）第 050101 号

Xinyingjian Zhuyi

新硬件主义

著　　者：焦　娟　冯静静　毛永丰　王晶晶
策划编辑：于　宇　方荟文
责任编辑：于　宇　方荟文
营销编辑：吴一凡　杨　菲
出版发行：中译出版社
地　　址：北京市西城区新街口外大街 28 号 102 号楼 4 层
电　　话：68002494（编辑部）
邮　　编：100088
电子邮箱：book @ ctph. com. cn
网　　址：http : //www. ctph. com. cn

印　　刷：北京顶佳世纪印刷有限公司
经　　销：新华书店
规　　格：787mm×1092mm　1/16
印　　张：22
字　　数：245 千字
版　　次：2022 年 5 月第 1 版
印　　次：2022 年 5 月第 1 次印刷

ISBN 978-7-5001-7059-4　　　　定价：78.00 元

推荐序一

　　元宇宙是一个新兴概念，更严格地说，它是经典概念的复兴。尽管有很多的争论，我们还是可以把它看作一个新的计算平台。本书作者以其独特的视角来探讨元宇宙下半场，也就是"新硬件主义时代"，把感性思考和理性思维相融合，把严谨的科学态度与人文精神相结合，立意突出、观点鲜明。

　　在当下所有人都看好通用型硬件入口革命性意义的时候，本书观点鲜明地分析并指出垂类硬件中最重要的当属"基于情感需求投射的新硬件"。分布式垂类硬件的产生若根植于未来人在元宇宙中被开发出来的、新的情感需求，需要多学科交叉与协作。

　　基于人及科技的需求，作者认为元宇宙未来很可能会囊括现实物理世界。针对业内一直争论的"软件与硬件在元宇宙时代到底是怎样的关系"，作者认为，元宇宙一定是"软硬一体化"，甚至更进一步，新硬件即是 AI（人工智能）。AI 以显现为新硬件的方式更契合未来的进化需求。针对大家一直在探讨的人工智能的双刃剑特性，本书提出：在元宇宙中，AI 是虚拟数字人的"存在"、各种应用、场景式的供给方；AI 在未来的现实物理世界中则显现为各式垂类新硬件。

　　人们一直在探索如何深入开展艺术与科学的融合，根据本书的描述，未来元宇宙囊括现实物理世界后，人的交互对象增加了三类，即：人的数字人、虚拟数字人、虚拟数字人在物理世界中的机器人。在现实物理世界中，未来的重塑力量（AI、分布式垂类新硬件）与惯性力量（人、物理世界中的"物"）的数量有可能势均力敌，甚至，重塑力量很可能远大于惯性力量。未来艺术与科学的主体范围很可能会大大超乎人们今天的想象。艺术与科学的结合会越来越广泛和深入，元宇宙的下半场有可能是艺术与科学更加深度融合的、更加肥沃的土壤。

徐迎庆博士

清华大学未来实验室主任

清华大学美术学院信息艺术设计系教授

推荐序二

　　这本《新硬件主义》体现了较强的原创精神。目前，诸多相关研究的内容都聚焦于元宇宙的定义、组成部分、业内玩家、应用方向等，继系统性建立起元宇宙上半场的研究体系（《元宇宙大投资》）后，焦娟又高效地搭建了元宇宙下半场的认知框架——元宇宙终将囊括现实物理世界，当元宇宙走到中场后，是哪个关键要素在主导后半场？背后的逻辑是什么？最终的成像会怎样？

　　本书观点新颖，能吸引读者，但新颖的观点背后，逻辑自洽则更体现出专业性。关于"人的需求将怎样被 AI 决定""科技的需求""AI 怎样最终竣工用户的根本需求"，书中的论述与我们在投资市场上多数人的现有认知是不同的，这对投资市场、产业、研究等诸多层面都有参考意义。

　　关于未来的研究，一不小心就会晦涩，如何用诚意表达出真实的认知很考验功夫。1∶3、2∶2 的表述，一方面形象刻画了元宇宙下半场中，现实物理世界作为"主场"的风貌、样貌、全貌，另一方面也体现出焦娟数学专业出身的理学思维。

　　本书有三处在此特别提点一下。

　　现实物理世界是三维世界，互联网、移动互联网是二维世界，元宇宙作为升上去的三维数字世界，与当下的现实物理世界应是平行的关系。互联网、移动互联网这二维的数字世界，是三维现实物理世界的投影，科技的需求会指向元宇宙对现实物理世界的叠加，这种叠加即对现实物理世界的重塑。重塑的过程，即虚拟数字人显现为机器人、AI 显现为分布式垂类新硬件的过程；重塑的过程，也伴随着人在现实物理世界的需求，被机器人与 AI（分布式垂类新硬件）的供给来决定。

AI 为何要叠加于现实物理世界？从另一个角度看，有观点认为物质与信息均是能量波，而观测者是第三个能量波，来渲染物质与信息；观测者的内在认知就是它的频谱，决定了它能渲染出跟它相应的图像、相应的现实存在。当下现实物理世界的观测者是人本身，于是当下的物是人靠自己的认知渲染出来的现实物理世界的存在；元宇宙后半场，AI 反向映射入现实物理世界后，AI 作为观测者，将基于 AI 的认知来渲染跟它相应的图像、相应的现实存在，故，未来的现实物理世界，是 AI 重塑过的。

新硬件主义描述的是在元宇宙的后半场，移动互联网这一计算平台已然成为旧周期，涌入元宇宙的全球科技巨头多数是海外强势思维的各路豪杰，展开在我们面前的画面就不可避免地成为全球科技巨头的逐鹿场。元宇宙的入局方可以是六大框架中的每一个企业，目前大家均处于起跑线附近。

我是资本市场的老兵，从业达二十年，"研究"是我的母语体系。焦娟作为资本市场研究员，是卓有成就的。"研究先导"是我最为倡导的理念，不管是做投资还是投行，这是我为本书作序的感性动因；而作者的原创精神、理学思维、独特认知，是我推荐这本书的理性思考。

　　本书作者有较好的文字功底，尽管尽量深入浅出，但内容毕竟有一定专业性，适合对新生事物有较浓厚兴趣的读者静心参读。

盛希泰先生

资深投资银行家

洪泰基金创始人、洪泰资本控股董事长

前华泰联合证券公司董事长

自　序

新硬件主义时代

2008 年北京奥运会，苹果（Apple）推出 iPhone 3G 版与 App Store，拉开了移动互联网时代的大幕。互联网与移动互联网的 20 年，彻底改变了全世界，中国在移动互联网时代的社交场景、To C 应用方面独领风骚。2022 年北京冬奥会之际，元宇宙时代的大幕业已拉开，中国未来 10 年、20 年能建立起绝对优势之处，会在哪里？通用型硬件入口方面，理性来看难度较高；分布式垂类硬件方面，胜率很大，我们拭目以待！

在我们的认知体系中，元宇宙的上半场，是元宇宙大投资的红利时代；元宇宙的下半场，是新硬件主义时代。新硬件主义时代的硬件，包括通用型硬件入口、分布式垂类硬件创新，分布式的垂类硬件又包括三部分：基于情感需求投射的新硬件、机器人、当下现实物理世界中部分被重塑的"物"。

芯片是通用型硬件入口的命门，AI 则是分布式垂类硬件创新的命门，故全球科技巨头在元宇宙这盘大棋中的胜负手，上半场主要是硬件入口、芯片，下半场则增加了垂类硬件、AI；硬件入口与垂类硬件的发展并非有绝对的先后顺序，垂类硬件中的机器人、当下现实物理世界中部分"物"的重塑（如北京冬奥会中各类黑科技硬件）已启动。

垂类硬件中最重要的当属"基于情感需求投射的新硬件"。为什么？当下已启动的机器人、物理世界中部分"物"的重塑，仍处于"感知"阶段（或正走向"认知"阶段），只有当元宇宙走完上半场，AI 作为新的生产要素，以它的供给充分挖掘出人在元宇宙中的更多新情感需求，同时在科技的需求下，AI 反向映射入现实物理世界，显现为"基于情感需求投射的新硬件"时，各式垂类新硬件才由"认知"阶段走向"决策"阶段，才真正完成了元宇宙对现实物理世界的重塑及囊括。

上述认知与框架，建立在"人的需求将被 AI 的供给所决定"的基础上（不管是在元宇宙中还是未来的现实物理世界中），同时也建立在"科技的需求"上，本书中会有详细的介绍。我们在此特别强调，人的需求本质上是人的认知，历经互联网、移动互联网的搜索推荐走向算法推荐、直播电商，人在"认知"上的主动权逐渐"不主动"，这一趋势不可逆转；且走完了元宇宙大投资时代、新硬件主义时代，全社会将成为全息社会，一切均可知，没有不对称。全息社会的到来，给我们的启发意义，是要尽快扩大自己的世界观、修正自己的价值观、重塑自己的人生观。

未来人作为用户，在元宇宙中最重要的能力将是创造力与判断力，这一结论具备非凡的指导价值，同时这一结论的得出非常客观——源于书中我们对虚拟数字人与非同质化代币（NFT）的深刻剖析。此外，元宇宙的对立面也已清晰——当势不可当的科技洪流裹挟着所有人跟跄前行时，偶尔抽离出我们的"离心力"，将呵护我们的创造力与判断力。

我们敢大胆判断，新硬件主义时代将是全球科技巨头的元宇宙总决战时代。中国在元宇宙大投资时代抢占胜负手（硬件入口、芯片）时，有一定优势但不突出，但在新硬件主义时代（胜负手增加了垂类硬件、AI）则胜率明显提高，这是本书最有价值的结论。同时，在新硬件主义时代到来之前的当下，一方面，中国在跟进元宇宙大投资的时代；另一方面，中国是数字经济在全球最肥沃的土壤，数字经济的中国版本我们称为"数字化 everything"，即在国家战略、省市部署、国企牵头下，用数字化技术将全社会升级一遍。

站在当下系统性推演未来，代表着我们的认知与分析思路，我们也做好了"思路"与"框架"被全部推翻的准备，这也正是我们自己迭代、修正、精进的过程。若我们的成书思路有纰漏、框架有缺失，我们诚心接受批评指正；若成书思路中的部分细节及观点，对你当下的一些运行及走向有启发，我们非常开心；若按照成书思路中所描述的新硬件主义时代，让你对当下略有反观自照，我们荣幸至极！

焦　娟

2022 年 3 月

目　录

第七章
全球科技巨头总决战

第一章

何谓新硬件

德国有一家很有意思的公司费斯托（Festo），擅长仿生机器人的创新。在仿生鱼、仿生蜘蛛、仿生蝙蝠、仿生袋鼠、仿生蝴蝶、仿生蜻蜓、仿生水母后，开始仿生人类的机械手——由圆球行走机器人、电动机器臂与BionicSoftHand 2.0气动手组成，它可以自主移动、识别物体，并自适应地抓取物体。

　　相较于智能手机、智能电车、VR头显，Festo的仿生机器人显然不是通用型的硬件入口，不是作为入口来承接用户，而是服务于各种细分场景的智能硬件，如机器鱼BionicFinWave，可用来自动监测水下情况；机器狐蝠BionicFlyingFox，主要用于需要飞行的场景；机器蜘蛛BionicWheelBot，可以用于对翻转车轮快速移动有需求的场景。

　　目前Festo的研发更多是从材料、动力、能源效率等方面进行考虑，其最终目的仍然是在能源使用效率上进行提升，尚未具足智能化，但已经提炼出有用的技术并应用到其他领域，如气动肌腱、气动机械臂等。Festo创造的仿生移动机器人BionicMobileAssistant[①]，是一种机器人系统的原型机，可在三维空间内独立移动，它模仿人类的手掌，利用气动做出各种动作，手掌既灵活敏感，又强大有力。

　　当我们提及智能硬件，多数人的本能反应应该是各类通用型的入口级智能硬件，典型代表为最近14年快速迭代的iPhone。本书对新硬件的定义，即以入口级通用型硬件为起点，范围拓展至广泛的分布式垂类硬件。

---

① 参考自 https://weibo.com/5976424681/LgB8ibdUG，上网时间2022年2月17日，全书下同。

《元宇宙大投资》一书的成文脉络，即推敲、梳理、推演人在元宇宙中的需求与体验。本书则围绕"硬件仅仅是入口吗"这个问题，思维再进一步。我们经过大量推演，认为元宇宙还存在后半场——虚拟数字人反向映射在现实物理世界中，显现为机器人。那么"他/她们"在现实世界中的需求与体验——该怎样推敲？"他/她们"的需求与体验如何被满足——该怎样被推演？人作为一类个体，与机器人这类个体，在现实世界这一共享空间里，所作用的"物"该怎样被重塑？本书定义，新硬件是基于更多感官体验的通用型入口与基于情感需求投射等的分布式垂类。

第一节　新硬件：通用型入口与分布式垂类

人、物、空间由现实世界映射入元宇宙的数字世界，首先需要通用型的硬件作为入口。入口的"后面"是元宇宙，在那里，人的所有感官体验均被数字化，物体与空间均被数字孪生甚至数字原生。元宇宙本质是数字化人的感官体验——不仅是视觉、听觉，还包括触觉、味觉、嗅觉等；且作用于人的三个维度——时间、空间、体验。就如电影《黑客帝国》《盗梦空间》之中描绘的那样，元宇宙的核心逻辑是把我们身上的眼、耳、鼻、舌、身、意等感官部分或全部数字化，让感官体验在虚拟世界之中与现实世界几乎没有差异。

我们强调，作为入口的硬件，确实不一定是虚拟现实（VR）、增强现实（AR）、混合现实（MR），基于各种感官体验的通用型硬件均可成为入口。长期来看，元宇宙的硬件入口预计会非常多样化，除拓展现实（XR）之外，还有智能耳机、触觉手套、体感服、脑机接口、隐形眼镜、外骨骼等，所有这些硬件的共性是能增强用户的沉浸感，带来更多维度的体验、交互。终极来看，人脑协处理器/脑机接口或将实现人与数字世界的直接交互，马斯克旗下的科研公司 Neuralink 就在进行脑机接口的研究工作，并已取得了一定进展，通过植入专有技术芯片与信息条可以直接通过 USB-C 读取大脑信号。

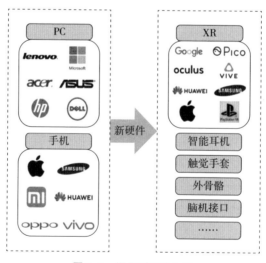

图 1-1　通用型硬件入口

一、VR

VR 硬件产业链趋于成熟，VR 一体机已成为业内公认的入口型产品形态。VR 终端的硬件主要由芯片处理器、屏幕及光学器件、声学器件、存储、壳料、辅料等构成。其中，芯片处理器、存储、光学显示器件与智能手机重合度较高，许多领域的技术积累可以复用，硬件产业链相对比较成熟。市场上的 VR 设备根据计算模块的不同主要分为四类：一是 PC VR，由 PC 机提供算力，需要将数据线连接至 PC 端使用；二是主机 VR，由游戏主机提供算力，需要将数据线连接至主机上使用；三是手机 VR，由手机提供算力，需要连接手机进行使用；四是 VR 一体机，将计算芯片内置于 VR 设备中，无须外接其他设备，使用更加自由。

2016 年、2019 年、2021 年，分别是 VR 发展的三大关键节点。2015—2016 年市场热度达到阶段性高点，Facebook（后于 2021 年10 月 28 日宣布改名为 Meta）、微软、索尼、三星、HTC 等大厂入局，Oculus、HTC、索尼相继推出消费级 VR 眼镜，国内大批创业企业，如 3Glasses、大朋、Hyperreal 等相继发布新品。2019 年，随着VR/AR 技术持续进步、5G 部署，Valve Index、Oculus Quest 相继发售。Valve Index 树立了 PC VR 的标杆性地位，PC VR 在计算、存储和通信上依靠 PC，但是显示和交互已独立。Oculus Quest 带来体验感的大幅提升，以 Quest 为代表的 VR 一体机逐渐替代 PC VR 成为行业共识。2020 年，VR/AR 产业链各环节成熟度提升，以 Oculus Quest 2为代表的消费级 VR 设备需求增长强劲，爆款 VR 游戏如《半衰期：爱莉克斯》（Half-Life: Alyx）等涌现。此外，自 2020 年起，新冠肺炎疫情推动居家需求上升，越来越多的线下场景被数字化，为元宇宙的火爆做好了铺垫。客观来看，2021 年元宇宙的彻底爆发，更多是社会层面诸多要素的共振。

独立算力、独立交互、独立显示、独立内容平台的 VR 一体机已经成为当前主流的产品形态。同时，PC VR、主机 VR 受益于 PC 和主机的强劲性能，仍有高端和重度游戏玩家市场。2021 年，惠普 Reverb G2 推出了眼动追踪版，HTC 更新推出了 VIVE Pro 2。2022 年，索尼将发布基于 PS5 的第二代 PS VR2。此外，PC VR 和主机 VR 相比于 VR 一体机的另一层优势在于原有平台的内容与用户，如 Valve Index 依托于 Steam 平台，索尼 PS VR2 依托于索尼 PlayStation 内容平台，HTC VIVE Pro 2 依托于 VIVEPORT 平台。目前 PC VR 和主机 VR 仅仅是基于原有产品系列的更新，没有新的玩家入场发布类似的产品。

当前手机 VR 的眼镜主要是短焦 VR 眼镜，受制于短焦的轻薄形态，手机 VR 只能依靠手机的算力，眼镜只承担显示投屏和简单交互功能。目前有实力把算力和 6DoF（自由度）交互集成在 VR 眼镜上的厂商较少，2021 年 Meta Connect 大会上曝光的 Project Cambria 短焦眼镜，集成了计算单元和 6DoF 交互，预计将于 2022 年下半年发布。

从代表型产品来具体看四类技术路径的 VR 设备，分别是 Valve Index（PC VR）、PS VR（主机 VR）、华为 VR Glass（手机 VR）和 Oculus Quest（VR 一体机）。

1. PC VR——Valve Index

Valve Index 由三部分套件构成：Index 头显本身、Index 控制器以及位置追踪器。Index 头显的单目分辨率可达 1 440×1 600。同时，其采用的液晶显示屏（LCD）呈现的图像整体保真度更为出色，与有机发光二极管（OLED）屏幕相比能有效优化 Index 的清晰度和渲染负载，进一步减少纱窗效应[①]。Index 的两块显示屏提供不同的刷新率，有 80Hz、90Hz 与 120Hz 可选，还有实验性模式 144Hz。Index 大幅降低了余晖效应[②]，低余晖效果可达到亚像素级别，动态的画面也能显示得足够清晰。Index 的高刷新率和超低余晖结合在一起，大幅提升了头显的沉浸感，而它更高的视场角（FOV，130°）进一步扩大了画面最清晰区域的范围。

Index 控制器是一对手持控制器，提供完全的运动自由度，以及完全跟踪。Index 控制器有一个代号——Knuckles（指关节），可以跟踪单个手指甚至是关节的移动。Index 控制器内置了 87 个不同的传感器，同时被设计成开放式和抓握式，即使用户放松手指，控制器也会保持不动。位置追踪器配置了固定的激光器，每秒扫描房间 100 次，并以亚毫米精度捕获每个手势，能够提供更大的游戏区域。

图 1–2　Valve Index

资料来源：Valve Index 官网。

[①] 纱窗效应（screen-door effect）：当 VR 眼镜（屏幕和内容）的分辨率不足，人眼会直接看到显示屏的像素点，就好比隔着纱窗看东西一样。

[②] 余晖效应（duration of vision）：视觉暂留现象，是指人眼在观察事物时，光信号传入大脑神经需要一段短暂的时间，光信号消失后，视觉形象并没有立刻消失，这种残留的视觉影像被称为"后像"。

2. 主机 VR——PlayStation VR

PS VR 头盔内部是一个 5.7 英寸的 OLED 显示屏，分辨率为 1 920×1 080，单眼分辨率为 960×1 080，提供 100° 视场角。其刷新率为 120Hz，延迟低于 18ms。PlayStation Camera 配备双镜头和 3D 深度成像器，可跟踪耳机组的位置。PS VR 的正面、背面及两侧装有 9 个发光二极管（LED）灯，由 PlayStation Camera 进行跟踪，能够在游戏中实现精准定位。PlayStation Move 体感遥控器可以作为 PS 的配件使用，使其精准控制的功能得到了进一步的升级。

图 1-3　PlayStation VR

资料来源：Sony 官网。

3. 手机 VR——华为 VR Glass

华为 VR Glass 采用超短焦光学模组，采用轻量化设计，需要连接手机或计算机使用，机身厚度仅 26.6mm，含线控重量约 166g。镜片采用两块独立的 2.1 英寸 Fast LCD 显示屏，分辨率可达 3 200×1 600，视场角为 90°。值得一提的是，华为 VR Glass 支持 700° 以内的单眼近视独立调节，瞳距自适应范围高达 55—71mm，适合的人群范围更广。

图 1-4　华为 VR Glass

资料来源：华为官网。

4. VR 一体机——Oculus Quest 1 和 2

2020 年 10 月，Facebook 推出 Oculus Quest 2。相较于 2019 年的 Oculus Quest 1，Oculus Quest 2 不是一款例行升级的产品，而是视觉方面的全面升级。据青亭网报道，以下几点升级引发了重点关注：一是配备更强的高通 XR2 芯片、6GB 内存，规格一跃进入最强阵营；二是屏幕由 OLED 改为 LCD，分辨率、刷新率更高，透镜有所变化；三是价格下降，Oculus Quest 2 起售价为 299 美元，相较于 1 代降低 100 美元。

图 1-5　Oculus Quest 1

资料来源：Oculus 官网。

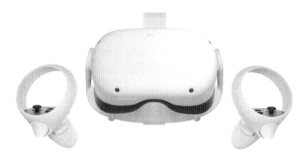

图 1-6　Oculus Quest 2

资料来源：Oculus 官网。

表 1-1　Oculus Quest 1 与 Oculus Quest 2 参数对比

参数	Oculus Quest 2	Oculus Quest 1
屏幕	LCD	OLED
分辨率	1 832 × 1 920	1 440 × 1 660
刷新率	90Hz（需手动开启）	72Hz
芯片	高通 XR2	高通 835
RAM	6G	4G
电池续航	2—3 小时	2—3 小时
IPD（物理调节）	58mm、63mm、68mm	58—72mm
重量（实测）	507g	571g
存储	64GB/256GB	64GB/128GB
佩戴	布质头戴 尾部拉伸捆绑 （环绕式头戴可另外购买）	硅胶倒三角头戴 侧边魔力贴

二、AR

　　AR 硬件产业链成熟度落后 VR 2—3 年，光学显示部分环节尚存技术难点。光学显示是 AR 眼镜的核心组成部分，影响最终成像效果，光学显示之于 AR 眼镜相当于屏幕之于手机。AR 的光学元件与 VR 有很大不同。AR 需要透视（see through）与真实环境发生交互。AR 的近眼显示不能直接放在眼前，而是放到眼睛旁边，因此需要一组光学元件将屏幕的像耦合到眼前。目前，AR 光学元件正在由自由曲面 /Birdbath 等向光波导演进，显示屏幕正在从 LCD 向 MicroLED 进步，但光波导、MicroLED 尚存在量产瓶颈。AR 眼镜其余供应链环节与智能手机重合度较高，量产及普及的壁垒较低。

AR 设备尚未形成统一的产品形态与技术路径，目前一体式、分体式并存。一体式 AR 眼镜由于需要将电池、芯片等集成在眼镜中，当前难以做到轻量级。手势识别功能是 AR 感知交互的重要方式，也是 AR 眼镜的基础功能配置，当前 HoloLens 2、Magic Leap 1、Nreal Light 等较为主流的 AR 设备均具备手势识别功能，而配置深度摄像头模组是具备手势识别的刚性要求。

目前，AR 头显仍主打 B 端市场，代表性产品包括微软的 HoloLens 2、谷歌的 Google Glass；而 C 端市场仍处于探索阶段，但随着光波导与 MicroLED 的产能逐渐释放，消费级 AR 眼镜的出货量有望迎来快速增长。2021 年，影目科技发布了首款消费级 INMO Air，小米发布了单目光波导探索版，雷鸟发布了智能眼镜先锋版。面向 C 端的智能眼镜外观与普通眼镜接近，拥有独立的计算单元，具备一体化、独立化的产品形态。此外，也存在主打特定场景的 AR 眼镜，如光粒科技的潜水智能眼镜 Holoswim AR、亮风台的工业 AR 头盔 HiAR H100 等。

1. 企业级 AR——HoloLens 2

HoloLens 从诞生起，就被定义为生产力设备，可以作为制造、建筑、医疗、汽车、军事等垂直行业的生产力工具。微软先后推出了 HoloLens、HoloLens 2，其中 HoloLens 2 相对一代 CPU 性能有显著提升，与微软 Azure、Dynamics 365 等远程方案可以很好地结合使用。

Microsoft HoloLens：通过全息体验重新定义个人计算。HoloLens 融合了切削边缘光纤和传感器，可提供固定到现实世界各地的 3D 全息影像。

Microsoft HoloLens 2：不受线缆束缚的全息计算机。它可以改进由 HoloLens 开启的全息计算功能，通过搭配更多用于混合现实中协作的选项，提供更舒适的沉浸式体验。HoloLens 2 可以在 Windows 全息版 OS 上运行，基于 Windows 10 的风格，为用户、管理员和开发人员提供可靠、性能高且安全的平台。

图 1-7 微软 HoloLens 2

资料来源：微软官网。

2. 消费级 AR——INMO Air

INMO Air 的处理器性能比上一代提升了一倍，最高运算频率从 1GHz 升级到 2GHz，续航时间长达 72 小时；增加了更多交互方式，包括手势、头控、触摸及语音指令组合交互。最重要的光学显示方面，INMO Air 应用了由影目科技首创的垂直阵列光波导显示技术，镜片透光率达 83%，波导片减薄至 1.2mm，并缩小了显示模组的体积，使 INMO Air 整机重量从 78g 减轻至 76g。同时，显示亮度也比上一代光机高出 21%，更适合白天在户外佩戴。

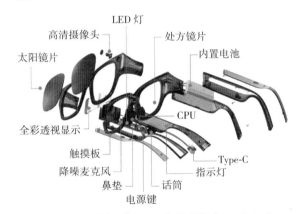

图 1-8　影目科技消费级 AR 智能眼镜（INMO Air）

资料来源：VR 陀螺，https://www.vrtuoluo.cn/525733.html。

3. 特定场景 AR——Holoswim

Holoswim 是一款可水下近眼显示实时游泳数据的智能泳镜，拥有 25° 视场角、78% 透光率。泳镜镜面通过全息树脂光波导技术实现智能显示，采用了运动型树脂材料设计，无玻璃成分，整机重量控制在 75g，与普通游泳镜相当。Holoswim 通过内置的运动传感器和独创算法，在室内水域和开阔水域两种模式下，可以实时获取和计算包括泳姿在内的十多项运动健身数据。

图 1-9　光粒科技 Holoswim

资料来源：光粒科技官网。

三、脑机接口

狭义的脑机接口（brain-computer interface）一般指的是输出式脑机接口，即利用中枢神经系统产生的信号，在不依赖外周神经或肌肉的条件下，把用户或被试的感知觉、表象、认知和思维等直接转化为动作，在大脑与外部设备之间建立直接的交流和控制通道。[①]简言之，脑机接口就是在大脑与外部环境之间，建立一种全新的、不依赖于外周神经、肌肉的交流与控制通道，从而实现大脑与外部设备的直接交互。

如果将概念进一步扩大，广义上的脑机接口不局限于将大脑的信号"输出"，也有输入式脑机接口。现在临床上可见的深部脑刺激（DBS）、经颅磁刺激（TMS）、经颅直流 / 交流电刺激（tDCS/tACS）、

---

① 中国人工智能产业发展联盟 . 脑机接口技术在医疗健康领域应用白皮书（2021 年）［R/OL］.（2021-07-10）［2022-02-17］. http://www.caict.ac.cn/kxyj/qwfb/ztbg/202107 /P020210715603240201817.pdf.

颅超声刺激（TUS）等都属于这一范畴。[①]

按照技术路线划分，脑机接口的实现分为侵入式与非侵入式。侵入式设备需要通过手术，将芯片植入大脑；非侵入式设备则是依靠在头皮上部署密密麻麻的电极读取数据。非侵入式只能在头部外采集电信号，信号精度较差，主要用于睡眠、专注度等测试；侵入式将脑机接口植入大脑当中，能够更好地采集相关信号。

侵入式脑机接口代表公司包括美国公司 Neuralink、Kernel 等，中国公司 NeuralMatrix、博睿康等。非侵入式脑机接口代表公司包括瑞士公司 MindMaze、加拿大公司 InteraXon、美国公司 NeuroSky 等，中国公司包括回车科技、BrainCO、脑陆科技等。

1. 侵入式脑机接口——Neuralink 植入式芯片

埃隆·马斯克于 2016 年在美国加州成立的 Neuralink 承载了其改造人类大脑的终极梦想。Neuralink 的产品化主要有两大方向：一是一片可以植入大脑并且读取数据的芯片，二是一台配套的手术机器人。2020 年 8 月，Neuralink 发布了最新一代脑机接口产品：一枚硬币大小的可以植入大脑的芯片 N1，一台手术机器人 V2。

- N1 植入芯片直径为 23mm，厚度 8mm，通过 1 024 个电极连接大脑，与脑细胞进行通信。芯片的功能十分强大，可以感应温度、气压，并读取脑电波、脉搏等生理信号，还具备无线充电功能。

---

① 中国人工智能产业发展联盟.脑机接口技术在医疗健康领域应用白皮书（2021 年）［R/OL］.（2021-07-10）［2022-02-17］. http://www.caict.ac.cn/kxyj/qwfb/ztbg/202107/P020210715603240201817.pdf.

- V2 是专门用于脑机接口手术的机器人，它能够完成揭开头皮，移除一小部分头盖骨，将芯片以及附带的上千个微型电极与脑细胞进行连接（插入深度约 6mm），之后再进行闭合等所有步骤。V2 手术机器人可以将电线连接到不同位置和深度，电线的直径为头发的 1/4（4—6μm），机器高速运转时，每分钟可以插入 6 条包含 192 个电极的线。[①]

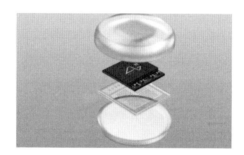

图 1-10　N1 植入芯片

资料来源：极客之选。

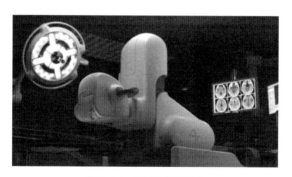

图 1-11　V2 手术机器人

资料来源：极客之选。

---

① 参考自 https://www.sohu.com/a/416116431_461086。

2. 非侵入式脑机接口——BrainCo 赋思头环

BrainCo 从教育领域切入推出了赋思头环，该产品可以实时检测学生的专注力，进行神经反馈训练等，提升学习效率。BrainCo 创始人韩璧丞在接受界面新闻采访时表示，赋思头环的核心技术是神经反馈训练，其本质是利用人类大脑的可塑性，像训练肌肉一样训练大脑的神经元，从而延长人的专注时间，实现学习效率的提升。

需要注意的是，BrainCo 宣称的神经反馈的技术，能够多准确地反应一个人的专注程度，存在较大争议，已经有多位教育心理学相关专业人士驳斥了 BrainCo 的相关理论。在知乎上，认证为牛津大学教育学硕士的账号 "BirdyandKids" 发文称，该头环运营的 Neurofeedback（神经反馈）的方法，通过测量大脑皮层神经元的活跃程度，得出学生是否在 "专注" 的结论，能反映的应该只是学生实时的脑电波状态，并不能完全代表其是否专心。[①]

四、其他通用型硬件

人类五感包括视觉、听觉、嗅觉、味觉、触觉，按照我们的定义，能够满足人类五感的硬件都可以被归为入口型硬件。上文梳理的 VR、AR、MR，均是从满足人类视觉体验角度出发诞生的硬件，但除了视觉之外，其他四感对于提升沉浸式体验同样不可或缺，目前听觉、触觉层面的垂类硬件也初露头角，主要包括无线耳机、触觉手套等。

---

① 参考自 https://xw.qianzhan.com/t/detail/556/191101-712e8c73.html?ivk_sa=1024320u。

1. 无线耳机——轻设备入口

2016 年，AirPods 的亮相刷新了可穿戴设备的上限，无线耳机从此以一种全新的姿态登上历史舞台。这一现象级产品让 TWS（真无线立体声）从边缘走向中心，此后三星、华为、小米、OPPO 等手机厂商纷纷入局。根据旭日大数据统计显示，2018 年 TWS 耳机全球出货量 1.5 亿对，2020 年数量暴涨 3 倍至 4.6 亿对，2021 年 TWS 耳机全球出货量达到约 5.9 亿对。在进入元宇宙的过程中，VR、AR 等新一代硬件设备被视作入口关键。大十科技创始人兼首席执行官（CEO）李浩乾认为，元宇宙主要有两个入口场景，在家、办公室依托重设备，在外通勤依托轻设备，通勤场景或许能够在耳机上做出突破。

2. 触觉手套——触摸虚拟世界

Meta 于 2021 年 11 月首次展示了其研发 7 年之久的秘密项目"触觉感应手套"，为元宇宙提供触觉交互。据机器之心介绍，Meta 手套的原型成本约为 5 000 美元，每个手指上约有 15 个脊状充气塑料片，被称为执行器（actuator），触觉交互位置被布置在贴合佩戴者手掌、手指下侧和指尖等的位置上。该手套也是 VR 控制器，其手背处的白色标记可以让相机跟踪手指在空间中的运动方式，内部传感器可以捕捉佩戴者手指的弯曲方式。[1] Meta 表示，这款手套不仅可以将佩戴者的手部动作准确反馈给电脑，还可以再现压力、纹理、振动等一系列复杂而微妙的感觉，创造出用手感受虚拟物体的效果。[2]

---

[1] 参考自 https://baijiahao.baidu.com/s?id=1716666237320608477&wfr=spider&for=pc。

[2] 参考自 https://www.cnbeta.com/articles/tech/1205309.htm。

在 Reality Labs 的设想中，手套在未来是配合眼镜、耳机的多种控制器之一。据 UploadVR 介绍，除 Meta 外，许多公司也已经在开发可追踪用户手部运动或提供触觉的可穿戴设备。不同的是，Meta 推出的触觉手套主要面向 C 端消费市场，而其他大多数触觉设备制造商主要面向军事、工业或学术机构等 B 端专业客户。

图 1-12　Meta 触觉手套

资料来源：UploadVR。

人进入元宇宙成为用户之后，我们认为还有后半场，硬件将不再仅仅是进入元宇宙的入口。元宇宙相较上一轮移动互联网，增加了 AI 生成与驱动的机制。在移动互联网时代，交互的内容和对象基本上都是由真实的人（软件工程师、创作者等）设计与渲染出来的；但在元宇宙时代，AI 成为元宇宙世界里的一大新增生产要素，将会大量存在于供给、需求的各个环节，数字人、虚拟人等就是 AI 的诸多应用之一。元宇宙将成为"人"的"数字人"与"虚拟数字人"的共享空间，"虚拟数字人"反向映射回现实物理世界大概率呈现为"机器人"。由此，人的交互对象新增了三类：人的数字人、虚拟数字人、虚拟数字人的机器人。

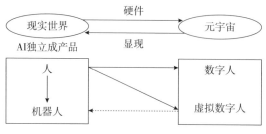

图 1-13　未来人的交互对象

在元宇宙的后半场，人、物、空间均被重塑，我们认为一定会出现基于情感需求投射的分布式垂类硬件。这里面有两层逻辑：第一，人在元宇宙中，尤其是有了与虚拟数字人的交互后，被充分挖掘并定义的新增需求，尤其是非物质需求，首先在元宇宙中被 AI 的供给所满足，其次 AI 将更进一步，显现在现实物理世界中，以新硬件的形式承接人在未来现实物理世界中的更多需求。第二，虚拟数字人反向映射回现实物理世界显现的机器人（这些机器人本身也属于新硬件的范畴），其在与人共享的现实物理空间中的需求与体验同样需要被满足，也就是说，分布式垂类硬件的产生以"现实物理世界"为空间，以 AI 为生成与驱动的机制，是"人"与"物"受"机器人"与"新硬件"供给和重塑的结果。

但是，在我们看来，硬件仅仅是外在的表现形式，内核仍然是服务于人的交互的 AI，包括人与数字人、虚拟人、虚拟人的机器人等基于情感需求的交互。新硬件产生的核心意义是作为寄托情感的实物载体完成人与"人"之间的交互。在许多描绘机器人或虚拟人的科幻电影中，机器人和虚拟人都被赋予了独立的人格、健全的思考能力、细腻复杂的情感需求，它们或是作为一个个体直接与人发生交互，如《我的机器人女友》是人类与机器人相爱，《人工智能》是机器人小孩终身竭力寻求人类养母的关爱；或是本体藏匿于虚拟世界当中，通过影响虚拟世界而反向影响现实世界，将虚拟世界中的物以硬件形态在现实世界中呈现或投射出来，如《黑客帝国》中网络程序可以迅速实物化为战斗武器、出行工具，甚至生活必需品。这类基于感情、工具、武器需求投射的分布式垂类硬件，未来会散落在各种各样的内容、应用与场景当中，以满足人、虚拟人、数字人、机器人丰富多样的需求。

综上，基于现实物理世界这个空间的新硬件的定义已经清晰，主要可划分为两大维度：一是基于更多感官体验的通用型入口级硬件，二是基于情感需求投射的分布式垂类硬件等。前者主要产生于元宇宙前半场，实现感官体验的增加；后者主要承载元宇宙后半场情感需求的反向映射，对人的影响更深刻、更深远。此外，垂类硬件也包括机器人、未来将被重塑的现实世界中的全部或部分"物"。

第二节　新硬件：当下与未来

一、当下的新硬件

当下，新硬件主要是全球科技巨头积极寻找的通用型入口级硬件，目前市场上普遍认为VR/AR是通往元宇宙的第一入口，科技巨头在硬件方向的布局也多是从VR/AR方向着手。这两大方向将进一步延伸硬件作为人的"器官"的功能性。但严格来说，VR与AR处于不同的发展阶段，VR 软硬件生态趋于阶段性成熟，AR 尚存技术难点；VR、AR 也代表着两类不同的技术路径：VR 是纯虚拟世界，AR 是增强现实。目前，VR 凭借消费级硬件产品、爆款 VR 游戏逐步向 C 端市场渗透，代表性公司及产品是 Meta 的 Oculus Quest 2；AR 产品形态、价格尚未达消费级水平，在 B 端商业场景优先落地，代表性公司及产品是 Apple 及其预计发布于 2022 年下半年的首款 AR 设备。

VR 硬件代表——Meta 着力构建以 Oculus VR 头显为入口的软件生态。

硬件方面，Meta 在收购 Oculus 后相继推出 PC VR Oculus Rift CV、VR 一体机 Oculus Go、VR 一体机 Oculus Quest、PC VR Oculus Rift S、VR 一体机 Oculus Quest 2。其中 Oculus Quest 2 上线半年后销量超过此前所有产品的总和。

软件方面，出于商业竞争及战略安全的考虑，Meta 已经加大投入构建围绕空间计算与 3D 的完整 VR/AR 操作系统，以应对其对安卓系统（Android）的依赖与谷歌的限制。自研操作系统有助于 Meta 将社交、隐私与硬件深度结合，为其收购的公司及合作伙伴构建完善的生态。

内容方面，Quest 平台采用严格的审核机制决定游戏上线，以高品质内容成就高口碑，上线以来收入规模稳步增长，累计收入规模超 1.5 亿美元，超 60 款游戏收入达 100 万美元。

AR 硬件代表——Apple 最有潜力将 VR/AR 推向通用型硬件。

Apple 在 AR 软硬件底层技术领域已经耕耘多年，其布局广度、深度、规模在业内几无匹敌。复盘 Apple 在 PC 及移动互联网时代的成功，其往往通过创新人机交互形式而重新定义新硬件，如 Mac 的键盘与鼠标、iPod 的点按式选盘（click wheel）与 iPhone/iPad 的多点触控。在元宇宙时代，Apple 仍然是最有可能完成人机交互形式创新进而推动新硬件（VR/AR）普及的重要力量。VR/AR 新硬件的普及将会是元宇宙最重要的开启标志。

Apple 规划了两款 AR/MR 头戴式设备：一款为高端商用型号 AR/MR 通用头显，其采用分体式设计，可以通过蓝牙连接 iPhone。该型号将采用 Apple 自研的 5nm 制程芯片，高强度、轻量化的镁合金材质，配备 10 个摄像头、8K 分辨率屏幕，内置激光雷达扫描仪，重量为 110g 左右。这款高端型号的售价预计会高达 3 000 美元，并仅面向 B 端用户。另一款则是主打日常功能的轻薄型 AR 眼镜，主要面向 C 端用户。

虽然 VR 与 AR 存在明显的差异，但它们并非完全独立的技术。VR 与 AR 在互相竞争的同时也在互相成就。VR 利用计算机生成的图像完全取代现实世界，AR 则将计算机生成的图像添加到用户周围环境中，最终两种技术的竞争将会模糊化，甚至同一设备可以兼具 VR 与 AR 的功能。

VR 本质上是更先进的媒介形式，而 AR 却是强大的计算平台；VR 目前主要应用于游戏、娱乐方面，如同将游戏机放在眼前，但游戏、娱乐仅仅是 AR 应用的子集，未来 AR 在医疗、工业、教育、零售等方向有巨大的发展潜力。

二、未来的新硬件

展望未来的新硬件，主要指基于情感需求投射的分布式垂类（但是定义中的新硬件也包括机器人、未来将被重塑的现实世界中的全部或部分"物"），解决的是虚拟人或数字人反向映射回现实物理世界的需求。既然推演需求，我们就尝试借用最经典的马斯洛需求层次理论来推敲虚拟人或数字人在现实世界会有何种需求与体验，以及其需求与体验会如何被满足。

马斯洛的需求层次理论包括人类需求的五级模型，从底部向上的需求分别为生理、安全、爱与归属、尊重及自我实现。以人类需求类比虚拟人或数字人对应的机器人的需求，首先生理需求被排除在外，安全需求可能由肉身的安全保护演化为数据的安全保护，爱与归属、尊重与自我实现的较高级的需求则建立在机器人有自主意识及自我情感的前提下。站在这个角度看，机器人与人的需求本质上没有差别，同样需要朋友，需要同伴的认可，需要为了某个目标持续努力。

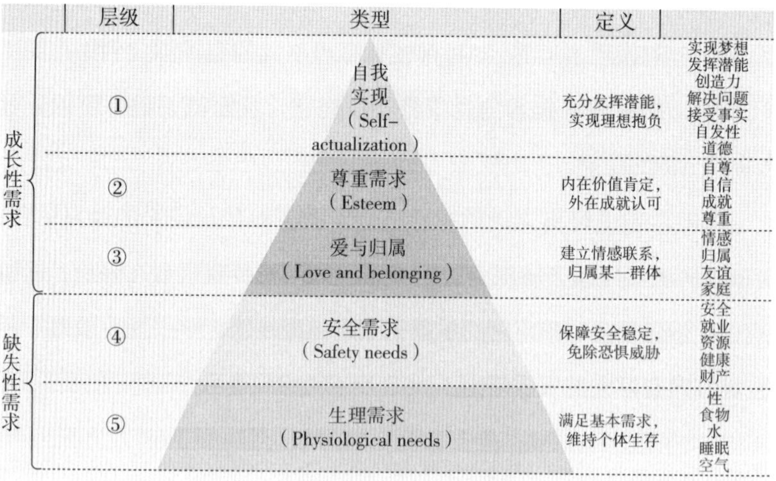

	层级	类型	定义	
成长性需求	①	自我实现（Self-actualization）	充分发挥潜能，实现理想抱负	实现梦想 发挥潜能 创造力 解决问题 接受事实 自发性 道德
	②	尊重需求（Esteem）	内在价值肯定，外在成就认可	自尊 自信 成就 尊重
	③	爱与归属（Love and belonging）	建立情感联系，归属某一群体	情感 归属 友谊 家庭
缺失性需求	④	安全需求（Safety needs）	保障安全稳定，免除恐惧威胁	安全 就业 资源 健康 财产
	⑤	生理需求（Physiological needs）	满足基本需求，维持个体生存	性 食物 水 睡眠 空气

图1-14 马斯洛需求层次理论

在我们的逻辑框架与认知体系中，分布式硬件是人作为用户，在元宇宙中被充分挖掘出更多的非物质需求后，再体现在未来现实物理世界中的新需求，或者说更高层次的需求，这些需求将被分布式的垂类硬件所供给。我们以北京冬奥会的智慧餐厅为例，大致描述分布式垂类的样貌：智慧餐厅里有 120 台智能厨师机器人、众多服务生机器人，满足人从点餐找零到领取餐号，再前往煲仔饭（饺子 / 炒菜 / 炒饭 / 汉堡 / 意大利面 / 鸡尾酒）机器处扫码取餐或被送餐的需求；分布式垂类硬件（机器人）服务于疫情当下的安全需求，即全程由机器服务，避免人与人的近距离接触。冬奥会的诸多智能机器人，符合我们对分布式垂类的描述样貌，但目前仍处于信息化、数字化阶段，智能化的含量仍在蓄力中。

分布式垂类硬件可以是任何外显：机器人、机器狗、机器臂等，当下还没有能够符合我们定义的、足够智能的分布式垂类硬件，但呈现在各类内容、应用、场景的创新智能设备已经在为分布式垂类硬件的诞生积蓄力量、准备条件。从创新智能设备的角度看，未来的走向似乎是物联网。我们认为，当前的智能设备只是把现实世界的设备进行智能化，且智能化程度也有限，真正发展到分布式垂类硬件，需要元宇宙真正成为三维的下一代计算平台，再借由元宇宙中新的生产要素——AI，其未来走向认知、决策阶段后，反向叠加至现实物理世界中，显现为产品化的硬件形式。在这个过程中，物联网大概率将是元宇宙的副产品——企业元宇宙与城市元宇宙必然要物联成网。我们主观上认为物联网未来会走向智慧城市 / 全息社会，智慧城市 / 全息社会大概率要靠元宇宙的回马枪——虚拟数字人反向映射入现实物理世界，实现对"物"重塑。

总体来看，当前的新硬件主要指通用型的入口级硬件，而未来的新硬件则是 AI 反向重塑的分布式垂类硬件。但我们需要指出一点，以上推演的依据主要是人的需求越来越被供给所决定，除了考虑人的需求，更重要的是考虑科技的需求。

了解未来的分布式垂类硬件，可以参考当下冬奥会场景中，各类黑科技应用中的分布式智能机器人。2022 年 2 月 4 日，北京冬奥会正式开幕。在北京冬奥会开幕式及整个赛事筹备运行中，"科技冬奥"是本届冬奥的主要特色之一，展现了北京冬奥"一起向未来"的理念及中国人工智能的发展愿景。冬奥会科技要素涉及数字、云、人工智能、新材料等技术，技术元素含量高的场景包括机器人餐厅、云转播、沉浸式直播技术、复兴号智能列车、二氧化碳制冷技术、数字孪生场馆、飞扬火炬等。在冬奥会的大场景中，厨师机器人、调酒机器人、调茶机器人、防疫机器人、物流机器人、电力巡检机器狗，连同无人驾驶的摆渡巴士、物流车、零售车、小汽车、复兴号高速动车组，加之智能测温贴（可穿戴设备）、AI 手语主播、超高速 4K 轨道摄像机——高速 4K 轨道车"猎豹"，构建了非常经典的分布式垂类硬件的雏形。

1. 开幕式上的 AI 等融合技术

开幕式是奥运赛事中备受关注的一部分，2022 年北京冬奥会开幕式再次惊艳全球，《二十四节气》《立春》《冰雪五环》《构建一朵雪花》等节目向世界展现了理念创新与科技力量的完美融合。开幕式应用了人工智能、实时运动捕捉、裸眼 3D 等大量数字科技，实现了开幕式中的人与"湖面""雪花"的完美互动。这种流畅的视觉效果不是仅靠反复排练就能达到的，而是基于众多创新技术才得以实现。

首先，开幕式中的超大地屏首次实现全 LED 影像，以取代传统的地屏投影。开幕式的舞台地屏是目前全球最大的 8K 超高清地面显示系统，整体面积达 1 万多平方米，组成模块超 42 000 块，采用多个 8K+ 级分辨率的画面融合技术，超大规模的光学校正算法能够实现每个显示画面进行像素点级的光学校正，做到 100 000：1 超高对比度、3 840Hz 超高刷新率，以及 29 900×15 096 超高分辨率的超高清绚丽画面。地屏同时搭载了我国自主研发的超大规模显示模组控制与同步系统，可以实时捕捉演员行进轨迹，实现画面与演员的无缝互动。

其次，开幕式中呈现出的 AI 实时视觉特效，背后是一套实时捕捉与交互系统，能够捕捉演员实时位置及姿态，并渲染出相应的美术效果，这使得演员可以自由发挥，无须按照预设路线运动，演员有了更大的表现空间与自由度。根据英特尔（Intel）官网，英特尔以基于英特尔至强可扩展处理器的三维运动员追踪技术（3DAT），联合第三方专业团队定制开发了"基于人工智能技术的演出实时特效系统"，应用在《致敬人民》与《雪花》两个节目中。凭借先进的 AI 算法，仅通过 4 台摄像机就覆盖了全场，并让演员与现场铺设的巨大 LED 屏幕变得可交互。

2. 云转播、超高速 4K 轨道摄像机、AI 手语主播

2022 年北京冬奥会实现全面云转播，这是奥运史上首次由云计算替代传统 IT，承载奥运的组织与运营。2018 年，奥林匹克广播服务公司与阿里云合作开发奥运转播云 OBS Cloud，该平台于 2021 年东京奥运会首次投入使用，并在 2022 年北京冬奥会上进行了重大升级，实现了高清电视直播与网络渠道直播同时在云上转播。云转播技术通过

云计算的能力、云上的视频处理能力，将传统转播变得更加便捷、灵活，基于云转播技术实现无接触的（远距离的）混合区采访。

以前的奥运会受技术条件限制，国际奥委会需提前较长时间搭建转播设备，并完成测试。但运用云转播技术，转播机构只需提前几天搭建好传输硬件设备与机房，这降低了基础设施的建设成本，缩短了应用开发与部署流程，且云上可以提供更强的计算能力、网络能力与存储能力。相较于传统的卫星转播，云转播具备成本低、效率高、延时低等特点。

高速 4K 轨道车"猎豹"是超高速 4K 轨道摄像机，在冬奥会速滑比赛中，运动员的速度可达到每秒 15—18 米，约等于时速 50 千米。北京冬奥会上的这套高速 4K 轨道车跟拍系统，配备外形酷似豌豆射手的五轴陀螺仪稳定云台，内部配备了广播级 4K 摄像机及镜头，专门用于冬奥会速度滑冰赛事的转播工作。2021 年 3 月，在"相约北京"测试赛上，"猎豹"首次亮相就惊艳无比，在 400 米跑道上风驰电掣般飞奔的运动员们，一举一动均逃不出"猎豹"的眼睛。由于它还具有 4K 高清捕捉能力，因此它传来的电视直播画面极具视觉冲击力，运动员比赛过程中竭尽全力的夸张姿态与冲线瞬间的兴奋表情一览无余，无一遗漏。在冬奥会速滑比赛中，央视"猎豹"不仅能一步不差地追踪运动员，而且可以根据直播需要，实现加速、减速、超越等动作，从而更加灵活、随意地捕捉速滑比赛中的各种细节画面。[①]

央视新闻推出 AI 手语主播，形象酷似真人，可以全年无休地用 AI 智慧为听障用户提供手语服务，使其第一时间获取比赛资讯。AI

[①] 参考自 https://baijiahao.baidu.com/s?id=1722367292134409107&wfr=spider&for=pc。

手语主播运用语音识别、机器翻译等 AI 技术实现由文字、音视频、内容到手语的翻译。

3. 360° VR 技术平台

为了提供更好的观赛体验，北京冬奥会场景中的 VR 应用非常多。多数比赛场馆配备有 VR 全景直播设备，如五棵松体育中心场馆安装了 60 个吊装相机、3 个球形摄像头，环绕不同的中心点进行拍摄，呈现出 360° 立体感效应。

冬奥会运用 360° VR 技术平台：一方面，VR 360° 无死角摄像头能作为赛事过程中的细节裁判；另一方面，实时直播的网络信息量吞吐的稳定性、实时 VR 数据的动态渲染的先进性，可为观众提供沉浸式的观赛体验。观众可以使用计算机、手机与 VR 头显等设备以360° 的视角来观看比赛。

除了观看比赛之外，冬奥村运动员娱乐中心打造了丰富的娱乐中心整体解决方案，运动员可以体验各类 VR 模拟项目，包括滑雪等冬季运动项目、宇宙飞船、深海潜艇等，诸多中国传统文化内容也以VR 的形式呈现。

4. 数字孪生场馆

数字孪生场馆模拟仿真系统（Venue Simulation Services，简称VSS）将真实的场馆复制成数字化、虚拟化的线上场馆，实现场馆与活动过程三维可视化、动态化、参数化。这一解决方案涵盖了 12 个竞赛场馆、3 个奥运村、主媒体中心、北京冬奥组委等多个场地，深入配合奥组委各相关业务部门及各场馆团队，且将应用于整个 2022 年北京冬奥、冬残奥会比赛周期，并会在后奥运时代被广泛推广与应用，在后续的大型体育赛事、智慧城市建设中发挥重要作用。

5. 无人驾驶

北京冬奥会配备了摆渡巴士、物流车、零售车、小汽车四种无人驾驶车型，负责分工完成接驳摆渡、无人零售、无人配送、自主泊车等 10 项示范场景。根据中国联通智能城市研究院行业高级总监刘琪所述，中国联通在首钢园区打造了 5G 智能车联网系统，基于 5G + C-V2X（蜂窝车联网）融合组网、全域路况感知、5G + 北斗高精定位等技术，实现多车型、多场景业务应用，包括无人接驳、无人零售、无人物流、无人清扫、车路协同等。

另有为北京冬奥会量身定制的"瑞雪迎春"智能型复兴号高速动车组，其特点或功能包括全自动驾驶、5G 超高清演播室、实时传送高清视频数据等，保障冬奥交通出行。

6. 各类智能机器人是分布式垂类硬件的雏形

冬奥会期间，各类智能机器人引发了众多关注。围绕冬奥会这一场景，从竞赛场馆到运动员居住的奥运村，基于人工智能的服务机器人无处不在，如巡检机器人、炒菜机器人、送餐机器人、物流机器人、引导机器人、传递机器人等，人工智能技术及各类智能机器人广泛应用于巡检接待、物资配送、防疫检测、餐饮服务等冬奥会细分场景中。

• 智慧餐厅中的智能厨师机器人、调酒机器人、调茶机器人：北京冬奥会主媒体中心餐厅是智能机器人最集中的地方，根据新华社报道，智能餐厅面积约 3 680 平方米，采用了十余类全自主研发的智能餐饮设备，配备了 120 台智能厨师机器人、服务生机器人，从点餐、备餐到送餐的全过程均由机器来服务。能调鸡尾酒的机器人、能烹茶的机器人也分布在餐厅各处。在智慧餐厅的小场景中，智能厨师机器人、调酒机器人、调茶机器人是分布式垂类硬件的雏形。

- 智能防疫机器人：为减少冬奥会期间的人员接触，做好疫情防控，冬奥会配备的巡检机器人集公共空间巡控、口罩检测预警、热红外测温、手部消毒等功能于一身，其可发现方圆 5 米内未佩戴口罩的人员，并发出佩戴口罩的提醒。另外，在各竞赛场馆及冬奥村出入口，参赛人员无须摘掉口罩，智能防疫机器人即可实现身份识别、智能测温、健康宝、国家健康码、核酸检测、疫苗接种、公安联网、电子登记 8 个查验环节，最大限度提高信息核验效率，提升通行速度。消毒机器人负责测温消毒，可定时、定点、定量启动自动消杀，无须人工值守，自动生成消杀日志，实时监控消毒工作，管理消杀任务完成情况。

- 物流机器人：在物资运送环节，北京冬奥会配备了多个不同类型的智能物流机器人来减少人员接触。如在冬奥会场馆闭环内外之间，智能物流机器人承担起运送大件物品的工作，智能物流机器人可以智能规划路径、自主避障、自动回充；媒体中心配备了无接触式传递机器人，可将信息资料送达各个媒体区域。

- 电力巡检机器狗：负责比赛场馆电力站巡查，确保赛时电力保障安全可靠，它特有的多种仿生步态可以灵活攀爬，跨越障碍，

身体内置智能感知模块，具有设备巡视、人体识别、跟踪等
功能。

- 智能测温贴：又名腋下创可贴，是一款可穿戴式体温计与疫
  情防控"千里眼"系统，只需要贴在皮肤上，用手机下载对应
  App，绑定后，体温变化数据在手机页面上清晰展现，并可自动
  测量上报给后台，一次充电可测温 10 天，精度仅差 0.05℃。

《元宇宙大投资》中曾提及科技的需求：在凯文·凯利（Kevin
Kelly）的《科技想要什么》[①]一书中，最后一部分讨论的是"方向"，
作者总结了科技发展的方向，同时指出了人类与科技的关系；在"无
限博弈"这一章里，指出科技进化的目标是人类与科技可能性博弈的
继续，即无限博弈——一场最终不会分出胜负的博弈，且有限博弈者
在边界内游戏，无限博弈者以边界为游戏对象。这场博弈的本质体现
出的是科技的需求：生命不断增加的多样性、对感知能力的追求、从
一般到差异化的长期趋势、产生新版自我的基本能力、对无限博弈的
持续参与。

对比人的需求逐渐被供给所决定，科技需求的强烈进取性让普通
大众日益察觉到科技的"加速度"，当下与未来，科技的探索不是线
性的。在多线并发或指数级进步的科技需求驱动下，科技巨头在当下
可能不仅会对通用型入口硬件发力，还会去探索分布式的垂类硬件，
甚至在探索过程中借助多项分布式的垂类，找到替代通用型入口的
plan B。因此，读者应当建立认知，即在本书的框架中，站在元宇宙

[①] 凯文·凯利.科技想要什么［M］.严丽娟，译.北京：电子工业出版社，2018.

的后半场回看，通用型入口硬件与分布式垂类硬件的发展不是绝对的先后顺序，部分垂类硬件的创新已经开启（机器人、当下物理世界的部分"物"）；无论是通用型入口还是分布式垂类，"一着棋活，全盘皆活"。这也是本书最核心的观点：当通用型硬件被认定为"胜负手"时，分布式垂类硬件是"劫材"，亦是"胜负手"！

第二章

交互硬件 50 年

每一代新计算平台的开启，都要靠划时代的硬件，从 PC 计算机到智能手机均如是。划时代的智能交互硬件都有一个迭代进化史，在集成所处时代最先进技术的同时，参考游戏机的进化史，也有一定的偶发性，如任天堂（Nintendo）FC（Family Computer）的十字键。

VR 内容从一开始的体验，就囿于 VR 手柄与外设在交互时的"不够通用"。2014 年，Facebook 首次展现出对 VR 手部追踪技术的浓厚兴趣，于同年 12 月收购了初创公司 Nimble VR，储备了手部追踪技术的资深研发人员；2016 年，首席科学家 Michael Abrash 指出在手套上添加标记可以完美实现手指跟踪（并展示了出来），但当时尚未直接投入使用；2019 年，Facebook 正式公布 Quest 手部追踪功能，同年 12 月，手部追踪功能开始试探性用于系统应用；2020 年，Unity 插件可通过 Oculus Link 获取 Oculus Quest 手势数据，同年 5 月，Quest V17 软件更新，手部追踪将正式从实验性功能变成通用功能。

在 Oculus Quest 上进行手部追踪，这是 VR 输入的另一个重要里程碑，在 VR 中使用自己的手进行自然的交互，真正成为一体化的独立设备。

Oculus Quest 距离真正的通用型硬件入口还有一定的距离，但身处其迭代的历史之中，我们能具象感知到智能硬件在真正进化出划时代意义的过程中的每一个长足进步之处。

我们正处于探索未来元宇宙硬件入口的开端之际。元宇宙是下一代计算平台，新一轮的产业周期已开启。历次计算平台的迭代都伴随着新硬件的出现，新硬件是通往元宇宙的入口，至关重要，因此我们的研究思路聚焦于新硬件的诞生与迭代。站在 2022 年的当下，VR/AR＋元宇宙如火如荼，我们需更进一步思考：硬件之于元宇宙这一新计算平台，仅仅是入口吗？作为入口的硬件一定是 VR/AR 吗？当下 VR/AR 的发展处于元宇宙发展的哪个阶段？

围绕上述问题，我们梳理了交互硬件 50 年的发展史，即按照垂直计算硬件（游戏主机）→通用计算硬件（个人电脑）→小型化硬件（掌机与智能手机）这一脉络进行梳理。我们认为元宇宙这一轮不同于过去 50 年的计算技术，在于其所依托的新计算硬件带来的是人的感官体验、交互、内容等一系列的重构，将人类从过去 50 年的二维互联网带进"仿真"的三维世界。新计算平台及其硬件的发展蕴藏着巨大的机会，这一过程将持续 10 年乃至更长时间。

在研究未来之前，我们有必要去回溯硬件的发展历史，元宇宙未来的演变或许得以从历史中窥见一定的脉络或迹象。回溯过去，是为了更好地预测未来。

整个人类计算文明的发展史大约是 85 年（《元宇宙大投资》一书中有详细梳理），但在本书中，首先，我们化繁为简，聚焦硬件本身，分析思路以人机交互技术为重要节点（交互技术的发展又分为多个阶段）回看硬件发展历史，划分了交互硬件之前与之后两大阶段，即交互硬件之前——硬件的工具化时代，交互硬件之后——游戏主机、个人电脑、智能手机的进化史；其次，硬件集成了各时代最先进的生产力，我们再聚焦重大技术的突破节点。

第一节　人机：硬件的工具化时代

从学术的角度来看，硬件是计算机硬件的简称，是指计算机系统中由电子、机械及光电元件等组成的各种物理装置的总称，是人类处理运算与储存资料的重要元件。这些物理装置按系统结构的要求构成一个有机整体，为计算机软件运行提供物质基础。

简言之，硬件的功能是输入并存储程序、数据，以及执行程序，把数据加工成可以利用的形式。从外观上看，现今的微机由主机箱与外部设备组成。主机箱内主要包括 CPU、内存、主板、硬盘驱动器、光盘驱动器、各种扩展卡、连接线、电源等；外部设备包括鼠标、键盘等。

从广义的角度，若我们将硬件这一范围再扩大，去看整个计算文明的发展，可以追溯到半导体时代，信息技术最早发源于半导体，半导体材料的发明对 20 世纪的人类文明影响巨大。1833 年，英国科学家巴拉迪首先发现硫化银材料的半导体现象，至今半导体已经成为必不可少的底层材料。时至今日，几乎所有电子产品与计算机组件里都有半导体的存在。可以说，半导体为三次计算文明（PC 互联网、移动互联网、元宇宙）奠定了基础。

一、人与机器的关系什么时候开始发生变化

从半导体革命开始，广义上的硬件其实有很多，除了计算机，硬件还包括早期的打字机、无线电发报机、电话、电视等，或者叫机器。但是不同的硬件或机器及其在不同的发展阶段，对人的功用不同。

以数字计算工具为例，早期人类利用类似符木的工具辅助记录，如腓尼基人使用黏土记录牲口或谷物数量。辅助记数的工具之后逐渐发展成兼具记录与计算功能，诸如算盘、计算尺、模拟计算机及现代的计算机。即使在科技文明的现代，老练的算盘高手在基本算数上，有时解题速度会比操作电子计算机的使用者来得快。但是在复杂的数学题目上，再怎么老练的人脑还是赶不上电子计算机的运算速度，这之间的差异就在于有了计算能力的机器越来越智能化。[①]

曾提出"人工智能"概念的计算机科学家约翰·麦卡锡（John McCarthy）的研发重点在于用一系列技术模拟人类能力，并用日益强大的计算机硬件与软件组合，试图取代人类。而"智能增强"理论的支持者道格拉斯·恩格尔巴特（Douglas Engelbart）则希望以同样的技术延伸人类在脑力、经济、社会等方面的能力。[②]

不论是人工智能，还是智能增强理论，都不能规避的一个问题就是"人与机器的关系问题"。硬件或机器发展的本质是服务于人，若

---

① 参考自 https://blog.csdn.net/dragonyangang/article/details/72453063。
② 参考自 https://zhuanlan.zhihu.com/p/269233738。

以人机交互技术 ① 为节点，人与硬件 / 机器的关系发生变化始于机器开始有学习的能力，人开始信任机器。

- 交互硬件之前——硬件的工具化时代。在人机交互技术出现前，早期的硬件其实是功能型的工具，与人的沟通是单向性的，更多的作用是延伸人在体力上的能力。人类社会从机械化时代到电气化时代，再到今天的自动化时代，下一步将进入智能化时代。在这个过程中，在计算机技术出现之前，人们所用的机械或电气化的机器只能算作工具，机器的运行步骤仍需要人实时把控，机器起到的作用是辅助或替代人类体力劳动。
- 交互硬件之后——硬件的智能化时代。交互硬件重构与人之间的关系，甚至是构建信任关系。机器从机械化发展到智能化，尤其是有了人工智能技术加持之后，开始具备人的认知、思考、执行能力，不只是帮助人类实现体力的进化（力气的放大），而且可以反过来作用于人，延伸人类在脑力方面的能力。但机器发展至今，仍处于弱人工智能阶段，原因在于现今的社会仍处于数字化转型阶段。

传统的机器被定义为"工具"而不是"硬件"的原因就在于此。比如在智能手机出现之前，人们还处于功能机时代，早期的大哥大用

---

① 人机交互技术（Human-Computer Interaction Techniques）：指通过计算机输入、输出设备，以有效的方式实现人与计算机对话的技术。人机交互技术包括机器通过输出或显示设备给人提供大量有关信息及提示请示等，人通过输入设备给机器输入有关信息，回答问题及提示请示等。人机交互技术是计算机用户界面设计中的重要内容之一。

途只是打电话，并不是所谓的计算产品；手表以前只是看时间，而现在的智能手表可以记录运动数据、通信定位、视频通话，甚至具备移动支付的功能。当然，工具型产品亦能向智能硬件转变，不只是为了增加产品本身的功能，也是为了更多地获取产品使用数据、用户交互数据，然后基于人工智能的算法，让产品更懂人，更好地服务于人。

二、如何看待新技术下未来的人机关系

目前的人工智能技术已经可以替代某些行业的人工劳动，如客服行业，这意味着以 AI 为内核的智能硬件开始越来越智能化。且随着人工智能的进一步发展，机器最终会像人类一样会读写文字、识别图像、辨别物体及味道，甚至可以思考、决策，具备情感。超人工智能的提出与发展对一些职业的发展造成了一定的威胁。牛津哲学家、知名人工智能思想家尼克·博斯特罗姆（Nick Bostrom）把超级智能描述为"在几乎所有领域都比最聪明的人类大脑更聪明，包括科学创新、通识、社交技能领域"。

随着技术的进步、人类数字化进程的加速，机器将会从弱人工智能阶段进化到强人工智能阶段。到了强人工智能阶段，超人工智能阶段就不远了。从麦卡锡、恩格尔巴特，再到今天的人工智能领域里的专家杰瑞·卡普兰（Jerry Kaplan）、卢西亚诺·弗洛里迪（Luciano Floridi）、约翰·马尔科夫（John Markoff）等人，对于他们来说，人工智能技术革命能否实现或者早已有了答案。更关键的问题其实在于，机器人会不会产生高级智能？机器人是否最终会取代人类？人工智能与人类究竟应该形成什么样的关系？纯粹的技术层面的讨论已经

不能解释当前的困惑，关于这些问题的讨论需要被赋予更多的哲学意义。

第二节　迭代：从垂直到通用，从大型到小型

过去 50 年，我们历经了多种交互硬件的迭代，从早期的垂直计算硬件——游戏主机，到通用计算硬件——个人电脑，再到目前的小型化硬件——掌机与智能手机，交互硬件进化史大致是遵循垂直计算硬件→通用计算硬件→小型化硬件这样的发展路径。[①]

一、垂直计算硬件——家用游戏主机的诞生

在过去的 50 多年内，出现过很多的计算设备。但从半导体带来的革命来看，交互硬件的发展浪潮要追溯至 20 世纪 70 年代，其中最早开始流行的是游戏主机。电子游戏（Electronic Games）又称视频游戏（Video Games），或者电玩游戏，是指所有依托于电子设备平台运行的交互游戏，游戏的发展在一定程度上带动了硬件的迭代。

游戏的发展会正向循环推动硬件与科技的进步。从 PC 上能显示运动图像，到 PC 游戏画质越来越好，这一定程度上正是源于玩家对游戏内容的要求越来越高。游戏是一种随科技发展而诞生的文化活动，

---

① 此节内容参考自 https://mp.weixin.qq.com/s/jaYOfeIXWVXXk5G9NE48YA。

不仅包括最核心的显示、芯片技术,还涉及 5G 通信网络、云计算等硬科技。游戏本身就是一种结合了科技与文化的载体,高端技术为更具沉浸感与互动性的游戏提供了基础架构,而游戏也反过来推动新科技的探索与发展,以此形成正向循环:为了满足玩家更高的游戏娱乐需求,游戏及科技厂商持续投入研发,推出算力更高、性能更强的新硬件与技术;当新硬件与技术出现后,其所能应用的场景将远不止于游戏,还将作为通用型的技术溢出至其他应用方向或场景。

在 2021 年的中国游戏产业年会科技共生论坛上,腾讯互动娱乐副总裁张巍分享了类似的观点:自诞生以来,中国游戏产业一直都与互联网以及软硬件技术共融共生、共同发展。一方面,几乎每一次技术浪潮,都在重塑游戏的面貌与形态;另一方面,得益于用户体验需求的不断提高,游戏也成为科技创新重要的助燃剂,许多高新技术的"先导性"应用场景牵引着众多高精技术产业的快速发展。

相比我们所熟知的任天堂 FC、索尼 PS、微软 Xbox,最早的游戏机要追溯到 1972 年的奥德赛(Odyssey),从其第一款家用游戏主机发明至今,已经过去了 50 年。游戏机见证着人类科技史的进步,在不同发展阶段出现了划时代意义的产品,影响着如今包括电视、电脑、智能手机、VR/AR 等在内的其他电子产品市场的发展。游戏主机这一交互硬件先于个人电脑的发展,所以我们先回顾游戏机发展历史上的重要节点,以便更好地预测未来 VR 的发展趋势。我们认为在未来 1—3 年内,VR/AR 在消费者市场大概率以游戏主机的形态存在与推进。

1. 第一波浪潮（1972—1977 年）：电子游戏萌芽期与奥德赛

电子游戏这一产物的萌芽时期为 20 世纪 50 年代末。1958 年，物理学家威廉·辛吉勃森（William Higinbotham）博士发明了一款叫作 *Tennis for Two* 的游戏，这款游戏运行在示波器上，可以支持两个人对战打 2D 的网球。这个"游戏机"只是放在实验室里，是电子游戏的雏形。

1962 年，麻省理工学院的学生史蒂芬·罗素（Steve Russell）及其同学开发出了游戏 *Space War*，在 PDP-1 小型机①上运行，是公认的世界上第一款电子游戏，至此揭开了电子游戏机的序幕。

虽然 PDP-1 被称为"小型机"，但其体积硕大，拥有衣柜大小的主机，而且价格昂贵，因此只有高校与科研机构才有机会配备。但即便如此，这款游戏靠着粉丝的热情推动，最终运行到了上千台设备上。甚至 PDP-1 生产商将该游戏预置进了系统中，随机附送。

真正意义上在消费者市场售卖的家用游戏主机（Home Video Games Console，有别于街机）是奥德赛，由被誉为"电子游戏之父"的拉尔夫·贝尔（Ralph H.Baer）研制出。奥德赛游戏机在 1972 年 9 月正式发售，售价为 100 美元，3 年共售出了 33 万台。

奥德赛作为 TV 游戏机，先于 PC 游戏机问世，随后对游戏产业产生了重大影响。奥德赛的计算性能只有方块，缺乏计分系统、无法输出声音、只能使用电池，这样一款看似简陋的游戏机却给整体电视

---

① PDP-1（Programmed Data Processor-1，程序数据处理机 1 号）：迪吉多（DEC）公司 PDP 系列推出的第一个机型，于 1960 年上市，是世界上第一个商用小型计算机，拥有 4 096 个 18 位字节内存。

机市场带来了巨大震撼，使得只能观看的电视机变得可以与用户进行交互。在此之前，人们也在探讨未来的游戏机应该以什么样的形态呈现，其中有很多人就认为游戏机会与电视机一体化。但奥德赛的制作人及家用电视游戏的启蒙者拉尔夫·贝尔则认为游戏机不应该是与电视机一体的，电视也不应该是只能观看的机器，而应该有更高、更强的互动娱乐性。游戏机可作为电视机的一个外设存在，用户可以通过外设与电视机中的内容进行互动。

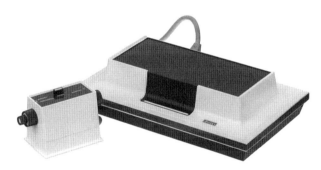

图 2-1　第一台家用游戏机奥德赛

资料来源：游戏时光官网。

2. 第二波浪潮（1977—1983 年）：雅达利 2600

雅达利 2600（Atari 2600）是雅达利公司在 1977 年 10 月发行的一款游戏机，是电子游戏第二世代的代表主机，一经发布就在市场上引起轰动，成为当时美国最畅销的电子产品，让电子游戏真正得到了普及。当时一台雅达利 2600 的售价约 199 美元，在 1979—1982 年的 3 年间，雅达利 2600 游戏机在全美风靡，在其长达 170 个月的生命周期（1992 年 1 月 1 日停止发售）中累计售出 3 000 万台，其普及度已达到了美国家庭 3 户一台。

雅达利 2600 的重大创新之处是可更换游戏卡带。在此之前的游戏机，游戏是固化在 ROM 中的，一旦用户玩腻了这个游戏，其主机的使用寿命也就终止了。而雅达利 2600 的革命性突破是机身上多了一个卡槽，用户可以通过更换游戏卡带的方式玩各种各样的游戏。这一重大创新使得雅达利 2600 主机保持了相当大的吸引力，凭借此创新，家用游戏机才真正超越了其他玩具，成为主流娱乐硬件。

图 2-2　雅达利 2600

资料来源：百度百科。

雅达利 2600 的开发开始于 1971 年，但是因资金不足，公司于 1976 年被华纳公司以 2 800 万美元现金收购。至 1977 年正式发售时，公司在整个项目上的投资超过了 1 亿美元。

但在 1983 年，雅达利游戏机霸主的地位轰然倒塌，美国游戏机市场迎来了巨大的下滑，市场规模缩水 90% 以上，从 32 亿美元缩水至 1985 年的 1 亿美元左右，被称为"雅达利冲击（Atari Shock）"。究其原因，有如下几个：

第一，创始团队出走，公司不注重软硬件本身的研发。雅达利曾一度成为美国最赚钱的公司之一，是众多工程师向往的公司，乔布斯也曾是公司员工。但雅达利创始人诺兰·布什奈尔（Nolan Bushnell）离开后，一直是华纳在主导经营雅达利公司，华纳只注重售卖雅达利游戏机，重数量而轻质量，过度追求短期的利润，而忽略对硬件与游戏内容本身的迭代研发，奠定了衰落的基调。

第二，劣质第三方游戏泛滥。在"数量压倒质量"的策略下，雅达利对第三方游戏的质量与内容没有进行很好的管控，使得一大批同质化、劣质甚至涉及情色、种族歧视的游戏充斥市场，引发了用户的抵制，导致雅达利品牌形象大跌，这也为雅达利崩盘事件埋下了伏笔。

第三，《E.T. 外星人》成为崩盘导火索。1982 年的圣诞档期，华纳要求雅达利团队在尽可能短的时间内做出《E.T. 外星人》这一 IP 游戏，但最终只用 6 个星期就面世的《E.T. 外星人》质量极差，与宣传严重不符，这使得雅达利的声望跌至谷底，大量游戏机与游戏卡带滞销。在这次冲击下，绝大多数为雅达利 2600 开发游戏的工作室相继破产。

3. 第三波浪潮（1983—1987 年）：任天堂 FC（红白机），开启现代游戏产业

雅达利 2600 于 1983 年退出游戏机市场，但家用游戏机已深入人们的娱乐生活。在"雅达利冲击"的影响下，北美的游戏机市场一蹶不振。但是若干年后，来自大洋彼岸的一家日本公司重新激活了北美游戏机市场。

20 世纪 80 年代初的日本市场上充斥着十多种 TV 游戏主机，总市场规模却不到 300 万台。1983 年 7 月 15 日，任天堂推出 FC 红白

机，开始书写游戏产业新纪元。FC 凭借优异的性能与较低的价格取得了市场成功，当时负责游戏软件开发的宫本茂也携团队推出了几款脍炙人口的游戏，如《大金刚》《大力水手》《超级马里奥》等，首批47 万台游戏机迅速销售一空，不到一年时间，FC 销量突破 300 万台。

图 2-3　任天堂 FC 红白机

资料来源：百度百科。

任天堂 FC 是当时的全球家用游戏机霸主。任天堂开启了日本游戏产业，也开启了现代游戏史，FC 开始风靡全球，FC 红白机及《超级马里奥》等经典游戏也成为国内"80 后"的珍贵回忆。1985 年 10月，NES（FC 美国版）在美国发售，到 1989 年，任天堂的游戏机已占领美国 90%、日本 95% 的市场份额，全球销量达到 6 700 万台。

任天堂主要是在以下两个方面进行了创新。

一是建立了严格的审核制度以把控游戏质量。在 FC 推出早期，基本上所有的游戏都是由任天堂下属的游戏软件公司开发的，但当游戏机的销量超过 300 万台时，游戏数量已不足以满足大量用户的需求。因此，1984 年任天堂开始接纳第三方游戏开发厂商，引入丰富的游戏内容。最初有 6 家游戏软件厂商入选，包括哈德森（HUDSON）、南梦宫（NAMCO）、泰托（TAITO）、卡普空（CAPCOM）、杰力

（JALECO）与科乐美（KONAMI），被当时业界称为"六大软件商"。任天堂吸取了雅达利崩盘的教训，建立了"权利金制度"来把控游戏软件质量：（1）游戏卡带必须由任天堂来生产，且游戏的订货、流通、批发均由任天堂控制的批发组织——初心会负责；（2）每个厂商每年能够在 FC 上发售的游戏数量有限，根据厂商规模大小定在 1—6 个不等；（3）根据预估销量，厂商须提前交足权利金。

权利金制度本质是开发授权的制度，现在看来，这种制度对于控制软件质量相当有效，任天堂一方面通过收取权利金赚取了丰厚的收益，另一方面也拥有了对各个游戏厂商非常大的掌控权。虽然这种带有一定"霸王条款"性质的权利金制度有力地确保了 FC 游戏机上的游戏品质，却也为日后索尼 PS 加入竞争、大量游戏厂商投靠索尼阵营埋下了伏笔。

二是重新定义了游戏的硬件交互方式。从硬件本身的角度看，相较于雅达利 2600，任天堂 FC 的硬件性能有很大的提升。此外，任天堂最大的创新是手柄十字键的发明，它重新定义了游戏的硬件交互方式，使得游戏操作更具人性化，带有十字键的手柄成为现今游戏机的标配。除了硬件交互之外，重新定义游戏软件交互方式的是《超级马里奥》，它定义了横版 2D 卷轴这一类游戏。

任天堂开启了日本游戏产业的起点，也开启了现代游戏产业。虽然世界上第一台家用游戏机诞生于 20 世纪 70 年代，但它只能呈现简单的方块线条，且是单色的，那时还不能称为一个"产业"。现代游戏产业始于任天堂，以 FC 红白机的问世为代表，真正意义上的家用游戏机开始风靡世界，并促进游戏产业发展壮大。

4. 第四波浪潮（1988—1993 年）：世嘉 MD，迎来 16 位主机时代

任天堂是 20 世纪 80 年代末家用游戏主机的绝对霸主，在任天堂 FC 成功之后，世嘉（SEGA）、日本电气（NEC）、索尼等日本公司也纷纷加入了战场，游戏主机市场进入了群雄割据的时代。游戏产业发展的同时，计算机、电视与显示技术也在进步，硬件 CPU 的计算性能已经发展到 16 位数。1978—1979 年，英特尔、摩托罗拉、齐洛格陆续推出了 16 位微处理器。

16 位主机时代以日本公司世嘉于 1988 年推出 16 位游戏机 Mega Drive（简称 MD，美国称 Genesis）为起点。世嘉 MD 于 1989 年 9 月进入美国市场，售价为 190 美元。由于当时主机游戏市场已基本被任天堂所垄断，世嘉则展开了差异化的竞争策略：一是开拓新的玩家用户群，推出了大量以成年玩家为主要对象的游戏；二是率先使用性能更高的 16 位微处理器，提高硬件性能的竞争力。

任天堂最大的战略失误是轻视了硬件性能的重要性。任天堂是 8 位主机时代的霸主，1987—1988 年，FC 丰厚的收入使得任天堂对于开发次世代主机的动力不足，也忽略了提升游戏主机的硬件性能，如 1989 年任天堂推出的掌机 Game Boy 性能就较为一般（后续在小型化硬件章节具体分析）。所以在 16 位主机时代，任天堂的反应略显迟缓，在 16 位游戏主机的竞争之中遭到后起之秀世嘉 MD 的狙击，世嘉 MD 的市场占有率开始提升。面对巨大的竞争压力，任天堂不得不开始投入新一代 16 位主机的开发。1990 年 11 月，时隔 7 年任天堂才发售了下一代 16 位主机，即超级任天堂 SFC（美国版为 SNES）。

　　任天堂 SFC 的面世，标志着任天堂与世嘉的竞争进入白热化。在日本市场，SFC 的推出仍然受到玩家的追捧；但在北美市场，由于 SNES 的上市时间晚于 MD 两年，SNES 第一年的销售情况不太乐观，当时 MD 已经在美国建立了较为庞大的用户基础。1992 年，世嘉在北美家用主机的市场份额达到 55%，到 1993 年，市占率进一步提升至 65%。

图 2-4　世嘉 MD

资料来源：百度百科。

图 2-5　任天堂 SFC

资料来源：百度百科。

表 2-1　任天堂 FC、世嘉 MD、任天堂 SFC 的对比

参数	任天堂 FC	世嘉 MD	任天堂 SFC
发布日期	1983 年 7 月 15 日	1988 年 10 月 29 日	1990 年 11 月 21 日
售价	14 800 日元	—	25 000 日元
累计销量	6 700 万台	3 075 万台	4 910 万台
其中日本	1 935 万台	875 万台	1 717 万台
其中美国	4 256 万台	2 200 万台	3 193 万台
CPU	摩托罗拉 6502	摩托罗拉 M68000	摩托罗拉 65836
CPU 二进制数	8 位数	16 位数	16 位数
CPU 运行频率	1.79MHz	7.67MHz	3.58MHz
画面解析度	256 × 240	320 × 224	512 × 448
最大发色数	52 色	512 色	32 768 色
同屏发色数	16 色	64 色	256 色
最多活动块数量	64 个	80 个	128 个
内存	2KB	64KB	128KB
显存	2KB	64KB	128KB
软件载体	32KB 卡带 ROM	容量为 4MB 的卡带	容量为 6MB 的卡带

资料来源：月光博客，百度百科。

5. 第五波浪潮（1994—2000 年）：索尼 PS，进入 32 位、3D 游戏时代

实际上从 8 位机到 16 位机，硬件性能的提升并没有发生质变，任天堂依然是非常头部的游戏主机厂商，只不过越来越多的入局方已出现，并开始瓜分市场。

20 世纪 90 年代初，恰逢 32 位处理器、3D 技术的发展。家用游戏主机市场在 1994 年开启了一次非常重大的变革，硬件的性能开始发生质变，游戏主机进入 32 位时代，可以运行 3D 游戏。这一波技术浪

潮带来了一个新的窗口期。任天堂早期对硬件性能的忽视致使其在北美市场的竞争力衰退，为其后索尼 PS 轻易占领北美市场提供了契机。

除了计算硬件性能的提升，以软盘（Floppy Disk，简称 FD）、光盘（Compact Disc，简称 CD）等为代表的新存储技术也在迅速发展。早期，任天堂曾采用软盘技术来解决 FC 游戏卡带容量不足的问题，推出 FC 外接配件——FC 磁碟机，即使用卡带作为游戏标准载体，并搭配其他存储方式扩展存储容量。FC 磁碟机以软盘为存储介质，软盘在当时作为计算机的主流储存介质，具备容量大、价格低的特点，且能够反复写入新游戏，这可以大幅降低游戏厂商的成本。

索尼作为当时电子行业的龙头企业，是任天堂游戏机的声学芯片供应商，也是 CD-ROM 新存储技术的重要推动者。因此，1990 年前后，任天堂与索尼合作，共同展开 SFC CD-ROM 扩充周边的研发，以对抗 NEC、世嘉等竞争对手所推出的基于 CD-ROM 存储的游戏主机。由作为 CD 技术标准制定者之一的索尼提供 CD-ROM 的软硬件技术，双方合作开发了 SFC CD-ROM 扩充组件"SFC-CD"，以及整合主机"Play Station"，使游戏机既可玩传统卡带游戏，也兼容 CD 格式的游戏。

在 1991 年 5 月的消费电子展（CES）上，索尼宣布正在与任天堂共同开发名为"Play Station"的新主机。然而戏剧性的是，第二天任天堂单方面毁约，转而宣布与另一家有 CD 技术专利的公司——飞利浦进行合作。之后，索尼继续将 Play Station 项目推进下去，并借机推出了自己的独立游戏机品牌，仍然沿用 PlayStation 这一名字（去掉了原名称中间的空格）。

1994 年 12 月，索尼正式发售了自研的 32 位游戏主机 PlayStation

（简称 PS），售价 39 800 日元，这款游戏主机更像是一个家庭娱乐系统，既能玩游戏，又能播放索尼设计的新的光盘。索尼的入局，加速了家用游戏机的发展进程，PS 一代是世界上第一部在全球范围内售出 1 亿台的游戏主机（不考虑掌机）。

图 2-6　第一代索尼 PlayStation

资料来源：百度百科。

1994 年是具有历史意义的一年，索尼 PS 的发售是主机游戏产业又一个重要发展节点，其对游戏产业的改变是：

- 软硬件方面，采用 32 位微处理器，并带动游戏主机从卡带向 CD-ROM 存储模式转变。索尼 PS 的主要硬件配置为 32 位 RISC CPU、32 位 Sony GPU、16 位 Sony SPU、双倍速 CD-ROM 光驱。其中 PS 使用 CD 作为存储介质，有诸多优势，CD-ROM 甚至成为之后 20 多年内的主流数据载体：（1）存储容量大。能支撑 3D 游戏所需的数据容量，允许开发团队做出电影般的游戏画面，比如光盘游戏《阿比逃亡记》。（2）制作效率高。传统游戏卡带制作周期长，需提前 3 个月预定下单。（3）制作成本低。传统游戏卡带制作成本远高于 CD，更低的成本对消费者与开发商都有利。

- 内容方面，带动电子游戏产业进入 3D 时代。由于搭载了更高性能的 3D 专用硬件，索尼 PS 最大的特点是在描绘 3D 多边形画面上做了强化，能够实现 3D 画面的实时渲染，因此索尼 PS 主打 3D 游戏内容，其上著名的 3D 游戏包括《生化危机》《寂静岭》《合金装备》《最终幻想》等。

- 竞争格局方面，游戏主机内容市场开始呈现百花齐放的状态。作为一款性能强大的新主机，索尼 PS 为游戏开发商开辟了新的市场机会，且索尼的品牌号召力吸引了众多知名游戏厂商加盟，尤其是两大重量级游戏厂商 SQUARE 与 ENIX 宣布携巨作 *Final Fantasy VII*、*Dragon Quest VII* 离开任天堂转投 PS 后，日本众多知名游戏软件厂商纷纷加盟索尼。不同于任天堂强势的权利金制度，索尼对于第三方游戏开发商则较为开放包容，游戏主机与内容市场开始逐渐呈现出百花齐放的局面。

其实在索尼 PS 发售前 1 个月，世嘉也发布了自己的新一代 32 位游戏主机世嘉土星（SEGA Saturn，简称 SS），使用 CD-ROM 作为存储介质。主机发售前的 1 个月，首批 20 万台 SS 游戏机被预订一空。1995 年 5 月，索尼与世嘉同时宣布旗下 PS 与 SS 销量超过 100 万台，两大 32 位主机的竞争进入白热化。但在美国市场，SS 却没有继承 MD 的市场优势，美版世嘉 SS 初始售价为 399 美元（后降至 299 美元），价格比索尼 PS 高 100 美元，实际性能却不及索尼 PS。后世嘉在与索尼的价格战中，因巨大的成本压力而居于劣势。

1996 年，任天堂发布了 64 位主机 Nintendo 64（简称 N64）。虽

然上市时间晚于世嘉 SS 与索尼 PS，但依然获得了大量玩家的支持，首批 50 万台主机于 10 天内售罄。但最终 N64 只卖出 3 000 多万台，远不及索尼 PS 的 1 亿台，其失败的主要原因在于仍然使用落后的卡带模式。由于卡带制造成本远高于 CD，N64 逐渐失去了第三方游戏软件商的支持，在发售之后的好几个月内一直缺乏内容支撑，因此 N64 也是历史上游戏种类最少的主流游戏机之一。

索尼 PS 在价格、性能与存储空间等方面做到了很好的平衡。虽然 PS 不是第一款 32 位主机，不是第一款支持光盘的主机，也不是第一款支持 3D 图形的主机，但 PS 却完美融合了 32 位、光盘与 3D 图形等新要素，且能在价格上占据优势，极具性价比。另外，在游戏生态的搭建上，索尼对第三方开发商较为宽容，在大量高质量的第三方游戏厂商的加持下，索尼 PS 成功抢占市场，成为新一代主机游戏龙头，并得以快速打造出自己的游戏平台 PlayStation。

表 2-2　世嘉 SS、索尼 PS、任天堂 N64 的对比

参数	世嘉 SS	索尼 PS	任天堂 N64
发布日期	1994 年 11 月 22 日	1994 年 12 月 3 日	1996 年 6 月 23 日
售价	44 800 日元 /399 美元	39 800 日元 /299 美元	199 美元
累计销量	926 万台	1 亿台以上	3 293 万台
CPU	日立 32 位 SH2	32 位 RISC	64 位 MIPS R4300i
CPU 运行频率	28.6MHz	33.868 8MHz	94 MHZ
画面解析度	640×480	640×480	640×480
最大发色数	1 677 万色	1 677 万色	1 670 万色
多边形处理能力	30 万 / 秒	36 万 / 秒	15 万 / 秒
内存	32Mbit	28Mbit	4MB RDRAM
软件载体	2 倍速 CD-ROM	CD-ROM	64MB 的卡带

资料来源：月光博客，百度百科。

在 PS 一代成功之后，索尼并未止步于此，开始着手 PlayStation 下一代主机的研发工作。时隔 6 年，PS2 最终于 2000 年 3 月正式发售。相较于 PS，PS2 除了在 3D 画面实时渲染的性能与功能上有较大提升，在其他方面也有所创新：（1）主机向下兼容。向下兼容功能对新主机发售初期的品牌宣传至关重要，PS2 推广了向下兼容的概念（指新世代主机能够兼容运行旧世代的游戏），即 PS2 可以兼容 PS 游戏，此后其他主流游戏主机 Xbox 360、Wii 等都具备向下兼容的功能。（2）兼容 DVD 播放。PS2 刚好诞生于 DVD 普的时代，PS2 的成功在于其不只是一个出色的游戏平台，还是一个兼备 DVD 播放器的实用娱乐平台，为用户提供了多样化的娱乐方式。PS2 于 2012 年 11 月 3 日正式停产，累计售出超 1.5 亿台，成为历史上销量最高的游戏主机。索尼给我们的重大启示在于，硬件产业的残酷性——先发、先验均不能保证闯入"终局"，在硬件产业中，"活着"永远是硬道理。

6. 第六波浪潮（2001—2013 年）：微软 Xbox 的挑战，带动欧美游戏厂商重新崛起

进入 21 世纪，彼时的微软已经通过控制计算机产业链上的操作系统，从而掌控了整个个人计算机产业，以 Windows + Office 的组合强势切入了办公场景。为了寻找新的盈利点，除了办公场景之外，微软也一直觑觎着客厅场景。比尔·盖茨曾在其 1995 年所著的《未来之路》一书中，描绘了未来通过计算机控制家庭电器的场景。除了个人计算机，智能家居中最重要的一个日常生活场景就是家庭娱乐，因此微软计划从家庭客厅娱乐切入。微软在一定程度上也是智能家居的

先驱者。

此前微软本身也在做 PC 端的游戏，自 1997 年前后开始进军家庭主机市场，最初以合作的方式进行布局，计划为游戏硬件厂商开发软件与操作系统，但碰壁之后，微软决定推出自有的游戏主机。面对竞争已经较为激烈的家用游戏主机市场，不同于索尼的路径，微软进军游戏主机市场的方式主要靠投资，陆续收编其他硬件厂商的人才，收购多家游戏工作室。

2001 年 11 月 15 日，微软在美国正式发售了自有的游戏主机 Xbox，首发便获得了成功。Xbox 的成功之处在于硬件性能高、具备 Xbox Live 联网功能、性价比高，售价仅 299 美元（后于 2002 年降至 199 美元）。在这样的低价策略下，每卖出一台 Xbox，微软将亏损 125 美元，最终微软 Xbox 在全球的销量约 2 400 万台，虽然远落后于索尼 PS2（售出 1.58 亿台），但是却胜过任天堂 NGC（售出 2 174 万台）、世嘉 DC（售出 1 045 万台），在同世代的游戏主机中居于第二位。第一代 Xbox 预计亏损 50 亿美元，微软以低价的策略强势入局主机游戏市场，给其他厂商带来了冲击，世嘉、NEC 等多家公司退出了市场，最终只剩下以优质内容与创意见长的任天堂，以及资金实力雄厚的索尼。巨头入场导致行业进入壁垒大幅提升。

表 2-3　世嘉 DC、苏尼 PS2、任天堂 NGC、微软 Xbox 的对比

参数	世嘉 DC	索尼 PS2	任天堂 NGC	微软 Xbox
发布日期	1998 年 11 月 27 日	2000 年 3 月 4 日	2001 年 9 月 14 日	2001 年 11 月 15 日
售价	199 美元	39 800 日元 /299 美元	149 美元	299 美元
累计销量	1 045 万台	1.58 亿台	2 174 万台	约 2 400 万台
CPU	128 位 SH4	128 位 EE	IBM PowerPC 750CXe	Intel 特制 Pentium III

续表

参数	世嘉 DC	索尼 PS2	任天堂 NGC	微软 Xbox
CPU 运行频率	206MHz	295MHz	485MHz	733MHz
GPU	PowerVR2	GS 主频 147.456MHz	ATI Flipper 主频 162MHz	Nvidia NV2A
最大发色数	1 677 万色 （16 位色）	1 677 万色 （16 位色）	1 677 万色 （16 位色）	429 496 万色 （32 位色）
多边形处理能力	300 万 / 秒	7 500 万 / 秒	1 200 万 / 秒	1.165 亿 / 秒
内存	16MB	32MB RDRAM	24MB	64MB
显存	8MB	4MB	16MB	显存和内存共用
软件载体	GD-ROM	4 倍速 DVD-ROM	特制 8cm DVD	DVD-ROM

资料来源：月光博客，百度百科。

初代 Xbox 的成功重新燃起了欧美游戏开发商的热情，自此欧美游戏厂商开始崛起。同时微软乘胜追击，2005 年 11 月 22 日，微软推出新一代具备代表性的游戏主机 Xbox 360，正式拉开了三大主机游戏厂商的竞争。由于 Xbox 360 抢先 PS3 一年发售，售价仍为 299 美元，在 PS3 缺席的情况下，Xbox 360 在发售后的半年内售出约 600 万台，率先占据较大的欧美市场份额。

2006 年 11 月，索尼与任天堂各自发布新一代的游戏主机索尼 PS3 与任天堂 Wii，随着新世代游戏主机发售，三足鼎立的竞争格局形成。三家的次世代游戏机各具优劣势，最终微软 Xbox 360、索尼 PS3、任天堂 Wii 在全球的累计销售分别为 8 000 万台、8 000 万台、1 亿台。其中任天堂 Wii 的销量遥遥领先，原因在于其采取了错位竞争策略，虽然 Wii 的性能不及 Xbox 360 与 PS3，但 Wii 最大的优势

与创新在于将体感装置引入了游戏主机，开辟了新的体验方式。Wii
开发代号为"Revolution"，表示电子游戏的革命——体感游戏革命，
发售第一年销量就达 2 000 万台，迅速抢占了大量轻量玩家甚至是非
玩家市场。

随着三大厂商的新世代游戏主机的全面上市，游戏主机市场的竞
争进入白热化，索尼、微软、任天堂三足鼎立的竞争格局形成直至今
日。2022 年 1 月，微软宣布将以 687 亿美元收购动视暴雪，收购完
成后，微软在游戏领域的优势将大幅提升。

图 2-7 微软 Xbox 一代

资料来源：百度百科。

图 2-8 微软 Xbox 360

资料来源：百度百科。

表 2-4　索尼 PS3、任天堂 Wii、微软 Xbox 360 的对比

参数	索尼 PS3	任天堂 Wii	微软 Xbox 360
发布日期	2006 年 11 月 11 日	2006 年 11 月 19 日	2005 年 11 月 22 日
售价	499 美元起	25 000 日元 /249.99 美元	299 美元
累计销量	8 000 万台	1 亿台	8 000 万台
CPU	Cell 处理器，每秒 2.18T 浮点运算	IBM Broadway 90nm	IBM PowerPC
CPU 频率	3.2Ghz	729MHz	3.2 GHz
GPU	550MHz RSX（NVIDIA）	ATI Hollywood	定制的 ATI 图形处理器
视频	解析度最高 1 080i；HDMI 输出端子（60GB 版本），支持 HDMI1.3 标准	解析度最高 853×480；输出端子 AV 多重	解析度最高 1 080i；输出端子：标准 AV 线、HDAV 线
内存	512MB（256MB XDR 主内存；256MB GDDR3 显存）	系统内存 650MHz；512MB 闪存	512 MB GDDR3 内存，700 MHz DDR 频率
网络功能	网络平台：PlayStation Network Platform	网络平台：Wii Connect24	网络平台：Xbox Live 是目前最成熟的游戏网络平台；服务：Live Anywhere
控制器	PS3 手柄使用蓝牙技术，搭载动作感应技术，6 轴感应系统，无震动功能。无线手柄有效距离 30 英尺	Wiimote，支持四个控制器，支持蓝牙，信号有效范围达到 10 米。具备震动功能，内置 3 轴动作感应器	无动作感应功能；具备震动功能；最多支持 4 个无线手柄；无线手柄有效距离 10 米，电池续航 40 小时
媒体和其他功能	USB2.0 × 6；向下兼容 PS、PS2；Blue-ray 光驱，5.1 声道的声卡 MemoryStickDuo 记忆卡或 SD 记忆卡或 CF 卡；10/100/1 000Mbps 宽带以太网络接口；可外接 2.5 英寸的硬盘；可与 PSP 联动，通过无线 LAN 或者 USB 2.0 与 PSP 联动	USB2.0 × 2；内存扩展槽：2 个 SD 插槽；向下兼容 GameCube、NES、SNES、N64 游戏；光驱兼容 8 厘米 GameCube 光盘、12 厘米 Wii 光盘；Wii 主机 GameCube 存储卡插槽 2 个	USB2.0 × 3；2 个记忆卡插槽；硬盘可拆卸并可升级；支持更换个性主机面板；可拆卸并可升级的 20GB 硬盘；12 速双层 DVD-ROM；64 MB 起始的记忆卡容量；对应视频摄像头

资料来源：月光博客，百度百科。

回看雅达利、世嘉、任天堂、索尼、微软在游戏主机时代的竞争，我们得到的启发是：

（1）最早期的游戏主机市场也经历了百花齐放的阶段。回看雅达利那一时代，虽然主机游戏市场的发展处于非常早期的阶段，但是竞争特别激烈，有来自各行各业的入局者。映射到当下，对于元宇宙、VR/AR 这类新鲜事物，"全民元宇宙"是很有可能发生的。

（2）真命硬件是不断试错的迭代史。在一个真正意义上非常流行的设备问世前，会经历很多次试错，中间也会有泡沫。

（3）快速顺应产业发展趋势的重要性。从任天堂的垄断到世嘉、索尼的崛起，这其中最根本的原因是任天堂忽略了硬件性能的重要性。直到 1996 年，任天堂推出的游戏机 N64 还是基于游戏卡的主机，这种落伍的主机给其他竞争者创造了机会。

（4）内容的重要性。雅达利的失利绝大部分的原因是在后期不重视游戏内容和玩家体验；任天堂的后来居上一部分也源于对内容的重视，包括索尼也较为重视与游戏内容厂商的合作。

（5）先发优势很重要，但后入局者凭借资源禀赋仍有机会掌握关键的技术环节，实现弯道超车。比如，虽然一开始任天堂在游戏主机市场上处于领先地位，但索尼依靠其他产品优势在市场中掌握了一定的话语权，并成功切入主机游戏赛道；再比如，微软凭借雄厚的资金实力，通过收购、降价补贴等方式切入市场。

二、通用计算硬件——个人电脑与 Windows 系统的诞生

上一节论述的是垂直计算硬件，即游戏机的诞生与发展，与此同时，通用计算硬件也在迅速发展。

1. 1977 年：现象级产品 Apple II 问世，开启了个人电脑革命

1977 年 4 月，苹果在旧金山的西海岸电脑展览会上举办了首次盛大的产品发布会，推出了 Apple II 电脑，这是全球首台真正意义上的个人电脑，支持 280×192 分辨率的视频输出，可显示 16 种色彩，并且拥有单声道声音输出架构，从此电脑可以发出声音。Apple II 的最初定价为 1 298 美元，后续又推出了多种改良型号，在接下来的 16 年中，各种型号的 Apple II 共售出了接近 600 万台。Apple II 开启了个人电脑革命，在于其面向的是大众，而不仅仅是极客和工程师，Apple II 的上市与后来的普及深刻影响了后继的许多种微电脑。

相比其他电脑，Apple II 真正开创了个人电脑产业，而 Apple II 成功的重要推进器是电子制表与个人财务程序 VisiCalc，这是 Excel 的雏形。作为世界上第一款电子表格软件，VisiCalc 最早于 1977 年问世，并于 1979 年与 Apple II 电脑捆绑销售，成为当时较为流行的个人计算机应用程序，也助力 Apple II 在商业、家庭与学校用户之间进行普及，在 1979 年被评为最佳软件。

图 2-9　Apple II 电脑

资料来源：《史蒂夫·乔布斯传》。

2. 1984 年：麦金塔（Macintosh）问世，图形化界面＋鼠标降低用户使用门槛

Apple II 问世后，销量急剧上升，从 1977 年的 2 500 台猛增到 1981 年的 21 万台，将苹果公司推向了一个新兴产业的顶峰。但 Apple II 与我们现在用的电脑有一个巨大的不同——没有鼠标，操作全部依靠命令行加键盘，即在键盘上输入一串字符，计算机就会在屏幕上显示相应的字符，通常是荧光绿色的字符衬上深色的背景。直到 1983 年、1984 年苹果 Lisa、Mac 的推出，带来了巨大的革新，也带来了图形化操作界面与新外设硬件——鼠标。

Apple II 之后，乔布斯继续探索下一代个人电脑，目标是打造一款操作简单、价格低廉、适合普通人使用的大众电脑。1979 年，Apple II 的潜在继任者有三种机型：

（1）Apple III——1980 年 5 月，Apple III 上市，虽然 Apple III 内存更大，屏幕可以一行显示更多字符，并且能区分大小写字母，但最终销量惨淡，主要原因在于相较前一代并没有根本性的革新。次年，苹果个人电脑业务的最大竞争对手 IBM 也推出了首款个人电脑，使用的是过时的命令行提示符，屏幕也只能显示字符，而不是图形界面的位图显示。

（2）"丽萨（Lisa）"项目——全球首款同时采用图形用户界面（GUI）与鼠标的个人电脑，于 1983 年面市，但当时的苹果没有考虑到消费者的承受能力，昂贵的价格使得众多用户更愿意采购价格相对低廉的 IBM 电脑。Apple Lisa 于 1986 年 8 月正式退出历史舞台。

（3）"安妮（Annie）"项目（后改名为 Mac 项目）——开发者为杰夫·拉斯金（Jeff Raskin），致力于为大众制造一台拥有简单图形界面与简洁设计的廉价电脑。拉斯金也促成了乔布斯与苹果的同事们关注到一家优秀的研究中心——施乐（Xerox），它是图形界面技术的先驱。

施乐公司的帕洛奥图研究中心（Palo Alto Research Center）成立于 1970 年。在丽萨电脑诞生之前，电脑还是 DOS 系统，而施乐的工程师们正在研发一种友好的用户图形界面，以取代操作复杂的命令行与 DOS 提示符，希望研发出小孩子也能轻松操作的个人电脑。研发团队将桌面的概念应用到屏幕上，屏幕上可以显示很多文件与文件夹，用户可以移动鼠标来点击自己想要使用的内容。在苹果的丽萨与麦金塔电脑问世之前，早在 1981 年，施乐就推出了自己的电脑——"施乐之星"（Xerox Star），这台电脑运用了图形用户界面、鼠标、位图显示、窗口以及桌面概念，但运行缓慢、价格昂贵，且主要瞄准的是企业市场，因此销量惨淡。

源于施乐公司图形界面的灵感，乔布斯及其团队对施乐的图形界面技术进行了巨大改进，改进的并不仅仅是细节，而是整个概念。比如施乐的鼠标设计有三个按键，结构复杂，两个轮子只能实现上下或左右滑动，且不能用来在屏幕上拖拽窗口。而苹果团队设计出的鼠标，用滚球代替了两个轮子，可以操纵光标向任意方向移动，且界面设计上，用户不仅可以任意拖拽窗口与文件，还可以将它们拖到文件夹中。施乐的系统中，不管是调整窗口的大小还是更改文件的扩展名，用户都必须选择一条指令后才能执行操作。而苹果团队完善了桌面概念，添加了漂亮的图标与位于窗口顶端的下拉菜单，以及双击鼠标打开文件与文件夹的功能。

1979 年，杰夫·拉斯金成为小规模研发"安妮"电脑的负责人，"安妮"后来改名为"麦金塔"，乔布斯也全力投入这个 Mac 项目。经过 5 年对施乐的图形界面技术与其他细节（字体、标题栏设计、电路板等）的打磨，苹果麦金塔个人电脑终于在 1984 年 1 月发布。麦金塔配备了革命性的图形操作系统，相较于丽萨，麦金塔尺寸更小、运行速度更快、价格更低，成为计算机发展史上的里程碑级产品，创造了 10 天销售 5 万台的成绩。

苹果至今仍与其他科技型公司调性不同，有着特立独行的风格。苹果从创立之初，其基因就一直强调"软硬一体化"发展，乔布斯将这一基因深深地烙印在苹果公司文化之中。乔布斯认为一台电脑要真正做到优秀，其硬件与软件必须是紧密联系在一起的。如果一台电脑要兼容那些在其他电脑上也能运行的软件，它必定要牺牲一些功能。他认为最好的产品是"一体的"，是端到端的，软件是为硬件量身定做的，硬件也是为软件度身定制的。正因如此，才使得麦金塔有别于微软（以及之后谷歌的安卓）所创造的操作系统环境，麦金塔上使用的操作系统只能在自己的硬件上运行。

图 2-10　麦金塔计算机

资料来源：百度百科。

3. 1995 年：Windows 95 推出，高性能可以处理多媒体

大约在 1982 年，当苹果开始着手研发麦金塔电脑时，乔布斯为比尔·盖茨展示了麦金塔计算机概念产品，以及图形界面的操作系统。乔布斯希望微软为麦金塔计算机编写 BASIC 程序，以及开发图形界面版本的应用软件，如全新的电子表格 Excel、文字处理 Word 等应用程序。随后，微软组建了一个大型团队负责该项目。彼时，微软主要靠将传统的 DOS 操作系统授权给 IBM 并兼容电脑使用而赚取收入。

与苹果坚持走封闭路线的商业模式不同，微软的策略是软件的开放、兼容与廉价。在与苹果的合约到期之后，微软也将软件售卖给了其他公司，1983 年 11 月，盖茨宣布微软计划为 IBM 个人电脑开发 Windows 操作系统，Windows 操作系统将采用图形界面，有窗口、图标与可以指向并点击的鼠标。由于与大厂 IBM 进行合作，微软的DOS 系统得到迅速推广，在此后的版本更迭中，微软始终保证了产品的兼容性，因此留住了大量的用户。

微软于 1985 年发布 Windows 1.0 操作系统，虽然该版本很不完善，更像是在 DOS 上面嵌套了一层 UI，但是已经能够支持单窗口，Window 2.0 可以支持多窗口。1990 年，微软终于推出了第一款真正意义上的图形化 Windows 操作系统——Windows 3.0，凭借此前积累的众多用户，该系统一经推出就广受好评，得到了迅速推广。微软于 1991 年 10 月发布了 Windows 3.0 的多语言版本，为 Windows 在非英语母语国家的推广起到了重大作用。1994 年，微软发布 Windows 3.2 版本，这一版的 Windows 开始支持中文，对于中国人来说，这才是使用 Windows 的开端。

微软从无到有开创了一种全新的商业模式，即靠销售软件获得收入。在盖茨开创靠销售操作系统获利的这套模式之前，整个计算机产业还没有形成明确的分工，当时软件的价值必须依托于硬件才能实现，鲜少有公司将单独售卖软件作为主要的商业模式。虽然最早的商业化图形操作系统的个人电脑产自苹果，但将简单易用的个人电脑普及到千家万户的，却是微软。在推进计算机产业不断成熟、细化分工的进程中，微软起到了关键作用。

Windows 3.0 的发布，也助力微软扭转了在个人电脑领域的劣势，奠定了其在 PC 操作系统的垄断地位。而相对应地，苹果在个人电脑的市场份额从这一年开始迅速下降。

1995 年 8 月 24 日，微软发布了 Windows 95，这是最具划时代意义的 Windows 系统。Windows 95 是一个混合的 16 位 /32 位 Windows 操作系统，其版本号为 4.0，开发代号为 Chicago。Windows 95 是微软之前独立的操作系统 MS-DOS 与 Microsoft Windows 1.x、2.x、3.x 各系统的直接后续版本，同时特别捆绑了一个 DOS 的视窗版本（MS-DOS 7.0）。

表 2-5　苹果与微软对比

项目	苹果	微软
创始人 （在任时间）	史蒂夫·乔布斯 （1995 年 2 月 24 日—2011 年 10 月 5 日）	比尔·盖茨 （1995 年 10 月 28 日—）
成立时间	1976 年	1975 年
行业	IT、电子消费品	IT、软件公司
核心产品	Mac、iPhone、iPad、iPod、 iTunes	Windows、Office、Azure、Bing
IPO 时间	1980 年 12 月 12 日	1986 年 3 月 13 日
首次巅峰时间	1980 年	1999 年
衰退时间	1986—1997 年	1999—2009 年
2021 财年业绩	收入 3 658 亿美元， 利润 947 亿美元	收入 1 681 亿美元， 利润 613 亿美元
目前市值	2.88 万亿美元	2.33 万亿美元

注：市值截至 2022 年 2 月 9 日。

资料来源：Wind。

Windows 95 带来的影响极为深远，促进计算机的性能大幅提升，可以处理多媒体任务。一方面，从系统本身来看，Windows 95 最大的贡献之一在于图形用户接口较 Windows 3.2 的大幅革新，带来了更强大、更稳定、更实用的桌面图形用户界面，用户能够更快速地打开各种应用程序、系统设置、文件夹目录。Windows 95 某些创新元素甚至一直沿用至今，如开始菜单、任务栏、USB、文件浏览器、IE 浏览器等功能。另一方面，对微软自身而言，Windows 95 的发布结束了桌面操作系统间的竞争，在发行的一两年内，Windows 95 成为有史以来最成功的操作系统，1995—2000 年微软市值开启第一轮的大幅上涨行情。

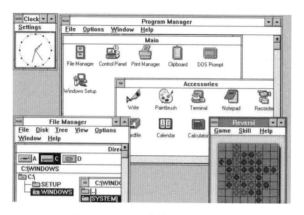

图 2-11　1990 年的 Windows 3.0

资料来源：百度百科。

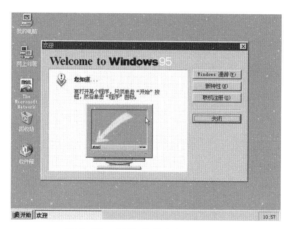

图 2-12　1995 年的 Windows 95

资料来源：百度百科。

4. 1994 年之后：互联网 / 移动互联网丰富应用场景

互联网技术社会化启用阶段始于 1994 年。1994 年，美国克林顿政府允许商业资本介入互联网建设与运营，互联网得以走出实验室进入面向社会的商用时期，开始向各行业渗透。这也是我国互联网发展的起步阶段。1994 年 4 月，中关村地区教育与科研示范网络工程进入互联网，这标志着我国正式成为有互联网的国家。20 世纪 90 年代是互联网大发展的时代，万维网诞生，诸多浏览器问世，谷歌、搜狐、新浪、腾讯、阿里巴巴等互联网公司成立。

移动互联时代，智能移动设备的出现使得网络用户数量及上网时间大幅增长，获取、产生信息的端点数量与交互频率大幅增加，联网的空间与场景千变万化，并由此衍生出丰富多样的应用程序，渗透至日常生活的方方面面，产生的数据量也以几何级速度增长。2010 年开始之后的十年，是移动互联网的黄金十年，移动互联网的红利期突出表现为鳞次栉比的应用创新：2011 年的团购、2012 年的自媒体、2013 年的大数据、2014 年的互联网金融、2015 年的 O2O、2016 年的直播和新零售、2017 年的共享经济、2018 年的短视频和区块链、2019 年的人工智能、2020 年的社区团购。

三、小型化硬件——掌上游戏机与智能手机的诞生

从形态上来看，计算硬件的发展趋势是便携化、小型化。如今智能手机已经成为人们生活的一部分，除了功能健全外，主要原因还是其便携性。硬件技术的方向一直在向微型化发展，自然带动包括电脑在内的硬件向小型化方向发展，这是技术进步的结果，也是人们需求的结果。

在智能手机之前，其实更早意义上的小型计算硬件是掌上游戏机（简称掌机），诞生于 20 世纪 70 年代末、80 年代初。掌上游戏机最早由美国玩具巨头美泰（Mattel）于 1976 年开发出来，但真正推动

掌机发展的是任天堂，至今任天堂一直是掌机领域的头部厂商。

1980年，任天堂的横井军平研发推出了第一款掌机 Game & Watch，在当时掀起了一片风潮，全球累计销量高达 4 340 万台。Game & Watch 只有手掌大小，按键仅有 4 个，后来引入了控制方向的"十字键"，部分设计理念一直沿用至今。不过限于当时的技术条件，Game & Watch 功能过于简单，游戏也无法更换，所以并未取得太大成功。

1989年，真正意义上的掌机时代来临，标志是任天堂推出的 Game Boy。Game Boy 与当时的移动电话大小相当，配有一块无夜光功能的小型液晶显示屏，一个方向操纵按钮与四个控制按钮以及一个扬声器；采用插卡式设计，玩家可购买各种游戏卡带体验不同游戏。Game Boy 是现代掌机雏形，开创了按键规格与游戏卡带等一系列沿用至今的产业标准与设计理念。

虽然 Game Boy 的硬件性能劣于同时代的其他游戏机，然而凭借大量可玩性较高的游戏，Game Boy 取得了巨大的成功。截至 2003年，Game Boy 全球累计销量 1.2 亿台，是 2004 年以前销量最高的游戏机。

在 Game Boy 获得巨大成功后，任天堂又推出了改进机型 Game Boy Pocket（1996年）、Game Boy Light（1998年）、Game Boy Color（1998年，配备彩色屏幕，画面效果有较大提升），Game Boy Advance（2001年）。其中 Game Boy Advance 迎来了非常大的升级，是一部 32 位的掌机，使用彩色液晶显示屏，性能得到了大幅提升，全球累计销量约 8 000 万台。

图 2-13 最早的掌机 Game & Watch

资料来源：游戏时光官网。

图 2-14 掌机 Game Boy

资料来源：维基百科。

2004 年 11 月，任天堂发布全新的掌机品牌 Nintendo Dual Screen（简称 NDS），配备了双屏幕显示，其中下方的屏幕为触摸屏；并配置有麦克风声音输入装置与 Wi-Fi 无线网络功能。NDS 创造了新的销售纪录，所有机型合计售出 1.5 亿台，成为史上销量最高的掌机。NDS 的成功之处在于其便携性，这使之进化为老少皆宜的综合型电子娱乐产品，也使便携游戏主机市场规模得以成倍扩张。

2004 年之前，任天堂一直是掌机领域的霸主，虽然其他公司也推出过一系列掌机，不过由于游戏内容等方面的原因，销量完全与 Game Boy 不在一个数量级，都成了昙花一现的产品。直至 2004 年索尼的入局，才打破了任天堂在掌机领域一家独大的局面。2004 年 12 月，索尼推出了掌机 PlayStation Portable（简称 PSP），PSP 是索尼的第一代掌上游戏机，与家用游戏主机 PS3 属同世代产品。

PSP 不只是一台游戏机，更是一台综合型的掌上多媒体娱乐终端设备。索尼 PSP 采用 4.3 英寸 16∶9 屏幕，分辨率为 480×272；性能上，PSP 配备了美国 MIPS 技术公司的两个 RISC 架构的 R4000 处理器，主频 333 MHz，游戏画面达到掌机的新高度；另外，PSP 可播放 MPEG4 格式的视频文件、MP3 格式的音乐文件，是一台集合了多种功能的掌上多媒体终端。

得益于高性能与多功能的娱乐体验，且价格低廉，PSP 一经上市便风靡全球，在中国大陆地区的销量远超 NDS，成为一种十分流行的便携式娱乐设备。PSP 在其长达 11 年的生命周期内共销售了约 8 000 万台，是同世代 NDS 强有力的竞品。PSP 的意义在于打破了任天堂在掌机领域的垄断地位，此后在掌机游戏领域任天堂与索尼两家独大。

2017 年 3 月，任天堂发售跨时代的双形态游戏机 Switch，采用家用机、掌机一体化设计理念，支持 4K 电视输出与 720P 掌上输出。随着 Switch 一同发售的，还有护航大作《塞尔达传说：旷野之息》。在三大游戏主机厂商中，任天堂善于突破常规，以给玩家带来创新的游戏体验，Switch 最大的亮点就在于其具备携带与家用两种可变换形态。Switch 一经发售，便受到了火热的追捧，销量一路攀升。根据任天堂财报，截至 2021 年 9 月底，Switch 主机已在全球售出 9 287 万台，游戏软件售出 6.81 亿份。

图 2-15　任天堂 Switch

资料来源：任天堂官网。

在本就相对小众的掌机市场，生产商的地域局限性或多或少造就了掌机的垄断特点，最终形成了任天堂与索尼两家独大的竞争格局。纵观掌机发展史，2010 年之前可以说是掌机最辉煌的时代，但 2010 年是一个分水岭。

2010 年前后，掌机开始出现明显的衰落迹象，任天堂自 2010 年起营业收入连续 8 年下滑，2012 年更是出现了 30 年来的首次亏损。其实不仅是任天堂与掌机游戏市场受到冲击，索尼及整体游戏主机市场也出现了销量下滑的现象，究其原因是智能手机的出现。2010 年，苹果最经典的 iPhone 4 发布，标志着智能手机时代的加速来临。

掌机游戏的没落，受到智能手机这一便携式计算设备的冲击。智能手机的软硬件迭代速度远高于掌机，甚至高于个人计算机，例如 iPhone 基本每年都会升级其硬件配置。手机最初只是简单的通信工具，至 2010 年之后的智能手机已经发展成了集通信、娱乐、办公、生活于一体的必需品。

尤其是对于游戏行业来说，用户注意力的迁移促使游戏开发商、游戏硬件厂商的业务重心向智能手机市场倾斜，手机硬件的高速发展使得其性能越来越强劲，手机的强势登场对掌机、家用主机游戏市场，甚至是 PC 游戏市场均产生了冲击。以掌机大本营的日本市场为例，2013 年移动游戏市场已翻一番突破了 50 亿美元，并超越了主机游戏市场，也诞生出像 GungHo 这样的大型手机游戏公司（GungHo 成立于 1998 年，但发迹于 2013 年）。而像传统掌机游戏大厂史克威尔艾尼克斯（Square Enix），也及时转型成为手机游戏公司。

根据 SuperData，2016 年全球游戏产业的市场规模达到 910 亿美元，其中移动游戏的市场规模达到 406 亿美元，占据了全球近半份额，超过了 PC 平台与主机平台，这也是移动游戏在市场规模上首次超越 PC 平台。

第三节　硬件集成了各时代最先进的生产力

通过回溯工业与互联网这两大变革对人类进步进程的影响，我们发现工业革命爆发后的两百多年里，生产力得到了大幅的提升，主要原因在于，科学技术的发展加速了人类进步的速度。

每跨越一个时代，表面上是人们生活方式的改变，实际上是生产力革新带来的社会生产力要素的变化。农耕时代的生产力大部分靠人力、畜力，从 18 世纪 60 年代的工业革命开始，生产力得到大幅跃升，源于工业革命带来了蒸汽机、电力等各类先进的技术，人类社会在工业革命后步入发展快车道。

在四次工业革命中，前两次的蒸汽革命与电力革命主要围绕"能源"展开（蒸汽与电力），后两次的信息革命与智能革命主要围绕"信息"展开。约 1950 年起，第三次工业革命带来了信息技术，技术成为先进生产力，以计算机、航空航天、原子能为代表，我们进入信息时代。第三次工业革命相对于第二次工业革命的变化巨大，工业不再局限于简单机械，人类社会也不局限于物理世界，计算硬件得以迅速发展，并奠定了此后 70 多年的新兴技术发展基础。在互联网时代，生产力被进一步解放，新兴技术层出不穷，如人工智能、云计算、区块链、量子计算等。

虽然 1946 年第一台电子计算机就在美国问世，但早期的计算机体积庞大、价格昂贵，只在特定领域使用，如军事领域。技术革命伴随着军事承包商的发展而兴起，并迅速扩展到电子公司、微芯片制造商、视频游戏软件设计师与计算机公司。

1. 20 世纪 30 年代，半导体材料的发展

半导体是导电性介于导体与绝缘体中间的一类物质。与导体、绝缘体相比，半导体材料的发现是最晚的，直到 20 世纪 30 年代，材料的提纯技术改进以后，半导体的存在才真正被学术界认可。半导体的发展历史一定程度上代表了人类现代科技的文明史，如果说机械的发展解放了人类的劳动力，那么半导体的发展则解放了人类的计算力。

半导体主要由四个部分组成：集成电路、光电器件、分立器件、传感器，由于集成电路又占了器件 80% 以上的份额，因此通常将半导体与集成电路等价。集成电路按照产品种类又主要分为四大类：微

处理器、存储器、逻辑器件、模拟器件，统称为芯片。[1]

计算硬件与集成电路从产生到成熟大致经历了如下过程：电子管—晶体管—集成电路—大规模/超大规模集成电路，相应地，计算机也经历了数字电子计算机—晶体管计算机—集成电路计算机—微型计算机的发展。

2. 1946 年，第一台数字电子计算机

美国宾夕法尼亚大学于 1946 年使用真空管制造出第一台数字电子计算机 ENIAC，这台计算机每秒能完成 5 000 次运算。第一代电子计算机使用了大量的电子管，电子管的大小与现今的灯泡差不多，ENIAC 共装备了 18 000 只电子管，占地 170 平方米，重 30 吨，有着体积大、功耗大、发热高、寿命短、电源利用效率低等缺点。

3. 1947 年，晶体管时代的到来与晶体管计算机

1947 年 12 月，第一款点接触型晶体管在美国贝尔实验室诞生，由约翰·巴丁（John Bardeen）与沃尔特·布拉顿（Walter Brattain）发明；1948 年 1 月，威廉·肖克利（William Shockley）推出了面接触型的晶体管，这预示着晶体管时代的到来，也是微电子技术发展的第一个里程碑。1956 年，肖克利、巴丁、布拉顿三人因发明晶体管同时荣获诺贝尔物理学奖，肖克利也被誉为"晶体管之父"。

晶体管的发明促进半导体工业与计算机迅速发展。晶体管这种小巧的、消耗功率低的电子器件能够代替体积大、功率消耗大的电子

---

[1]　参考自 https://www2.zhihu.com/question/342449845。

管，使用晶体管制造的计算机能够大幅降低功耗。1955 年，美国贝尔实验室研制出世界第一台全晶体管计算机 TRADIC，装有 800 只晶体管。相较于电子管，晶体管的优势在于尺寸小、重量轻、寿命长、效率高、发热少、功耗低。

1955 年，美国在阿塔拉斯洲际导弹上装备了以晶体管为主要元件的小型计算机。由于晶体管计算机价格比电子管计算机便宜，使得计算机从只能运用于少数尖端领域中，开始向人们的生产与生活中普及。1956 年起，IBM 公司设计生产的计算机与打卡机开始使用晶体管。1958 年，IBM 公司制成了第一台全部使用晶体管的计算机 RCA501 型。

4. 1958 年，集成电路与集成电路计算机

1958—1959 年，德州仪器（TI）的杰克·基尔比（Jack Kilby）与仙童公司（Fairchild）的罗伯特·诺伊斯（Robert Noyce）间隔数月分别发明了集成电路（IC），这标志着集成电路时代的到来。集成电路的发明对半导体产业的发展产生了重大影响。

集成电路是电子管与晶体管之后的第三代计算机路线，其将晶体管、电阻、电容器、电子管等一连串电子元件全部集成在一小块或几小块半导体晶片上，功耗低、体积小，性能却远超之前，是计算机工业内公认的未来方向。

20 世纪 60 年代初，IBM 集中精力开发集成电路计算机，根据其设计方案，新一代集成电路计算机将同时支持科学计算、商业应用、信息处理。1964 年，IBM 推出了世界第一台集成电路计算机 IBM-360。这是一款真正跨越代际的计算机，其在硬件性能与兼容性上，均

远超上一代晶体管计算机。

英特尔公司的联合创始人之一戈登·摩尔（Gordon Moore）也在集成电路的早期发展进程中扮演着重要的角色，于 1965 年提出了著名的"摩尔定律"：集成电路上可容纳的晶体管数目，约每隔 18 个月便会增加一倍，性能也将提升一倍。摩尔定律的提出，为后面几十年半导体行业的发展指明了方向，半导体行业也进入了高速发展期。

5. 1971 年，大规模 / 超大规模集成电路与微型计算机

在集成电路计算机蔚然成风后，集成电路与电子器件持续向更小的外形尺寸发展，每个芯片可以封装更多的电路。根据一个芯片上集成的微电子器件的数量，集成电路可以分为以下几类：小型集成电路（SSI）、中型集成电路（MSI）、大规模集成电路（LSI）、超大规模集成电路（VLSI）、特大规模集成电路（ULSI）、巨大规模集成电路（GSI）。

1971 年，英特尔推出了全球第一个商用计算机微处理器（CPU）4004，是一款 4 位的处理器，仅包含 2 300 个晶体管；同时还推出了 1KB 动态随机存储器（DRAM），标志着大规模集成电路出现。1978 年，64KB 动态随机存储器诞生，在不足 0.5 平方厘米的硅片上集成了 14 万个晶体管，标志着超大规模集成电路时代的来临。超大规模集成电路研制成功，大力推动了微电子技术的进步。

微处理器的问世意义重大，开创了微型计算机的新时代，微型计算机采用的是大规模或超大规模集成电路芯片。20 世纪 70 年代以后，计算机所使用的集成电路的集成度迅速从中小规模发展到大规模、超大规模的水平，微处理器与微型计算机应运而生，各类计算机的性能

得以迅速提升。

1977 年是个人电脑发展历史上重要的一年，Commodore PET（康懋达个人电子处理器）与 Apple II 相继问世，开启了个人电脑革命，应用领域从科学研究、政府机构逐步走向家庭。

1979 年，英特尔推出 5MHz 8088 微处理器。1981 年，IBM 基于 8088 微处理器推出自己的第一台个人电脑——IBM 5150，配备了微软公司的磁盘操作系统（X86-DOS）、电子表格软件 Visicalc 与文本输入软件 Easywriter。lBM 5150 奠定了现代个人电脑的原型，之后英特尔所推出的微处理器以及微软所推出的操作系统的发展，大致可以代表个人电脑的发展史。

此后，集成电路继续向特大规模、巨大规模发展，硬件性能大幅提升，计算机进一步向小型化发展，笔记本电脑与平板电脑陆续出现。互联网出现后，计算机开辟了一个新的时代，应用更加广泛，人类社会加速向数字化转型。

回顾上述计算文明发展史，我们发现各个时代的代表性计算机硬件的出现与发展离不开关键技术的突破，如晶体管、集成电路、微处理器等，硬件集成了各时代最先进的生产力。我们再以现阶段的 VR/AR 为例，首先，VR/AR 是对过去 50 年一系列二维设备的全部生态的迭代；其次，目前的 VR/AR 还远未达到通用型与小型化硬件的标准；最后，未来元宇宙的入口不局限于 VR/AR 这种单一的产品形态，预计会独立发展出其他硬件体系，带来更多元的交互与应用体验。

"真命"硬件的诞生均是翻山越岭的进化史。站在这个角度看元宇宙及其硬件入口，元宇宙的"真命"硬件将同步开启新硬件时代，在一个通用型设备问世前，会经历多次试错与多场泡沫。有一种观点称，目前的 Oculus Quest 2 有可能仅相当于当年的雅达利 2600。现今距离 Facebook 收购 Oculus 已经过去了 7 年，在这 7 年时间内，Oculus 所获得的阶段性成功经过了多年的试错，VR/AR 产业本身的发展也历经了一次低谷期。

目前 Oculus Quest 等各类 VR/AR 硬件的性能仍有不足，依赖于关键硬科技的突破。硬科技分为两类，一类是有积累的技术，是基于个人电脑、智能手机硬件的迭代；另一类是新技术或者是积累相对比较少的技术，相较于前 50 年的计算硬件，VR/AR 这一硬件涉及一些新技术的运用，比如有关全身动捕、新交互、触觉等感官的技术，需增加更多的传感器。因此，VR/AR 的发展有两个长期的核心矛盾，一是显示，主要包括显示屏与光学技术，如 VR 与 AR 的显示屏不同，光学技术涉及更多的传感器；二是设备小型化，诸多超强性能的计算硬件集成到足够轻薄的 VR 头显 /AR 眼镜上。

最后，回到本章节开头我们所提出的问题："硬件之于元宇宙这一新计算平台，仅仅是入口吗？作为入口的硬件一定是 VR/AR 吗？当下 VR/AR 的发展处于元宇宙发展的哪个阶段？"经过本章对交互硬件 50 年发展史的梳理，我们对交互硬件的发展规律有了更清晰的认识。未来新硬件该如何演变，我们在下一章将做具体剖析。

游戏主机

垂直计算硬件

1972 年
奥德赛
标志家用游戏主机诞生

1977 年
雅达利 2600
游戏机成主流娱乐硬件，游戏产业发展

1983 年
任天堂 FC
开启日本游戏产业

1988 年
世嘉 MD
迎来 16 位主机时代

1994 年
索尼 PS
进入 32 位、3D 游戏时代

2001 年
微软 Xbox
任天堂、索尼、微软三足鼎力竞争格局形成

个人电脑与 windows 系统

通用计算硬件

1977 年
Apple II
开启个人电脑革命

1984 年
麦金塔
图形化界面 + 鼠标降低用户使用门槛

1985 年
Windows 1.0
微软以售卖相关软件迅速发展

1990 年
Windows 3.0
真正意义上的图形化 Windows 操作系统

1995 年
Windows 95
促进计算机性能大幅提升，可以处理多媒体任务

掌上游戏机与智能手机

小型化计算硬件

1980 年
Game & Watch
早期掌机雏形

1989 年
Game Boy
掌机时代来临，累计售出 1.2 亿台

2004 年
任天堂 NDS
索尼 PSP

2007 年
iPhone 1
标志智能手机时代正式来临

2010 年
iPhone 4
里程碑意义产品，移动互联网应用开始爆发

2017 年
Switch
双形态游戏机，截至目前累计售出约 1 亿台

硬件集成了各时代最先进的生产力

第一代计算机，体积庞大

美国贝尔实验室研制出第一台全晶体管计算机

IBM 推出第一台集成电路计算机

微型计算机大发展

数字电子计算机
1946 年

晶体管计算机
1955 年

集成电路计算机
1964 年

20 世纪 70 年代以后

20 世纪 30 年代
半导体材料
解放了人类的计算力

1947 年
晶体管出现
微电子技术发展的重要里程碑

1958 年
集成电路发展
集成电路是继电子管与晶体管之后的第三代计算机路线

1971 年
大规模集成电路发展
英特尔推出第一个商用计算机微处理器，开启微型计算机时代

第三章

新硬件主义

漫画《复仇者联盟》中的超级反派"奥创"，本质上是 AI 在现实物理世界中的显现，随着持续的迭代与进化，在拥有了自我意识后，持续升级制造出更为先进的身体，取代此前简陋的设计。

　　按照我们的认知体系与整体框架，未来 AI 真正独立成产品，终将在现实物理世界中显现为智能硬件，AI 有多强大，其显现的智能硬件只会更强大。比如，每代奥创的外观与能力各有不同，但通用的能力（共同的能力）包括近乎无敌的力量、能够以 33 马赫的速度飞行、以超级计算机都望尘莫及的速度将损坏的部件修复、外壳有增强反应能力的系统。

　　"新硬件主义"是一个极具主观色彩的定义，强烈表达了未来元宇宙囊括现实物理世界后，人的交互对象增加了三类（人的数字人、虚拟数字人、虚拟数字人在物理世界中的机器人）。即使在现实物理世界中，未来的重塑力量（AI、分布式垂类新硬件）与惯性力量（人、物理世界中的"物"）的数量比例为 2∶2，更重要的是，重塑力量远大于惯性力量。

人、物、空间，由现实世界向虚拟世界映射，硬件是入口，入口的"后面"是元宇宙，人的所有感官体验均被数字化，物体与空间均被数字孪生甚至数字原生，元宇宙将成为人的"数字人"与"虚拟数字人"共享的空间。人在元宇宙中，尤其是有了虚拟数字人的交互后，被充分挖掘并定义的新增需求，尤其是非物质需求，会有哪些？虚拟数字人反向映射回现实物理世界，"他／她"的存在大概率以机器人的形式显现，在"他／她"与人共享的现实物理空间里，所有的"物"大概率也将被重塑，这就是我们本书所探讨的内核——新硬件。

第一节 新硬件：AI 的真正产品化

在《元宇宙大投资》当中，我们建立了元宇宙六大投资版图，从体验出发，以终为始推导建立元宇宙世界的六大必备要素——硬件入口、后端基建、底层架构、人工智能、内容与场景、协同方。在六大投资版图中，人工智能属于底层架构之一，也大量存在于后端基建中，但我们将人工智能单独列出进行分析，目的就在于强调人工智能在元宇宙建设过程中的重要性——人工智能将是元宇宙的核心生产要素。

现今互联网时代的社会生产力要素正在发生变化，即生产力的主体发生了变化。人工智能深度学习的能力正在明显加强，某种程度上是去学习最接近人脑认知的一般表达，去获得类似于人脑的多模感知与认知能力。由于认知能力的提升，人工智能可以主动了解事物发展背后的规律与因果关系，而不只是简单地统计拟合。人工智能无疑会越来越"聪明"，可以模拟人的思维或学习机制，变得越来越像人。预计在未来元宇宙的建设中，人不是最重要的生产要素，人工智能可以从供给维度代替人去发挥一些关键生产要素的作用，包括提供规模化的内容或服务，规模化的同时兼具个性化。

规模化 提供规模化的内容或服务	个性化 规模化的同时，保证个性化
目前人工智能已广泛应用于客服场景，比如一些大公司的智能机器人客服，可以批量处理海量的简单重复性高的问题，降低企业的人工客服成本。 在未来元宇宙场景中，人工智能的作用将越来越重要，人的精力是有限的，但虚拟的AI伙伴却可以随时待命。	机器学习的结果可以更好地建立与人之间的联系。每个人都是不同的个体，进而需求也不同，当人工智能越来越智能，可以根据不同个体的需求提供个性化的内容或服务，做到千人千面。

图 3-1 人工智能是元宇宙的核心生产要素

作为元宇宙的核心生产要素，AI 成功从"感知"向"认知"升级，与之同步的是人类社会的计算文明逐步从数字化走向数智化。2016 年，Google 发布的 AlphaGo 在与李世石的"世纪之战"中，人工智能机器人战胜了人类，标志着人工智能从感知向认知的升级取得重大突破，人工智能的发展进入了新纪元。过去 60 年，人工智能一直在从感知向认知层面升级，并进行探索与运用，如视觉识别、自然语言处理。而现阶段及未来，在从感知升级到认知的基础上，人工智能将逐渐辅助或替代人去发挥建设性的作用，即又增加了核心生产要素这一属性。

与此同时，按照人类社会从信息化到数字化，再到数智化的进程来看，计算机技术与互联网融合发展的结果，首先是信息的数字化（信息化），其次是人的关系数字化（数字化），最后是人的体验数字化（数智化）。从信息技术诞生以来，我们现阶段仍处于数字化的第二阶段，第三阶段数智化的实现仍有很长的一段路要走。

- 信息化：个人电脑的从无到广泛应用，PC 互联网的逐步普及，催生出第一次计算文明，以信息数字化为显著特征。信息数字化即信息化，解决的是数据映射问题，是对现实世界（即企业的存在配置、资源存流、运营状态、外部联通）实现数据映射的集合。

- 数字化：智能手机的从无到广泛应用，移动互联网的高速发展，催生出比第一次计算文明更加繁荣的第二次计算文明。人的关系数字化是真正意义上的数字化，也是信息化与智能化的中间地带。

- 数智化：人的感官体验的数字化，是我们认为的元宇宙的本质。第三次计算文明一定是根植于元宇宙的本质，孕育于虚拟世界与现实世界相互影响、螺旋进步的土壤当中。数智化是由信息化到数字化的终极阶段，这一阶段解决的核心问题是人与机器的关系。

数字化衔接信息化与数智化。数智化是数字化的最终结果，包括业务单元的智能、商业的智能、商业生态的智能。这里需要特别强调——数据只有积累到一定程度，智能机器或业务单元才能被训练出来。所以数智化是数字化的结果——数据饲养下的智能化水平的水到渠成。

信息化是一种映射的逻辑，将关键的节点信息提炼出来，且多为人工提炼。感知、采集、识别判断、指令传递、动作控制、反馈监测均处于数据层面，与人的关系只有数据界面交互，特别强调的是所有语义内容均为人为定义、解读、赋予，信息系统只是传递、运算、执行。

而数字化开始接近语义层面的识别问题。在信息化的基础上，数字化在识别、采集数据底层已经设计、赋予了语义内容，且在算法上植入了包括自然语言理解、智能识别、自组织、自寻优等智能能力，助力系统的识别判断、指令传递、动作控制、反馈监测都具备了一定的语义内容，与人的交互开始具备双向的语义互动。

数智化则完全构建了人与机器的各方面自由交互，人与机器之间的语义裂隙迭代式被填平，并最终走向无差异。

而人类计算文明从第二阶段（数字化）向第三阶段（数智化）进发，与 AI 智慧程度的升级（从感知到认知）是密不可分的。其中主要有两层递进的逻辑：第一层是从历史回溯的角度看，历次互联网的迭代需要划时代的新硬件横空出世，带来新一代计算平台；第二层则是从新硬件本质的角度看，所有新硬件的内核实质上都是 AI 驱动，AI 的智能化升级最大的影响就体现在硬件的智慧程度上。

第一层，回溯过去 85 年的计算机文明史，我们发现历次互联网的迭代都伴随着新硬件的出现，同时带来用户体验升级。三次互联网的迭代都是由新硬件开启的，个人电脑＋互联网是最早的计算平台，人类借此拿到了进入数字世界的钥匙；智能手机＋移动互联网形成了第二波信息科技浪潮，打开了人类进入数字世界的大门；当下正处于VR/AR 设备等新硬件取代智能手机这一信息平台的交互升级中，而元宇宙就是下一代计算平台。

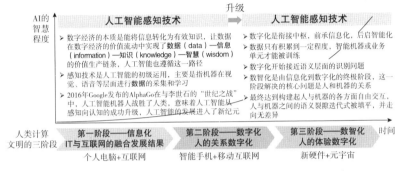

图 3-2　AI 从感知升级到认知，人类社会从数字化走向数智化

三次计算文明变革及其带来的用户体验升级如下：

- 第一次计算文明——个人电脑＋互联网＝信息数字化；
- 第二次计算文明——智能手机＋移动互联网＝视听数字化→人的关系数字化；
- 第三次计算文明——新硬件＋元宇宙＝人的体验数字化。

第二层，硬件之所以能够持续迭代升级（这里重点讨论从数字化时代到数智化时代，从智能手机到 VR/AR 等新硬件的迭代升级），关键就在于 AI 智慧程度的提升。一方面，AI 重构了交互内容 / 对象的生成及驱动方式，增加的交互对象——数字人、虚拟人、机器人均由AI 生成及驱动。在传统互联网中，交互的内容 / 对象基本上都是由真实的人（软件工程师、创作者等）设计与渲染出来的，但在元宇宙时代，AIGC（AI 生成内容）大量存在，新增的交互对象会产生新的需求与体验，而满足"她／他"新的需求与体验的正是新硬件。另一方面，当前阶段的 AI 正在改变机器对用户数据的理解与使用方式，赋予机器以学习能力，未来会与人共存于现实物理当中。过去传统的方法是通过人类来对大数据的特征进行提炼，形成"对机器可训练的"这种特别的数据，即停留在机器学习的"感知"层面；现在的深度学习更多的是仿照人脑神经网络的特性，自发地形成一种学习能力，建立起对物理世界关联概念的认识，即向"认知"层面进行升级。机器变得越来越聪明，越来越像人，人机共存的现实物理世界也必然会被重塑。

AIGC 将突破人类知识图谱极限，极大提高内容生产质量与效率。在部分领域，机器自动生成的内容，质量已经接近或达到人类水平，甚至可以用机器替代人。有些需要创意的内容，机器甚至可以创造出比人想象力更奇特的内容。人工智能参与内容生产主要有两种方式：（1）AI 替代人：凭借 AI 的高效率，替代人进行内容的生产；（2）AI 与人协作：AI 作为工具辅助人，或人辅助 AI 进行内容生产。

同时，AIGC 区别于 UGC（用户生成内容）、PGC（专业生产内容）、PUGC（专业用户生产内容）的关键在于如何去理解人类与机器对信息处理上的不同。朱迪亚·珀尔（Judea Pearl）在《关于因果关系的新科学》一书中，描述了因果律的三个层级：第一层级研究"关联"，第二层级研究"干预"，第三层级研究"反事实推理"。

- 第一层级的"关联"，是指观察能力，指发现环境中规律的能力。考虑的问题是"如果我看到……会怎样"。典型的例子是："某一症状告诉了我关于疾病的什么信息""某一调研告诉了我们关于选举结果的什么信息"。

- 第二层级的"干预"，是指行动能力，指预测对环境刻意改变后的结果，并根据预测结果选择行为方案。考虑的问题是"如果我做了……将会怎样"与"如何做"。典型的例子是："如果我吃了阿司匹林，我的头疼能治愈吗""如果我们禁止吸烟会发生什么"。

- 第三层级的"反事实推理"，是指想象能力，指想象并不存在的世界，并推测观察到的现象原因为何。问题是"假如我做了……会怎样？为什么"。典型的例子是："是阿司匹林治好了我的头疼吗""假如在过去的两年内，我没有吸烟会怎么样"。

在接受了大量的数据训练与深度学习、机器学习后，机器对信息的理解与处理方式将会不断升级，越来越趋近于人。这也就是我们所判断的，元宇宙的终局会走向生物智能与数字智能的合并。

综上，相比上一轮移动互联网，元宇宙最本质的区别之一，是新增了 AI 作为全新的生产要素，AI 生成与驱动的这一机制广泛存在于需求、供给的各个环节。AI 重塑了人、物、需求，无论是 AI 生成及驱动的新增交互对象——虚拟人、数字人、机器人，以及它们的需求与体验，还是越来越聪明的机器人，以及生存主体愈加丰富后的现实物理世界中"物"的重塑，未来都会是 AI 下一步的供给目标，AI 将会显现为各种面貌的硬件来满足人的未来需求。本书着眼于元宇宙的后半场，置身于现实物理世界的"被重塑"，我们认为 AI 会非常理性地"显现"在现实物理世界中，即元宇宙后半场 AI 的走向是独立成产品。第一章中，我们将新硬件划分为两大类，通用型入口与分布式垂类，其中入口只负责"承接"，交接用户的是元宇宙内的万千存在。此外，AI 映射入现实物理世界显现为分布式垂类硬件，这背后均有底层架构、后端基建、内容与场景、协同方的合围力量。

AI 能真正的独立产品化，是一个未来的可能性，也是当下的发展方向。本书中，新硬件本质上就是 AI，这也回答了此前部分读者的一个疑问：元宇宙是软硬一体化发展吗？我们认为元宇宙一定是软硬一体化，甚至更进一步——新硬件即是 AI，AI 以显现为新硬件的方式更契合未来 AI 的进化需求。

第二节　新硬件主义：后半场的 1∶3 与 2∶2

我们正处于未来 20 年的开端之际，既是移动互联网的后半场，也是元宇宙的前半场。类比互联网、移动互联网 20 年的发展史，未来 20 年的前半场是元宇宙成形阶段，即元宇宙大投资时代；后半场则是元宇宙重塑现实物理世界的阶段，即新硬件主义时代。

移动互联网发展到 2017 年时红利就已见顶，且被大规模使用的手机这一硬件入口并未发生根本性变化，智能手机＋互联网已陷入了内卷式的负向循环。不同形态的内容，其分发、商业化的逻辑走向高度一致，在内容载体、用户体验、传播、场景、交互等方面都已进入瓶颈期。当前的移动互联网已经不能称之为先进生产力，互联网的内容形态对用户的吸引力明显下挫。而元宇宙正处于生机蓬勃的前半场，全球科技巨头均跑步入场，除了普遍陷入增长焦虑，急于寻找新市场、新增量之外，更重要的还是寄希望于争夺下一代新计算平台话语权。

元宇宙这一轮不同于过去50年的计算技术，原因在于其所依托的新硬件带来的是人的感官体验、交互、内容等一系列的重构，即将人类从过去50年的二维互联网带进"仿真"的三维世界，主要体现为空间、体验、交互三个方面的升维：（1）操作空间将从二维平面的PC/手机升维为三维的头显设备或脑机接口，（2）人的感官体验从视听数字化升维为所有感官（视、听、触、嗅、味、意念等）的数字化，（3）交互对象的从人升维为数字人、虚拟数字人、机器人。

- 空间：元宇宙将二维的互联网进化成三维的元宇宙，使其变得立体，而且可以实现多样化，用户可以在不同子宇宙中来回穿梭，这中间所带来的影响是非常巨大的，相较以前是颠覆级的。
- 体验：将人更多的感官体验映射入元宇宙中，即数字化更多维度的感官体验，且感官体验的高度仿真，真正做到所见即所得。
- 交互：交互对象与交互方式均发生变化，目前互联网的交互对象主要是人，而未来元宇宙中AI作为新生产要素，将会与工程师并肩作战生成元宇宙中的内容与场景，因此我们交互的对象除了人之外，更多的是人工智能体。同时，交互的方式也更接近于自然式的交互。

上一节我们着重从动态的视角探讨AI，将其作为核心生产要素，推演其对于元宇宙的两层重构：一是重构了交互内容与对象的生成及驱动方式，新增了诸多的交互对象，内容也在 AIGC 的加持下得到了极大丰富；二是改变了机器 / 机器人对用户数据的理解与处理方式，使得机器人越来越聪明，拥有不弱于人的学习能力。本节我们尝试从静态的视角推演元宇宙被 AI 重塑到一定阶段，进入后半场（新硬件主义时代）时所共存的生物形态与新旧力量对峙。从生物形态看，会是人与数字人、虚拟数字人、机器人的 1∶3；从新旧力量对峙看，会是现实世界的人、物与元宇宙当中反向映射回来的机器人、新硬件的 2∶2。AI 与分布式垂类新硬件从比例上实现"超过 50% 的参与比例"，甚至"控盘""掌控"，是我们极具主观色彩地称之为"新硬件主义"的由来。

一、生物形态：以人为原点，人的交互对象包括自己的数字人、虚拟数字人、机器人——1∶3

新硬件主义时代人的交互对象新增了三类：人的数字人、虚拟数字人、虚拟数字人的机器人。

第一类，人的数字人是我们当下比较能够理解的范畴，指向当前由计算机动画（CG）建模或 AI 驱动的我们自己的数字人。早期 3D 动画、科幻电影、游戏中的虚拟人物可被认为是初级形态，主要靠动画师或建模师将人物一笔笔、一帧帧画出来，在完成原画建模与关键点绑定后，还将运用实时渲染、真人动作捕捉等相关技术。在未来元宇宙的数字场景中，每个用户都需要有自己的 3D 虚拟化身（可以是卡通的，也可以是超写实的），开放世界中大量的非用户角色（NPC）也需要做到千人千面。目前，一些用于生成虚拟数字人的工具化平台已经出现，工业化的标准生产流程与更智能的制作工具，能够让创作者与普通用户便捷地生成属于自己的虚拟形象并进行数字创作。市场上最具代表性的用于生成虚拟数字人的工具平台为英伟达的 Omniverse Avatar、Epic Games 的 MetaHuman Creator 等。

第二类，虚拟数字人需要与前一种相区分，指的是元宇宙当中数字原生的虚拟人。数字原生是元宇宙底层架构中较高级的阶段，需要与数字孪生相区分。数字孪生是比照现实世界 1∶1 孪生出虚拟世界，认知及知识结构均基于已有的现实场景，所解决的也是现实世界的物理问题；而数字原生则是生产人类认知之外的新产物，是元宇宙最为特别的地方，当人工智能足够智能化，可以在数字世界中原生出很多内容，即 AIGC，或者用户通过轻便化的工具原创出在现实世界中不存在的内容，当数字原生的东西足够大、足够强盛，必然会反过来影响现实世界。

第三类，机器人，即虚拟数字人的机器人，指的是虚拟数字人反向映射回现实物理世界的显现。这类机器人本身就属于我们所定义的新硬件的范畴，由 AI 生成及驱动且具有较高的智能化程度，与当下智能化程度较低、工具属性强于计算属性的机器人存在本质区别。新硬件主义时代，现实物理世界的生物主体与 AI 主体的类型数量比例为 1∶3。

二、新旧力量对峙：现实世界的人、物面对元宇宙中反向映射回来的机器人、新硬件——2∶2

以"现实物理世界"为空间，"人"与"物"面临着"机器人"与"新硬件"的供给与重塑。元宇宙的前半场（元宇宙大投资时代）

是感官体验的增加，对应着通用型入口硬件。元宇宙之前的互联网与移动互联网时代，是现实物理世界的投影（三维世界向二维世界的降维投影）。元宇宙是在新的通用型硬件入口、AI 驱动下的三维世界，元宇宙与现实物理世界同样作为三维空间，我们认为元宇宙的后半场，将呈现为 AI 反向叠加入现实物理世界，其显现、呈现形式为硬件的形态。相较工具、武器等作用方式，我们认为情感需求是 AI 反向叠加入现实物理世界最大的牵引力。这里的情感需求，核心指向是人进入元宇宙后，被激发与挖掘出来的更广袤、细腻、深刻的情感需求，故我们认为 AI 显现成的硬件，将是分布式垂类硬件，基于不同的应用、场景等。

在《元宇宙大投资》一书中，我们站在"人"的角度推演，给出"元宇宙的终局会是生物智能与数字智能的合并"这一推断，即未来的元宇宙世界当中会有人、人工智能体共同存在，其中的人工智能体就是包含了我们自己的数字人、虚拟数字人的更大集合。在本书中，我们更进一步，仔细推敲元宇宙的后半场（新硬件主义时代），也同时站在"物"的角度推演。一方面，元宇宙中的"存在"、应用、场景等，反向映射回现实世界——以供给的方式满足人未来的需求——显现为新硬件；另一方面，人与人工智能体共存的现实世界，物也必然被重塑，呈现出来的也同样是新硬件。我们很难确定新硬件主义时代具体的时间点，但是我们可以确定，无论是元宇宙中我们自己的数字人，还是未来现实物理世界中的人，其需求与体验都将由 AI 的供给来决定。只不过 AI 在元宇宙中，是虚拟数字人的"存在"、各种应用、场景式的供给方；AI 在未来的现实物理世界中则显现为各式垂类新硬件。

至此，我们已经多次强调了 AI 作为元宇宙核心生产要素的重要性，也从多个维度分析了 AI 的生成与驱动机制。但是，仍需意识到，元宇宙作为下一代互联网甚至是下一代人类社会的先进性与复杂性。想要构建元宇宙世界，必然需要六大板块共同发力，除了 AI，底层架构、后端基建、协同方的推动力量同样不容忽视。根据我们推演的元宇宙六大板块的产业轮动顺序，首先，硬件与内容先行，硬件作为第一入口，硬件之上需要配套的内容相互促进发展，内容则以 VR 游戏、链游等元宇宙初级内容形态为主。其次，底层架构要开始发挥作用，新内容 / 场景的制作、生产、运行、交互，依赖底层架构的大力升级（游戏引擎 / 工具集成平台等）。再次，随着底层架构的升级带动数据处理的量级大幅提升，后端基建与人工智能才能真正发挥大的功效。数据洪流下，人工智能的作用将越来越大，人工智能不仅依赖于底层架构与数字基建的完善，也非常依赖内容与场景的丰富程度，此时 AI 将替代或辅助人去发挥建设性的作用，成为元宇宙中的核心生产要素。最后，相较于其他板块，内容与场景的变数最大，元宇宙将会催生出远超我们当下所预期的新内容、新场景、新业态，重塑内容产业的规模与竞争格局。同时，在构建元宇宙的过程中，有大量繁荣整个生态的技术、服务方，协同于每一轮轮动。

回归新硬件的本质，AI 以各式垂类新硬件的方式，满足未来人在现实物理世界中的需求，并重塑未来的"物"。从只有人演变成人与数字人、虚拟人、机器人的 1 ∶ 3；从现实世界的人、物增加了元宇宙当中反向映射回来的机器人、各式新硬件，即新硬件主义时代开启之际，旧世界的运行要素与重塑要素的比例为 2 ∶ 2，并且毫无悬念的是，重塑要素的驱动力量将远大于旧世界运行要素的惯性力量。人在元宇宙与未来现实物理世界的需求与体验，最终将由 AI 的供给来决定，只是一部分的供给外显为形态不一的新硬件，这一当下看着"夸张"的局面，我们称之为"新硬件主义"。新硬件及新硬件主义的底层逻辑、背后的驱动力量，我们认为是源于人的需求与科技的需求的走向。其中，人的需求越来越被供给所决定，而科技的需求，则终将指向元宇宙的后半场——新硬件主义时代。

三、人的需求——越来越被供给所决定

一方面是社会生产力提高所带来的更充足的社会供给能力提升，甚至在部分行业出现了产能过剩；另一方面是在物质条件不断得到满足的基础上，人类的需求层次由生存需求向自我认同、价值实现等更高的需求层次方向演进。综合供需的发展历史，早期由于供给不足，供给是由需求端所影响的，核心是为了保证社会民生及国家建设需要。随着经济发展水平的提升，当社会供给能力快速增长，并且已经超过人类生存所必需的生理、安全层次的需求时，在技术这一条暗线的支持下，供给将成为主导力量，从而决定需求（后续章节会重点论述）。我们目前就处于这样一个阶段，从需求决定供给，转向供给决定需求。

四、科技的需求——反向叠加入现实物理世界

在凯文·凯利的《科技想要什么》一书中，最后一部分讨论的是"方向"，作者总结了科技发展的方向，同时指出了人类与科技的

关系。在"科技的轨迹"一章中，作者指出了科技发展的 13 个方向，分别是：效率、机会、自发性、复杂性、多样性、专门化、普遍性、自由、共生性、美感、感知能力、结构、可进化性。作者在"无限博弈"这一章里指出科技进化的目标是人类与科技可能性博弈的继续，即无限博弈——一场最终不会分出胜负的博弈，"有限博弈者在边界内游戏，无限博弈者以边界为游戏对象"——通过不断改变规则与目标、保持开放性，这场博弈将持续下去。[①] 这场博弈体现出来的是技术元素的真正本质与需求——生命不断增加的多样性、对感知能力的追求、从一般到差异化的长期趋势、产生新版自我的基本能力、对无限博弈的持续参与。多样性、感知、差异化、新版自我、无限博弈……走过信息化之后，科技的需求目前指向了数字化、数智化：现实世界什么样，我们就有能力把它在计算机的世界里存储成什么样。相对于信息化以人为主、以机器为辅，数字化的表征是以机器为主、以人为辅。具体来看，在新硬件主义时代，科技的需求将会反向叠加入现实物理世界——生命不断增加的多样性（以分布式垂类硬件的新形式）、对感知能力的追求（智能化会让硬件由感知到认知甚至是决策）、从一般（AI）到差异化（分布式垂类）的长期趋势、产生新版自我（显现为硬件）的基本能力、对无限博弈的持续参与（由元宇宙持续参与到未来的现实物理世界）。

---

① 凯文·凯利.科技想要什么［M］.严丽娟，译.北京：电子工业出版社，2018.

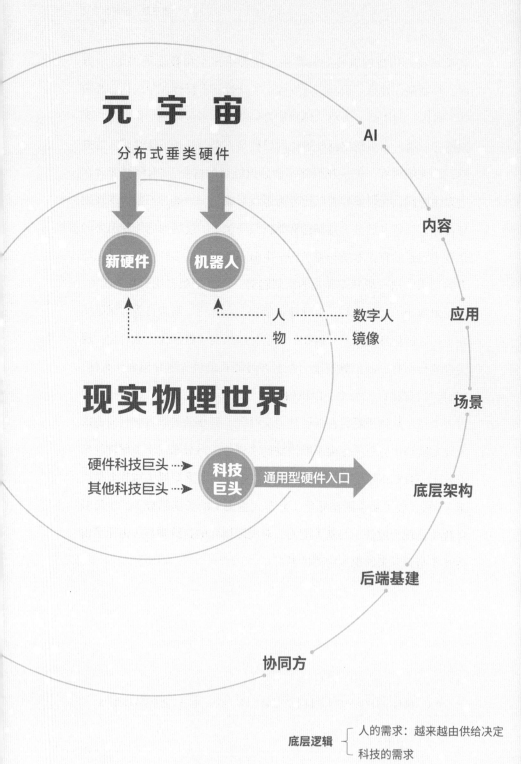

元宇宙

分布式垂类硬件

新硬件　机器人

人 ⋯⋯⋯⋯ 数字人
物 ⋯⋯⋯⋯ 镜像

现实物理世界

硬件科技巨头 ⋯⋯➤ 科技巨头 通用型硬件入口
其他科技巨头 ⋯⋯➤

AI

内容

应用

场景

底层架构

后端基建

协同方

底层逻辑 ⎰ 人的需求：越来越由供给决定
　　　　⎱ 科技的需求

第四章

被供给决定的需求

小区电梯里的液晶屏上，会播放各种有针对性的广告，甚至能精准到专门播放针对这趟电梯里受众的广告。

家里上二年级的小朋友在电梯里看了广告后，说："妈妈，我想要一个电话手表！"

我对他说："宝宝，你要分清楚，你的'需要'跟'想要'，是两件事情，其实你不需要电话手表，不要被外界所影响。"

再一次坐电梯回家时，小朋友说："妈妈，我'需要'一个电话手表，这样我在小区里玩，你就不用在阳台上喊我回家吃饭了！"

现在的小朋友都很聪明，他们虽然无法真正识别出自己的"需要"跟"想要"，但知道按照"需要"的角度说服爸爸妈妈来帮其购买。从家长的角度，小朋友们真的"需要"电话手表吗？这是一个值得所有人思考的问题。

其实不只小朋友，多数人都需要反思，自己真正"需要"的到底是什么？如果从这个角度去思考，生活中你多数的购买行为，都是满足你的"想要"。

供给与需求是经济学的入门知识，也是最值得推敲且推演未来迭代的底层架构。本书将用比较长的篇幅来聚焦"为何需求决定供给掉头至供给决定需求"。

首先，从宏观层面看，需求决定供给。但需求到底是指人的"需要"还是"想要"？当今多数人的需求，绝大多数实质上是"想要"而非"需要"，从极端角度来看，人的"需要"着实不需要过多。

其次，从人性的角度，需求（想要）是无穷的，但人的需求是无法被自己理性认知的。基于天时、地利、人和及主观、客观条件，创造了合适的供给才能发现新需求。

再次，在大环境下，需求决定供给，但若供给方有足够强的能力改变大众认知，如知名带货主播的 IP 效应，其供给就能决定需求，尤其是需求中的"想要"部分。

最后，需求又分为物质需求与情感需求，人所"需要"的"物质需求"不多，但人"想要"的"物质需求"可以充分加杠杆；人"想要"的"情感需求"更是难以衡量、无止境的，即可以更夸张地加杠杆。

我们之所以在本书中特别关注需求与供给到底谁主导谁，一方面，需求的背后是人的"认知"，元宇宙中能影响人"认知"的场景更丰富、立体、仿真、形象；另一方面，目前的趋势已经呈现为"供给决定需求（认知）"的不可逆，元宇宙中 AI 如果作为供给方，尤其是供给用户无止境的"情感需求"，这个逻辑下的用户数极为可观、每用户平均收入（ARPU）值甚至逼近极值，是相当广袤的一片蓝海市场。

搜索时代的互联网，仍旧大体遵循着"需求决定供给"的逻辑；算法推荐的移动互联网，开始给用户的"需要"加杠杆，激发出用户更多的"想要"；直播电商的主播作为强势 IP，更是以 IP 的影响力决定用户的"认知"，即直播电商已完成了"供给决定需求"的定型。不管是互联网、移动互联网还是直播电商，激发的用户需求更多为"物质"需求，元宇宙在"物质""需要"、"物质""想要"的基础上，影响人"认知"的更多 IP 将激发出用户更多的非物质需求，这是元宇宙的增量部分。当然，在直播电商的基础上，元宇宙因增加了更多感官体验的维度，仍旧能给用户的"物质""需要"、"物质""想要"加一定杠杆，但幅度与非物质的"想要"相比甚至可以忽略不计。

短短 50 年间，老百姓的需求已完成了耐用品向快消品、"需要"向"想要"、需求决定供给的掉头。对于供求关系的掉头，客观上我们认为难以扭转，这也是 AI 未来能叠加入现实物理世界的"草蛇灰线"，但主观上我们非常警惕，因为"非物质"的需求弹性巨大，根源在于"被供给决定了的需求（认知）"。

第一节　从耐用品转向快消品

在过去的半个世纪里，全球几乎没有一个国家像中国一样，国民生活水平实现如此翻天覆地的变化，经历了多个不同的发展阶段。我们试图透过中国消费习惯的变迁，总结全球消费变化的大趋势，而

"结婚三大件"的变化又是一个能很好地观察中国消费习惯变化的窗口，能让我们有更切身的体会。

- 20 世纪 60 年代，新中国成立不久，这时年轻人结婚讲究凑够"36 条腿"或"72 条腿"，不过绝大部分都是以 36 条腿为主。"36 条腿"是指床、大橱、五斗橱、夜壶箱（床头柜）、桌子各一件，椅子四把，这些家具凑起来正好是 36 条腿。家庭条件好一点的会更多一些，就会凑够 72 条腿，显得更加体面一些。

- 70 年代开始，生活水平有所提升，家境不错的人家结婚会准备"三转一响"作为结婚嫁妆，"三转"指手表、自行车、缝纫机，另外算上收音机为"一响"。 那时社会上已经有了品牌的概念，手表要"上海"牌，缝纫机要"蜜蜂"牌、"西湖"牌，自行车要"飞鸽"牌、"永久"牌。这些都是当时非常时髦的物件，自行车需要凭票购买，且购买后需及时向当地派出所登记上牌，若自行车丢失了，公安局、派出所也会立刻派人侦破。

- 到了 80 年代，随着人们生活水平的进一步提升，手表、自行车、缝纫机这些曾经让一代人倍感骄傲的"三大件"早已变得不再稀奇，冰箱、电视机、洗衣机成为新时代的"三大件"。以电视机为例，1978 年，上海电视机厂引进了第一条彩电生产线，1982 年开始投产，此后中国涌现出众多的电视机厂，推动了中国电视机的迅速发展与普及。在 80 年代，电视机凭票供应，一台电视机约 300 元，当时国企员工的月薪仅约 30 元，一台电视约需要工薪阶层近一年的工资。

- 90 年代，"三大件"变成了电脑、空调、摩托车，特别是空调，

因为制冷制热好的缘故成为不少新婚人群的首选，而经济状况
较好的家庭会自动把录像机等加入"三大件"中，这也是除了
"三大件"外显示家境富裕的重要参考标准。

- 进入 21 世纪，结婚"三大件"就没有非常统一的标准了，变成
  了"房子、车子、票子"，而不再是实际的某几个商品，变得非
  常"现实"。另外也反映出了人们生活水平的不断提升。[①]

透过"三大件"的变迁史可以看出来，20 世纪 60—70 年代百姓
消费水平相对较低，从桌子、椅子、床到自行车、缝纫机、手表，"需
要"是当时消费考虑的首要因素。以自行车为例，60—70 年代自行
车主要是作为家境富裕的人们的代步工具，后来随着改革开放的推
进，中国开始发展城镇化，这促使很多农村人进入城里打工，同时城
里的职工需要使用自行车进行通勤，推动了自行车的快速普及。根据
国家统计局数据，从 1978 年开始中国农村拥有自行车数量快速增长，
从 1978 年的每百户拥有自行车 30.80 辆，至 1990 年每百户拥有自行
车 107.50 辆。也就是说，在 10 余年时间内，农村自行车拥有量从约
每三户拥有 1 辆自行车增长至平均每户拥有 1 辆自行车，甚至部分家
庭拥有更多。

80—90 年代，结婚"三大件"中虽然仍是以洗衣机、冰箱、空
调等实用性强的耐用品为主，但是品质有了显著的提升，开始向电器
化方向升级，人们的意识里有了"家电"的概念；同时，电视、电脑
等实用性不那么强、带有娱乐属性的家电出现在大众面前。1983 年

---

① 参考自 https://www.sohu.com/a/254918813_100022834。

春节，中央电视台首次推出春节联欢晚会，从那以后，每年大年三十看春晚守岁，就成了亿万中国老百姓的新民俗。透过这些现象，我们能够看到老百姓的消费偏好已经开始从必需品消费向可选消费方向迁移，开始追求娱乐等方面的精神满足，即出现了"需要"向"想要"方向变化的萌芽。

图 4-1　1978—2012 年农村每百户自行车拥有量

资料来源：国家统计局，Wind。

进入 21 世纪后，改革开放极大地提升了人们的生活水平，同时市场经济下商品无须凭票购买，老百姓很多需求在日常便可以得到满足，也不用刻意等到结婚这样重大的时点。另外，家电等商品的消费频次逐渐提高，人们的消费习惯由过去的耐用品向快消品方向转化。以手机为例，在诺基亚时代，包括诺基亚 3310 在内的很多款手机主打结实耐用，一般人都将手机用坏后（如手机进水、屏幕摔碎）才会更换，而到 iPhone 出现之后，很多人只要苹果公司发布新品就会换新，而且绝大多数人会在 2—3 年淘汰旧手机换最新款式。正因为产品迭代速度太快等原因，我们才觉得好像已经没有清晰的"结婚三大件"的提法了。

第二节　需求决定供给的"掉头"

本节对需求与供给的讨论着眼于微观层面。

供给与需求是经济学中最基本的两个概念。在宏观经济视角中，市场的参与方被简单地二分为总需求与总供给，供需双方在市场信息和市场竞争的机制下互相找到了对方，完成了交易，从而形成了双向的匹配。在这个过程中，供给方、需求方是作为一个整体来进行考察的，当总供给等于总需求时，决定了一个经济体的总产出。如果我们分开来看供给与需求以及它们之间的关系：

- 一种说法是当需求出现，供给必然在市场机制协调下完成对需求的满足，因此需求创造了供给。但是如果没有相应的供给能力，那么需求还能创造出供给吗？显然不能，比如此前国人流行到日本购买电饭煲的现象，从中国这个经济体来看，社会存在对优质产品的需求，但缺乏供给能力，最终导致了需求外溢。

- 另一种说法是供给创造其自身的需求，这就是著名的萨伊定律。萨伊认为商品的本质是商品交换，买者同时也是卖者，买卖是完全统一的，因此商品的供给会为自己创造出需求，而且总供给总是与总需求相等。但是现实不是这样，每个人所分配到的收入不同，收入少的人想要购买一套房子却因为购买力不足而无法满足，而富有的人可能因为购买多套房子后产生边际效用递减效果，导致其并没有足够的动力购买新房子。因此，收入分配的差异会导致个体供需的不完全匹配，再考虑边际效用递减的原因，可能会导致总供给大于总需求。因此，供给也不创造需求。

实际上，供给与需求不存在谁创造谁的关系，供给与需求是在货币等因素下相互匹配的关系，供给创造出的商品只有与需求完成了匹配，才真正地实现了价值。只是在社会发展的不同阶段，影响供需完成匹配的主导力量不同，有时主要受供给影响，有时主要受需求影响。从新中国成立至今，供需主导力量与匹配过程发生了明显变化，我们从一明一暗两条脉络来分析。①

一、明线：社会的动态调整

为什么这几十年中国人的消费习惯有如此显著的变化？其所反映的深层次原因是什么？我们认为本质的原因在于社会生产力的提升推动了供给与需求的动态调整，反映在消费层面所呈现出的就是用户消费行为的变化。随着中国社会生产力的提升，中国已经由需求决定供给走向供给决定需求，实现了供需主导力量的掉头。

根据均衡理论，商品市场的均衡出现在市场供给量等于市场需求量时，这时所确定的数量与价格为市场均衡数量与均衡价格。当需求与供给不匹配时，供给方与需求方存在动力进行调整使市场回到均衡状态：当供给大于需求时，因供给过剩导致商品价格下降，新的价格

---

① 参考自 https://www.zhihu.com/question/20277307/answer/162267069。

下，供给方生产动力降低，从而压缩供给，同时价格降低将导致需求方扩大需求；当需求大于供给时，部分需求不能得到满足，将导致均衡价格提升，从而压缩市场需求，同时供给方看到价格提升将有更大的动力进行生产，从而扩大供给。基于这样的机制，供给与需求将通过动态调整，不断达成新的均衡状态。

导致供需均衡被不断打破的诸多因素中，有两个因素非常重要且影响深远：一是技术推动下，社会生产力快速发展，推动供给能力不断提升；二是随着生活水平的提升，人的需求被不断满足，将由低层次的生存需求向更高层次的精神需求方向不断演化，导致需求在产生规模变化的同时，还可能伴随着结构性变化。当均衡被打破后，供给与需求互相影响、互相制衡，共同推动市场重新回到均衡。

但在社会发展的不同阶段，推动市场重新回到均衡的主导力量可能不同，部分时候由供给主导，即供给决定需求；部分时候由需求主导，即需求决定供给。我们透过结婚"三大件"所处的时代背景，考察中国供给与需求的变化会发现，新中国成立初期主要处于需求决定供给的阶段，目前已经走向了供给决定需求的阶段。

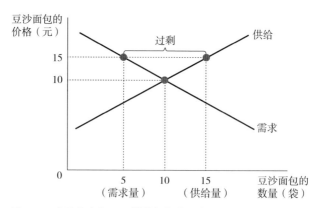

图 4-2 非均衡市场下，供给与需求双方经过调整会回到均衡

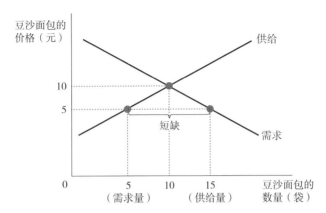

图 4-2　非均衡市场下，供给与需求双方经过调整会回到均衡（续）

资料来源：曼昆.经济学原理（第7版）[M].北京：北京大学出版社，2015.

1. 供给侧

新中国成立后百废待兴，供给能力严重不足，为了保证基本的民生供给，中国逐步走上了计划经济的道路，在商品流通领域采取统购统销的政策。1953年10月16日，中共中央发出了《关于实行粮食的计划收购与计划供应的决议》。"计划收购"被简称为"统购"；"计划供应"被简称为"统销"。后来，统购统销的范围又继续扩大到棉花、纱布、食油。1954年，中国制定并颁布第一部宪法，其第十五条规定："国家用经济计划指导国民经济的发展和改造，使生产力不断提高，以改进人民的物质生活和文化生活，巩固国家的独立和安全。"这表明，计划经济体制已成为中国法定的经济体制。

因为供给能力不足，有限的供给能力必须用来保证影响国际民生的需求得到满足，需求作为主导力量影响供给的产出。计划经济在我国发展的一定阶段起到过重要的作用，在计划经济体制下，供给与需求的总量是由国家计划确定的，在一定时期内居民的社会产品消费量与企业的产品生产量都是依据国家计划分配确定的。

在居民消费侧，吃饱穿暖是当时绝大多数老百姓的生活追求，商品的供给基本只能满足老百姓日常的衣食住行，比如：

- 粮食是定量供应的，分大小口，成年人月供应标准多在二十五斤半到三十二三斤。孩子出生，凭出生证到派出所办理户口，到粮站办理粮油供应证，于次月正式供应粮油。一切米、面、杂粮，包括玉米、红薯、土豆、山芋干以及由它们加工的制品，均凭粮证或粮票供应。
- 衣服方面，各级政府按年度发给老百姓一定数量的布票，用以购买布料、衣服、蚊帐、床单等，一切含有棉纱成分的产品均属其内。一般家庭内部按不同需要，量入为出，精打细算，缝缝补补又三年。衣服的款式花色都比较少，几乎都是蓝色、黑色的工装服。①

随着生产力的提升，计划经济所导致的市场僵化问题逐渐凸显。1988 年，中央最高领导层下定了要闯价格关的决心。从 1988 年 4 月开始，一系列的改革措施相继出台，如国务院发出通知，将猪肉、鲜蛋、食糖、日常蔬菜 4 种副食品的价格补贴由暗补改为明补，结果猪肉价格上涨了 50%—60%，鲜菜价格上涨了 31.7%；7 月放开名酒名烟价格后，茅台酒的零售价由 20 多元上涨至 290 元，曾出现一段时间的通货膨胀，这也在一定程度上说明了当时社会总供给小于社会总

① 参考自 http://www.163.com/dy/article/GU6FQIAK05318Y5M.html。

需求。后经过几年的价格改革，至 1992 年，供求关系不那么紧张的商品价格基本都放开了，市场定价进一步刺激了生产的积极性，推动了生产能力的提升。①

1992 年的邓小平"南方谈话"是中国改革开放的根本转折点，在此之后召开的党的十四届三中全会通过了《中共中央关于建立社会主义市场经济体制若干问题的决定》，自此中国开始走上市场经济道路，开始由市场这只"看不见的手"发挥重要的引导作用，极大地解放了生产力。2001 年中国成功加入世界贸易组织（WTO），进一步扩大开放、深化改革，在诸多领域能够参与国际生产分工与竞争，制造能力得到大幅提升。

特别是在外贸领域，早期中国凭借劳动力、土地成本优势吸引外资进入，基于源源不断的订单，许多行业都建立起围绕核心产业上下游布局的产业带，形成越来越明晰的产业分工，促进国内工业制造能力实现跃升。比如东莞的电子、晋江的体育用品、义乌的小商品等。在此基础上，中国企业不断推进数字化改造，围绕重点产业领域逐步形成上下游供应链体系，能够快速响应产品变化，目前中国的供应链体系已经达到全球领先的水平。以苹果产业链为例，中国供应商在苹果核心供应商中的占比越来越高。

改革开放及加入 WTO 后，中国生产力得到大幅提升，发展至今形成了强大的供应链体系。以此为基础，很多产业都出现了产能过剩的现象，尤其是在部分工业与制造业领域，比如煤炭、钢铁等。2015 年末，中央经济工作会议首次提出了"供给侧改革"，并将"去

---

① 参考自 http://phtv.ifeng.com/program/fhdsy/200811/1107_1720_868232_6.shtml。

产能"列为 2016 年五大结构性改革任务之首，针对煤炭、建材、钢铁、水泥等行业持续出台一系列政策，对"去产能"提出了明确的指标要求。

表 4-1　供给侧去产能相关政策汇总

时间	会议／文件	内容
2015 年 12 月	中央经济工作会议	积极稳妥化解产能过剩。按照企业主体、政府推动、市场引导、依法处置的办法，妥善处理保持社会稳定和推进结构性改革的关系，要严格控制增量，防止新产能过剩
2016 年 2 月	《国务院关于煤炭行业化解过剩产能实现脱贫发展的意见》	从 2016 年开始，用 3—5 年的时间，再退出产能 5 亿吨左右、减量重组 5 亿吨左右，较大幅度压缩煤炭产能，适度减少煤矿数量
2016 年 2 月	《国务院关于钢铁行业化解过剩产能实现脱贫发展的意见》	从 2016 年开始，用 5 年时间再压减粗钢产能 1 亿—1.5 亿吨，行业兼并重组取得实质性进展。产业结构得到优化，资源利用效率明显提高，产能利用率趋于合理
2016 年 5 月	《国务院办公厅关于促进建材工业稳增长调结构增效益的指导意见》	到 2020 年，再压减一批水泥熟料、平板玻璃产能，产能利用率回到合理区间；水泥熟料、平板玻璃产量排名前 10 家企业的生产集中度达 60% 左右；水泥、平板玻璃行业销售利润率接近工业平均水平。全行业利润总额实现正增长
2016 年 10 月	《关于进一步做好水泥错峰生产的通知》	化解水泥行业产能严重过剩矛盾，合理缩短水泥熟料装置运转时间，有效压减剩熟料产能，同时避免水泥熟料生产排放与取暖锅炉排放叠加，减轻采暖期大气污染，决定在 2015 年北方地区全面试行错峰生产基础上，进一步做好 2016—2020 年水泥错峰生产
2016 年 12 月	《关于印发煤炭工业发展"十三五"规划的通知》	化解淘汰过剩落后产能 8 亿吨／年左右，通过减量置换和优化布局增加先进产能 5 亿吨／年左右。到 2020 年，煤炭产量 39 亿吨。煤炭生产结构优化，产业集中度进一步提高。煤炭企业数量 3 000 家以内，5 000 万吨级以上大型企业产量占 60% 以上

续表

时间	会议/文件	内容
2017年3月	政府工作报告	扎实有效去产能。今年要再压减钢铁产能5 000万吨左右，退出煤炭产能1.5亿吨以上。同时，要淘汰、停建、缓建煤电产能5 000万千瓦以上，以防范化解煤电产能过剩风险。提高煤电行业效率，优化能源结构。为清洁能源发展腾空间……推动企业兼并重组、破产清算。坚决淘汰不达标的落后产能。严控过剩行业新上产能
2017年7月	《关于推进供给侧结构性改革防范化解煤电产能过剩风险的意见》	"十三五"期间，全国停建和缓建煤电产能1.5亿千瓦，淘汰落后产能0.2亿千瓦以上。实施煤电超低排放改造4.2亿千瓦、节能改造3.4亿千瓦、灵活性改造2.2亿千瓦。到2020年，全国煤电装机规模控制在11亿千瓦以内
2018年7月	《关于印发打赢蓝天保卫战三年行动计划的通知》	严控"两高"行业产能。重点区域严禁新增钢铁、焦化、电解铝、铸造、水泥和平板玻璃等产能；严格执行钢铁、水泥、平板玻璃等行业产能置换实施办法；加大落后产能淘汰和过剩产能压减力度
2019年5月	《关于做好2019年重点领域化解过剩产能工作的通知》	充分利用产能置换指标交易等市场化手段，优化生产要素配置，引导先进产能向优势企业集中。促进煤钢传统产业与新经济、新业产、新业态协同发展，形成新的经济增长点，推动产业转型升级
2020年6月	《关于做好2020年重点领域化解过剩产能工作的通知》	分类处置30万吨/年以下煤矿，培育发展优质先进产能。以煤电、煤化一体化及资源接续发展为重点；严控煤电新增产能规模，统筹推进燃煤电厂超低排放和节能改造，西部地区具备条件的机组2020年底前完成改造工作

资料来源：中国政府网、国家能源局等。

供给侧改革实际上还包含着另一层含义，即供给品质的升级与结构的调整，以及工业与服务业之间的结构性调整。为满足同一类需求，供给大体可以划分为低端产品与高端产品。一方面，供给侧改革希望通过提升产品品质，满足消费者不断升级的需求，此前许多优质的产品都由国外生产制造与供应，比如日本的电饭煲，但是现在国内消费市场出现了越来越多的国产产品，比如国产手机、国产扫地机器人等；另一方面，供给侧改革也在工业、制造业等领域通过去产能、去库存以降低供给，在供给短缺的贸易品部门大幅度增加投资与供给，进行各类服务供给的提升与战略性新兴产业的培育。当社会具备提供优质与被需要的供给能力时，才能有效保证相应的社会需求得到大规模的释放。

从供给侧角度回溯历史，我们能够清晰地观察到，随着社会生产力的大幅提升，社会供给能力与水平显著提升，主要经历了几个阶段：（1）中华人民共和国成立初期社会供给无法满足老百姓的生活基本需求，不得不实行计划经济；（2）改革开放后，温饱问题被解决，工业开始呈现百花齐放；（3）得益于强大供应链体系的建设，部分行业出现产能过剩；（4）目前我们正处在供给侧改革与产业调整的阶段，实现供给能力的优化，才能够保证需求得到有效满足。

2. 需求侧

马斯洛需求层次理论在现代行为科学中占有重要的地位，它将人类需求总结为五级金字塔模型，从层次结构的底部向上，需求分别为：生理（食物、衣服）、安全（工作保障）、爱与归属（友谊）、尊重及自我实现。低级需要直接关系个体的生存，也叫缺失需要，当这种需要得不到满足时会直接危及生命；高级需要不是维持个体生存所必需的，但是满足这种需要会使人健康、长寿、精力旺盛，所以叫作生长需要。[1]

与马斯洛需求层次理论相对应，可以划分出五个消费者市场：

---

① 彭聃龄. 普通心理学［M］.北京：北京师范大学出版社，2003：329–330.

- 生理需要对应满足最低需求层次的市场，消费者只要求产品具有一般功能即可；
- 安全需要对应满足对"安全"有要求的市场，消费者关注产品对身体的影响；
- 爱与归属的需要对应满足对社交有要求的市场，消费者关注产品是否有助于提高自己的交际形象；
- 尊重需要对应满足对产品有与众不同要求的市场，消费者关注产品的象征意义；
- 自我实现需要对应满足对产品有自己判断标准的市场，消费者拥有自己固定的品牌需求层次越高，就越不容易被满足。[①]

马斯洛认为人的需求是从低级向高级发展的过程，人们在满足温饱、安全等低层次需求后将向爱与归属、尊重及自我实现的高层次需求方向升级。主流经济学家习惯将人均 GDP 10 000 美元视作一个重要的分水岭，认为这标志着一国经济社会整体发展达到中等发达国家水平，大多数人实现了"衣食无忧"，开始追求更高质量的生活。

得益于改革开放以来 40 多年的发展，中国经济水平得到显著提升，贫困人口大幅下降。根据国家统计局数据，2021 年中国 GDP 为114.37 万亿元，约为新中国成立初期 1952 年的 1 684 倍；人均 GDP从 1952 年的 119 元提升至 2021 年的 80 976 元，对应为 12 703.91 万美元，已经突破人均 GDP 10 000 美元大关。从贫困人口数量来看，

---

① 参考自 https://baike.baidu.com/item/%E9%A9%AC%E6%96%AF%E6%B4%9B%E9%9C%80%E6%B1%82%E5%B1%82%E6%AC%A1%E7%90%86%E8%AE%BA/11036498?fr=aladdin。

1978 年改革开放初期中国农村贫困人口约为 7.7 亿，至 2020 年贫困人口降低至 551 万人，2021 年中国脱贫攻坚战取得了全面的胜利。

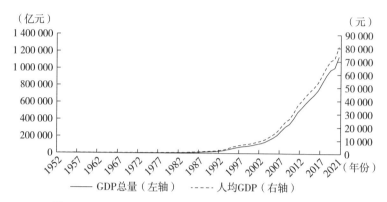

图 4-3　1952—2021 年中国 GDP 总量及人均 GDP 的变化

资料来源：国家统计局，Wind。

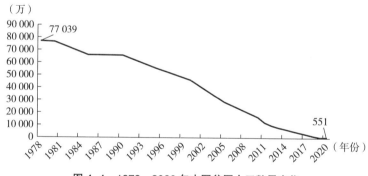

图 4-4　1978—2020 年中国贫困人口数量变化

资料来源：国家统计局，Wind。

　　温饱问题得到解决后，人民开始追求更高层次的精神需求。特别是在 2015 年前后，中国开始进入消费升级的时代，以文化娱乐、体育、游戏为代表的满足精神性需求的消费强势崛起。以电影行业为例，2019 年中国电影票房达到 643 亿元，而 2005 年中国电影票房收入仅为 20 亿元。截至目前，中国影史上有已有四部电影的票房突破 50 亿元，分别是《长津湖》《战狼 2》《你好，李焕英》《哪吒之魔童降世》，对应票房依次为 57.75 亿元、56.89 亿元、54.13 亿元、50.35 亿元。

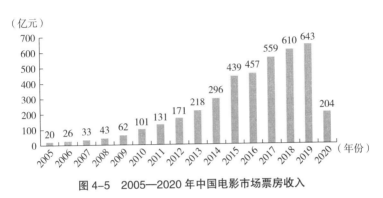

图 4-5　2005—2020 年中国电影市场票房收入

资料来源：中国演出行业协会。

此外，在智能手机上，占据用户日均使用时长最长的几类应用也越来越以满足情感需求为主，比如以抖音、快手等为代表的短视频产品，以微信为代表的社交类产品，以爱奇艺、腾讯视频为代表的长视频产品。其中 2021Q2 抖音、快手的日均使用时长为 100 分钟，微信日均使用时长为 84 分钟，爱奇艺、腾讯视频日均使用时长分别为 70 分钟、67 分钟。以长短视频为代表的娱乐产品与以微信为代表的社交产品占据了用户的主要时间，反映出用户的精神需求消费占比较大。与之相对应的是，淘宝、百度等带有非常强的功能属性（电商、搜索）的产品在 2021Q2 的日均使用时长则仅为 23 分钟、43 分钟。

表 4-2　社交与娱乐产品占据用户大量日均使用时长（单位：分钟）

应用	2018 Q1	2018 Q2	2018 Q3	2018 Q4	2019 Q1	2019 Q2	2019 Q3	2019 Q4	2020 Q1	2020 Q2	2020 Q3	2020 Q4	2021 Q1	2021 Q2
微信	83	87	85	86	79	82	77	84	88	83	80	83	83	84
抖音	49	56	62	63	66	67	76	78	94	92	93	91	102	100
淘宝	23	25	24	26	26	23	22	24	24	26	22	26	23	23
QQ	52	52	50	49	54	51	55	52	68	53	44	39	37	34
快手	80	75	78	73	74	74	79	78	90	84	82	91	98	100
百度	44	43	44	42	43	44	45	46	47	43	44	43	45	43
微博	52	57	60	59	60	58	56	54	54	49	48	45	49	48
今日头条	77	88	91	92	92	89	84	88	92	82	75	73	79	82
爱奇艺	85	87	93	86	80	73	76	75	81	72	69	70	74	70
腾讯视频	75	77	76	71	70	74	75	76	77	69	67	69	69	67

资料来源：QuestMobile，国泰君安证券研究。

从商品侧的消费来看，更多人开始追求体验型消费，近年来很多爆款商品的出现不仅因为其满足了消费者的功能型需求，更是因为从产品设计、理念输出上契合了消费者的认同方向。2017 年起，国内新消费崛起，比如元气森林切中消费者对低卡、低糖的健康饮食习惯的追求，推出主打"0 卡、0 脂、0 糖"的气泡水；花西子主打国产美妆品牌，突出国潮风格，迎合消费者对国产品牌的认同感；Ubras推出无尺码、无钢圈、无束缚的女性内衣，迎合了新时代女性独立、追求解放自我的需求；小仙炖推出主打"鲜"与"即食"的燕窝，迎合了用户对于健康养生的追求。此外，也不乏一些老品牌通过重塑品牌形象获得了新生，比如大白兔奶糖与气味图书馆合作，推出了奶糖味香水及一系列周边，并将跨界延伸至鞋服等领域，利用"情怀＋潮流"的卖点，再次回到年轻消费者的视线中。

随着 Z 世代正在日益成为消费的主流，这一趋势更加显著。Z 世代消费群体出生于中国改革开放之后，在成长的过程中经历了中国加入 WTO、北京奥运会召开等多个大事件，赶上了国家经济快速发展的好时代，成长过程中拥有比父辈更加优越的物质条件，并受到过良好教育，这些都促使其需求层级上移，在满足生理与安全等基本需求之外不断追求社交、个性审美、娱乐与自我价值实现等更高层次的需求。

不同于元气森林、花西子等新消费品牌在迎合消费者情感需求之外，本身还具有相当的功能型属性，Z 世代所喜欢的诸如泡泡玛特、"三坑"（汉服、JK 制服、Lolita）等商品所承载的功能型属性已经很低了，更多是为了满足 Z 世代年轻人对于社交、自我认同、陪伴等方面的情感需求。目前 Z 世代消费者在这些商品上表现出了强大的消费力。汉服、JK 制服、Lolita 服饰具有制作工艺复杂、价格高的特点，消费者一旦"入坑"经常表现出极高的付费意愿与忠诚度，也被爱好者们戏称为"破产三姐妹"。此外，得益于 Z 世代在潮玩方面的高消费意愿，泡泡玛特于 2020 年成功在港交所上市，根据公司财报，公司营业收入从 2017 年的 1.58 亿元迅速增长至 2020 年的 20.58 亿元，年均复合增速高达 135%。

表 4-3　Z 世代对潮玩、"三坑"服饰表现出较高的付费意愿

项目	潮玩	"三坑"服饰
产品价格带	盲盒：39—79 元 人偶和手办：399—5 000 元 雕塑：5 000 元以上	低端：100—300 元 中端：300—1 500 元 高端：1 500 元以上 （以汉服为例）

续表

项目	潮玩	"三坑"服饰
2020 年 ARPU	340 元 / 年（泡泡玛特收入 / 注册会员数）	1 232 元 / 年（汉服规模 / 同袍数，艾媒咨询统计值）
2020 年人均购买件数	5.7 件（假设以购买 59 元盲盒为主）	4.5 件（汉服资讯统计数据）
线下门店数量	约 1 000 家（泡泡玛特、酷乐潮玩、九木杂物社等）	约 60 家（猫星系、十二光年、仲夏物语等，不包括体验馆）

资料来源：艾媒咨询，汉服资讯，三文鱼、泡泡玛特公司公告。

3. 综合来看：现在基本是供给决定需求的阶段

综上所述，一方面是社会生产力提高带来了更充足的社会供给能力，部分行业甚至出现了产能过剩；另一方面是在物质条件不断得到满足的基础上，人类的需求层次由生存需求向自我认同、价值实现等更高的需求层次方向演进。早期由于供给不足，为了保证社会民生及国家建设需要，供给是由需求端决定的；随着经济发展水平的提升，当社会供给能力快速增长，并且已经超过人类生存所必需的生理、安全层次的需求时，供给将成为主导力量，从而决定需求。我们目前就处于这样一个阶段，从需求决定供给，掉头至供给决定需求。

为什么说当前阶段是供给决定需求呢？我们观察到有两个方面的原因，或者可以理解为供给影响需求的两条路径：一是对于功能型需求，由于供给过剩，供给方有动力通过影响消费者心智，使商品由耐用品属性向快消品属性转变，以消化一部分供给；二是对于精神性、情感类的需求，其是否能够得到满足，取决于供给方是否能够充分发掘用户的需求，并针对这些需求创造出相应的产品来满足消费者的需求。

　　针对供给过剩的现象，供给侧改革是一个解决思路，另一个思路是供给方通过不断创造需求以消化额外的供给与生产能力，比如在一定程度上降低商品的使用寿命，提高商品的淘汰率，从而保证每年有稳定的更换需求来消化一部分供给，以保持供给与需求的再平衡，比如快消品里创造出的一次性洗脸巾等。这也是我们前文提到很多耐用品在向快消品转化的深层次原因之一。或者通过开发一些新的营销理念，通过广告等品牌宣传与营销影响用户心智，为用户种下必要性的种子，从而达到创造需求的目的，比如女性护肤品需要针对不同部位分为面霜、眼霜、颈霜等，还包括防晒、隔离、粉底等，导致很多年轻人深陷消费主义陷阱中无法自拔。

　　更高阶的非物质类需求，可以分为两类，一类需求是用户清晰知道的，可以通过提升产品品质来满足；另一类需求是消费者很多时候也无法清晰知道的，正如福特当年曾经说过："如果你问 19 世纪末 20 世纪初的人要什么，他们绝不会说是汽车，而会说我要一匹跑得更快的马。"乔布斯坚信："人们不知道想要什么，直到你把它摆在他们面前。正因如此，我从不依靠市场研究。"

　　过去 20 多年里，苹果推出的几乎每一个新产品都会让消费者眼前一亮，并从此改变消费者的使用习惯。2001 年，苹果推出第一代 IPod，用一个可以装在口袋里的产品存储了海量的唱片内容，并最终彻底影响了音乐行业的发展走向与利润分配。2007 年，苹果公司推出第一代 iPhone，统一了全球用户对于智能手机的定义与审美，并且后续推出的几乎每一代产品都引领了智能手机的潮流，比如外观设计、摄像头摆放位置、人脸识别等。2008 年，乔布斯在发布会上推出了轻薄的 MacBook Air，重新定义了笔记本核心功能，即为轻便移动办公而生。MacBook Air 凭借轻薄时尚的外观与强大的性能，始终在高端办公电脑领域占有一席之地。AirPods 使消费者摆脱了耳机线的束缚，推动耳机进入真无线时代，自此华为等手机厂商及传统耳机厂商争先跟进。

技术发展能够给人带来惊喜的地方也恰恰在这里，就像福特发明汽车为人类提供了更快、更舒服的出行方式，乔布斯推出 iPhone 统一了智能手机的审美标准一样，技术发展能够帮助品牌更加了解消费者的需求，也通过技术变革使得创意、想法能够变成产品推向市场，并最终影响用户的需求及使用习惯。

此外，电影、电视剧等内容的呈现实际上也是典型的供给决定需求，观众同样无法清晰地说出自己想要什么样的内容，直到导演、演员将内容呈现到观众的面前时，观众才会发现原来这样的内容会打动自己。所以我们在做电影产业研究时经常很难预测单个电影的票房成绩，内容产业的不确定性也主要来源于此。只是不同于前面所提到的汽车与 iPhone，它们带有较强的功能属性，主要满足消费者的物质需求，而电影、电视剧内容则主要用于满足精神性的、情感类的需求。

二、暗线：技术的驱动力量

由互联网的"搜索"到移动互联网的"算法推荐"，"直播电商"完成了"临门一脚"。至此，用户的需求由"需求决定供给的关系"，彻底转向"供给决定需求"。

在数字世界中，一开始，用户的需求通过用户主动"搜索"暴露给平台方、技术方或服务方，后者用其排序的供给来匹配用户的需求，整个过程的主动权核心在于用户，且最终各平台方、技术方或服务方排好序的供给，也是由用户在排序中进行主动选择。移动互联网时代的算法推荐，削弱了用户的大部分主动权，基于过往浏览信息或搜索信息，平台方或技术方或服务方会主动推荐各项供给给用户，其运行的逻辑在于拿走主动权，用户被动接受算法推荐来的供给。2016年开始兴起、2020年因疫情更加主流化的直播电商，其运行规则直接确立为"主播"供给什么、粉丝（用户）需要什么。至此，用户的需求，已彻底被供给所决定。

1. PC 互联网时代，搜索是绝对的入口

搜索是我们正常上网时最常用但经常意识不到正在用的一种功能，是互联网或 App 产品中不可或缺的功能模块之一，也是部分超级 App 的核心要素。

BAT（百度、阿里巴巴、腾讯）的三足鼎立是时代选择的结果，人、信息、交易这三要素构成了互联网生态中核心的"C 位"，则必然会有相应的公司来占据这一"C 位"。在"信息"这一要素上，搜索至关重要，搜索改变了人与信息之间的关联方式。

人与信息的关联方式经历了三大发展阶段。第一阶段，人与信息之间的偶然关联，如用语言来沟通、用文字来记载事件，偶然性的频率增加到一定程度，就形成了最早期的信息沟通。第二阶段，信息的海量创造与收集整理，比如随着造纸术、印刷术的逐渐普及，我国古代绵长的时间周期里产生的大量信息经历了记录、汇总、聚合的过程，战乱时期中断、遗弃，国力鼎盛时期则汇总、聚合，从《史记》到《永乐大典》，均产生于国力强势时期。第三阶段，搜索信息，如

藏书阁、图书馆这样的超大知识库建设完毕后，怎样在浩如烟海的知识中寻找我们真正想要的信息与内容？早期图书馆的图书编目与检索即搜索的雏形，互联网时代，在海量的网页与信息中，搜索功能实时、全覆盖、更精准地发现用户想搜索的具体内容，范围较传统图书馆要大，在全互联网的内容中，通过诸多技术手段，如抓取、检索、排序等，最后将搜索引擎认为最优质的结果呈现在用户面前。

从营销的角度看，搜索可以让品牌对全网用户随时随地"曝光"，尤其是帮助有潜在购买意向的用户找到错过的信息。广告主用曝光、互动等方式对用户的心智产生一定影响后，用户在有需要时会第一时间主动搜索、主动查找、主动了解品牌企业或品牌的具体某款产品的具体信息。

在 20 年的互联网发展历史中，搜索分布于互联网时代与移动互联网时代。在 PC 互联网时代，搜索是绝对的入口，没有之一，既是信息的入口，也是流量用户的入口；在移动互联网时代，随着算法推荐的崛起，搜索的需求明显趋弱。首先，App 都是信息封闭的孤岛，无法跨越 App 进行搜索；其次，信息的分发由编辑推荐到算法推荐，由主页模式到信息流瀑布的模式，搜索的用武之地大为减少，重要性也退居算法推荐之后。搜索发展到现在，实质上已无法完成全网搜索，本质上是局域网的搜索，需求被广泛分布于各大超级 App，且超级 App 也会标配搜索的功能以支持 App 内的搜索。

随着互联网监管趋严背景下反垄断工作的逐步落地，移动互联网时代分割于各个超级 App 中的内容将有望打破壁垒，实现更自由的跳转。2020 年 12 月，中央经济工作会议在分析研究 2021 年经济工作时，提出要"强化反垄断和防止资本无序扩张"，四个月后，国家市场监管总局发文称，因阿里巴巴集团滥用市场支配地位，在中国境内网络零售平台服务市场实施"二选一"垄断行为，市场监管总局依法对其作出行政处罚，罚款 182.28 亿元。这是中国历史上最大的一笔罚款。"二选一"在法理上的讨论相对清晰，与之相对应的是另一个关系到每一个中国人的政策：互联互通。2021 年 9 月初，工信部召开"屏蔽网址链接问题行政指导会"，要求从 9 月 17 日起，各平台必须按标准解除屏蔽。10 月 29 日，国家市场监管总局发布《互联网平台落实主体责任指南（征求意见稿）》，明确了超大型平台的认定标准，并为超大型平台设立了公平竞争相关的多重义务，要求平台间享受同等的权利和机会，必须向其他平台的店铺开放。此后，主要平台也都对此作出了回应。9 月 17 日，微信发布声明，开放了一对一聊天场景中访问外部链接，同时为用户提供自主选择功能，设立外链投诉入口。与此同时，阿里系生态下的盒马、1688、菜鸟裹裹、优酷视频、高德打车、饿了么、飞猪、哈啰出行等大量产品均已在微信开通小程序，用户可通过微信直接使用该功能，付款方式也支持微信支付。

随着互联互通政策的推进以及各家超级 App 产品整改细则的落地，移动互联网时代中互联网巨头为争夺地盘所建造的"围墙"有望被打破，社交、短视频、电商等各个阵地间无法自由跳转的局面将逐步成为历史问题。这对消费者而言是一件好事，也将推动互联网回归到"万物互联、自由联通"的本质上。[1] 这对互联网的整体格局也会产生重要的影响，搜索仍然是互联网的核心需求之一，尤其是对部分

---

① 参考自 https://mp.weixin.qq.com/s/stHBSEOPgrlwzjpF71jqyA。

理性用户而言，信息流是被动的流量，搜索才是主动的流量，部分用户在交易前仍然希望经过搜索，了解一般用户的历史评价、是否有知名 IP 的背书、具有多高的好评率；或者追溯品牌的历史，看一下品牌背后的企业文化和品牌故事。这背后均是由主动搜索获取的对品牌的认知，主动搜索可以带来相对更为全面的立体信息。[①]

在广告营销方面，话题度与是否上热搜也是搜索逻辑，热搜是结合了搜索与算法推荐的产物。

2. 推荐算法本质上是拿走了用户的主动权

推荐算法是通过对用户的浏览记录与行为习惯的智能计算，对用户的兴趣爱好进行一个尽量精准的画像，从而给用户推送符合其兴趣爱好的内容。算法推荐，决定了用户在内容平台上会看到什么，不会看到什么。

推荐算法大致起源于 2014 年，随着 2017 年流量红利的见顶，越发成为诸多互联网公司的"一把利器"。推荐算法不仅能够深度挖掘用户的需求与价值，而且会通过"投其所好"来完成一系列商业行为，不少互联网公司的推荐算法也为其自身的运营带来了巨大的收益。

在互联网与移动互联网均进入存量博弈时代之后，推荐算法的重要性正在显著提升，尤其是经过了互联网早期的大水漫灌（亦是互联网与移动互联网公司的时代红利），未来要想在一个相对固定的用户群体当中获得更大的价值增量，推荐算法的意义更重要。

[①] 参考自 https://baijiahao.baidu.com/s?id=1712024169065213462&wfr=spider&for=pc。

推荐算法实际上代表着互联网公司对于商业化变现的诉求，它们希望借助推荐算法实现用户与内容或者消费者与商品的精准匹配，从而保证用户或消费者能够停留在平台上，这意味着获取流量，从而创造商业变现的可能性。当然，推荐算法在运用的过程中也必须有一个边界，因为对用户而言，推荐算法会在一定程度上为用户建立起一个"信息茧房"，一部分用户享受被动接受自己感兴趣的信息，而另一部分用户则希望根据自己的需求有意识地训练算法，突破算法所形成的信息茧房。所以说，不同用户的使用体验有所差异。如果用户感觉到了使用体验的下降，将会对平台长期的商业价值造成影响，因此互联网公司在设计算法的推荐机制时会综合考虑用户的体验感受与商业化变现的诉求，在其中找到一个恰当的平衡，并通过定期迭代更新其算法所涉及的范畴与权重，以保证其长期商业价值的最大化。[①]

通过比较推荐算法与搜索，我们来剖析一下推荐算法是怎样将用户的主动权拿走的。推荐算法与传统的搜索逻辑相比：（1）从流量分布形态来看，搜索是中心化流量分布形态，推荐算法是个性化分布形态；用户搜索某一关键词后，平台将其筛选出来的信息呈现给用户，但推荐算法会根据用户过往浏览记录将内容以信息流的方式推送给用户。（2）推送给用户的内容，其排名策略不同——搜索严格依赖关键词，根据关键词与内容库、商品库的关联程度进行排序；推荐算法不依赖于关键词，它发挥信息整合作用，将时间、地点、环境、用户兴趣、用户年龄、用户过往浏览偏好等信息综合在一起，以近乎黑盒的排序方式分发给用户。相对于推荐算法，传统搜索平台可以干预

---

① 参考自 http://www.changchenghao.cn/n/491640.html。

排序。传统搜索严格执行用户输入的关键词，但会干预后端的推荐排序；算法推荐虽然不干预后端的推荐排序，但在前端匹配方面则部分替代了用户的"主动输入"。

不同互联网平台的推荐算法，看似大同小异，实则各有乾坤。大同小异是指各平台的推荐算法，核心逻辑都是特征的匹配；各有乾坤是指各平台所采用的推荐特征完全不同，故匹配的结果也会有明显差异。

各平台通用的推荐特征有四类：（1）相关性，即内容库里的内容标签与用户的兴趣标签有多大的相关性，标签包括关键词、分类、来源、主题等；（2）地理位置、具体时间、特定场景等环境特征；（3）热度，类似微博热搜的热度分类，包括全站热度、分类热度、主题热度、关键词热度等；（4）协同，协同特征是针对不同用户之间，而非用户历史与当下的协同。除了特征的选取不同之外，各家互联网公司推荐算法的差异也会体现在同一特征的分类方法与深化层次不同。

确定了特征指标，再分别提取内容的标签与用户的特征（包含用户自身的特征及场景特征等），基于内容标签与用户特征，推荐算法的逻辑很简单——通过分析得出的用户的特征偏好，按照分值推荐用户感兴趣的内容，即与内容的特征进行匹配。如果分发的内容恰好具有用户感兴趣的内容标签，则将内容推荐给用户，用户只需要被动接收内容即可。但推荐算法需要大量反馈数据进行实时训练，以提升内容分发的效率、结合商业化等逻辑对算法进行不断的优化，以达到更好的推荐效果。[1]

但推荐算法也有很大的争议，除去隐私、算法可解释性等方面的技术性问题，以推荐算法作为具有与人交互需要的"软智能体"（intelligent software agent）的代表，会带来不合理信息的过度曝光/分发，因为不合理的信息在算法推荐时代被赋予了远超以往的生命力，从而具有比真实信息更大的商业价值。同时，它也会导致用户自主权的剥夺以及用户使用内容平台的目标被带偏——推荐算法是以内容的 推送代替用户的寻找，并通过用户的点击反馈来更新算法，且在用户使用平台寻找信息的过程中，用户的每一次操作都可能被推荐或搜索展示的与目标无关的内容所吸引而进行点击。[2]

3. 直播电商："主播"供给什么，"用户"就需要什么

随着网红经济的发展以及技术与媒介形态的迭代，网红带货模式经历了多次变迁，目前网红直播带货模式已成为迅猛崛起的营销方法。

为打造平台生态，淘宝于 2010 年正式推出"淘女郎"平台，以满足商家、消费者、物流等各方的需求。在市场需求的推动下，电商模特很快成为一种新兴职业。2011 年前后，新浪微博开始孵化"网红"，淘女郎也在探索接单拍照以外的变现方式，电商平台的积累叠加社交媒体的流量，使微博成网红制造平台，网红的商业价值迎来了转折点。

4G 视频化时代，催生短视频网红、直播型网红，但变现方式仍

---

[1]　参考自 https://zhuanlan.zhihu.com/p/133521839? ivk_sa=1024320u。

[2]　参考自 https://www.zhihu.com/question/439197973/answer/1681049123。

较为单一。4G时代，短视频与直播成为风口，移动社交传播技术的迭代使得优秀的内容创作者在各类社交媒体上自我展示的机会增多，素人成为网红的门槛降低，走红的方式也更加多样。但短视频网红、直播型网红的变现方式较为单一，主要通过广告或粉丝打赏的方式。

2016年，淘宝直播正式上线，直播带货模式快速发展。近两年在线直播行业发展逐渐回归理性，对主播的内容生产、引流以及变现能力提出了更高的要求，"直播+"的趋势越来越明显，变现模式之前以广告、打赏为主，现今则结合电商开拓了新模式，MCN机构加速入局电商直播领域。2017年，头部主播抓住电商直播的新风口。2018年，淘宝直播进入快速发展阶段。根据《2019年淘宝直播生态发展趋势报告》，2018年淘宝直播平台带货超过1 000亿元，同比增速近400%，"电商+直播"模式创造了千亿元级的市场。2019年，天猫双十一单日总成交额2 684亿元，淘宝直播带来的成交额近200亿元，占总成交额的7%。

直播电商的核心逻辑是互联网搜索变现到算法推荐，再加速向内容变现切换。直播带货模式提高了消费者的直观体验、购物效率，也加强了互动性，此为表象原因，核心原因是变现的底层逻辑由算法搜索变为内容抢流：（1）互联网后半场，流量的红利期结束，网红直播带货的效率更高。现今线上红利已消退，且流量重新分配，流向各大社交平台，较为分散，各平台方与品牌方急需寻求更有效的变现模式。网红作为内容生产者，有极强的内容驾驭能力，且是极具个人魅力或某类调性的人，通过网红进行营销可以实现特定垂直圈子的精准营销。网红直播带货将直播与电商结合，能够有效提升电商转化率与成交额。（2）从消费角度看，商品过剩（大而全），网红电商是在创造需求。对大部分的消费者来说，不论是商场还是电商平台上的商品已足够丰富，即需求层面已经饱和，市场需要精选产品来创造供给，进而匹配消费者的需求，所以未来一定会有很多小而美的品牌，或者小而美的领域，会重新占据大家的心智。消费者很容易在直播过程中被"种草"，因此利用直播来推广、销售新产品或塑造新品牌，更容易获得成功。

2019 年，"直播带货"走进了人们的视野。2020 年开年，直播带货进阶成为直播电商，成为电商界与零售界的新营销模式，涉及众多领域，包括互联网平台、电商平台、主播、MCN 机构、品牌方等，同时越来越多的传统行业加入直播电商这一浪潮，如乡村农产品直播。

直播电商的本质与摆地摊其实没有什么区别，只是受限于场地与营销宣传的触达范围，线下摆地摊只能面对有限的人流量，比如每天有几百个人流量，1 个导购只能在同一时段服务几个人；而直播电商则是受益于科技的发展、软硬件的支持，将传统模式与移动互联网、直播平台、商品供应链以及优质的主播整合到一起，实现了对人、货、场的重塑。（1）从人的角度，用户从主动消费变为被动消费，很容易在观看直播的过程中被主播精巧的话术所吸引，再叠加超低的价格，进行冲动消费；（2）从货的角度，直播拉近了供应链与用户之间的距离，省去了中间渠道，为低价促销让出一定的利润空间；（3）从场的角度，主播能够更立体地展示商品，实时回答用户对产品的疑问，建立起了更快速的从供给侧到消费端的反馈机制；并且不受场地的限制，能够触达广阔的全网用户，一个人可以同时为几千、几万甚至上亿的用户进行实时讲解。

直播带货的核心驱动力是主播的内容生产力，是依靠主播的内容驱动用户达成最终购买的目的。在"货找人"的消费逻辑下，尽管我们可以通过抓取用户特征，借助千人千面的算法实现商品供给与需求的匹配，但是很多时候用户的一些软性需求算法是很难捕捉到的，而主播可以通过有创意、有吸引力的内容与用户的需求进行触碰，从而捕捉到用户潜在的消费需求。比如李佳琦带货口红的时候，他能准确并迅速地拿出观众想看的口红色号，并且会根据性价比推荐效果类似的其他口红，并为观众试色。而且针对不同的口红颜色，李佳琦可以精准地告诉女生使用的场合和希望突显出的风格，因而可以精准地与女生们的需求完成匹配，实现销售的转化。[①]

头部主播的选货构成了用户的需求池。我们正处于一个供大于求的商品社会中，消费者每天面临着铺天盖地的广告信息，即使在做某一个商品单独的消费决策时，也会面临着中高低档十多个品牌几十个库存量单位（SKU）的选择，信息的收集、处理与决策成本非常高。在这种情况下，主播实际上作为大的选品方出现，站在消费者一端，为其精心挑选了合适的、优质的商品，仔细地进行产品讲解，并辅以优惠的价格，将其送到消费者的面前，所以消费者很难不被打动。特别是，主播们代表着屏幕前几百万甚至上千万的人在挑选商品，其背后可触达的消费者数量远远超过传统卖场，因此对供应链及品牌产生了极大的吸引力，因而可以获得更强大的商品议价权，获得更低的折扣，并进一步吸引更多的用户，从而形成正向的反馈机制，导致用户不断被头部主播吸引。

---

① 参考自 https://mp.weixin.qq.com/s/7jYyE7b9jEBG8nJdgZxCXA。

最终直播电商的本质演变为一种团购，基于主播个人的 IP 价值吸引足够流量，通过大量订单与供应链实现更好的溢价能力。在目前这种局面下，只有少数的头部品牌面对超头部主播具有议价的能力，通过自身所代表的强大的品牌力与主播所代表的强渠道抗衡。而对大多数的中小品牌而言，除非有一天品牌方整体结成联盟抵制主播的"压榨"，否则很难撼动主播对渠道的把控力与对用户的影响力。然而头部的主播只有那么几个，而中小品牌与商家却有无数个，这种攻守联盟是否能够出现，尚未可知，实际上也并不现实。[①]

直播电商对消费的"杠杆"作用非常明显，通过营造一种理性而冲动的消费氛围使用户快速释放自身的需求。其中，理性在于主播本身对商品有非常充分的了解，在推荐商品时为用户做出了详细的产品功能性解读、产品对比，这让用户的消费决策变得更有把握，同时直播间中有非常多用户同自己一起在抢购这件商品，也让消费者更确信自己的选择是对的。而冲动在于，直播本身就具有实时性，带有较强的紧迫感，在这个基础上，直播间中还设置了非常多的小技巧来加剧这种紧迫感。比如设置较小的库存、设置上架倒计时，产品上架后及时播报销售进展，营造抢购氛围，让用户感觉如果再不买就要错过了。这种紧迫感进一步放大了消费者的冲动，因此想要达成交易就变得很容易了。这时直播电商通过"精致的话术 + 全网低价"促成了交易的转化，其对消费的撬动与放大作用还是非常强大的。[②]

---

① 参考自 https://new.qq.com/omn/20211220/20211220A0BQSI00.html。

② 参考自 https://zhuanlan.zhihu.com/p/145580508。

第三节 从物质需求走向情感需求

从某种角度来说，分布式垂类硬件作为 AI 走向认知、决策后的显现，其独立产品化后，足够智能的硬件对用户来说，是能做到"知己知彼"的，类似于"物"的人格化；与物的人格化相对应的，则是人的物化。人的物化，会让人变成不停息的物质福利追逐者，导致人变得越来越浅薄、空虚，深沉有致的生命情感消失了，这也是当下年轻人普遍感觉人生无意义的原因。大家如果关注 Z 世代的价值观与消费特征，会发现其已经呈现出某种程度上对"人的物化"的反抗，如根据《腾讯 00 后研究报告》，62% 的"00 后"愿意为感兴趣的领域投入时间、金钱，热爱更多出于自发，他们追求个性，敢于尝试各种新奇、富有创意的产品或服务。

对"人的物化"的反抗，是物质需求走向情感需求的驱动力之一，在天时、地利、人和的助力下，甚至有可能成为最重要的驱动力。

一、天时：需求侧对"人的物化"的反抗遇上被放大的情感供给

持续增长的情感供需双方得到有效匹配即物质需求走向情感需求的"天时"——人的物质需求得到充分满足，演绎到一定阶段，呈现出对"人的物化"的反抗。同时，供给侧的品牌方透过情感营销、

借助新渠道的 UGC 内容，不断放大并供给情感需求。增长的情感需求与增长的情感供给相互匹配，便迎来物质需求走向情感需求的"天时"。

根据马斯洛层次需求理论，我们首先需要满足生理、安全的需求，在这个基础上再追求爱与归属、尊重等更高层次的需求。这些需求反映在现实世界中，首先是我们的身体需要养分来维持运转。当我们饿了，肚子会"咕噜噜"地叫，告诉我们该吃东西了，因此食物对我们而言是必需的；同样地，我们身体的各个器官也在产生着不同的需求，比如鼻子对嗅觉的需求、眼睛对美好事物的需求、耳朵对声音的需求，这种需求是多维的。在满足基本的生理需求后，我们天然追求更安全的生存环境。通过钻木取火我们获得了火，能够拥有更温暖的环境；慢慢地，人类开始从游牧的状态稳定下来，过上了群居的生活，通过互助、驯服动物逐渐找到了相对安全的生活。在群体生活中，无数的个体个性化的需求产生群体的共性需求，通过制定规则获得共识，提高社会运转效率，且不断迭代以产生更高阶的需求。

回到五官的需求来看，我们原本只是为了有吃的，后来发展到要吃饱、吃好、吃出差异化，从而成就了各地的特色美食；为了看到更美好的事物，人们开始行万里路；为了闻到更好的味道，古代人们就开始研制香料，闺阁中的女子们开始施粉黛示人。正是这些各式各样的需求创造了各式各样的供给，比如我们从古代的飞鸽传书、书信往来、电话交流至今随手拿起手机就可看到远隔千里的亲人，科技的进步在不断催生新的供给，反过来又迭代出我们新的需求。

同时外在环境的变化也在推动心理需求发生变化，人们逐渐开始产生欲望并追求自我价值的实现，比如古代人考取功名利禄、报效祖国等。周而复始产生的心理需求会推动精神文明世界的进步，进而形成了包罗万象的文化，中国古代的诸子百家著书立说，实际上也在一定程度上阐释着当时人们在心理层面的追求。无数人的心理追求演变为社会的共识，并进一步推动社会的运行规则发生变化。比如在原始社会、农业社会，人类主要通过打猎、游牧、开垦等方式获得食物、安全等，与女性相比，男性因为身体强大更容易获得食物，所以在社会上占据绝对的领导地位；进入工业社会，谁掌握了科技技术，谁就更容易提高效率，得到更多的资源；到了资本社会就是谁的资本更多就掌握更多的资源。从这个层面来看，男性与女性因身体上的差异所导致的社会分工的差异在逐渐缩小，因此社会上也开始越来越追求男性与女性的平等。①

生理需求与心理需求是从人因天性所产生的需求层面进行划分的，那用什么来满足人所产生的生理需求与心理需求呢？无非有两种方式，或者是通过物质满足，或者通过人与人之间的交互进行满足，即衍生出物质需求与情感需求。生理需求通常诉求明确，基本都可以借助物质满足，比如吃、喝、住、行的需求可以借助食物、饮品、酒店、交通工具等来满足，都表现为物质需求；而心理需求则较为复杂与个性化，部分可以通过外在物质满足，表现为物质需求；部分则需要情感交互来满足，比如人际交往中的被尊重、被认同等，则表现为情感需求。

新中国成立以来的很长一段时间里，人们奋斗与发展的核心目标就是先满足吃、喝等人类生存所必需的、基本的物质需求。改革开放

---

① 参考自 https://zhuanlan.zhihu.com/p/349672182。

后当绝大多数人的生存需求得到满足后，我们又继续奔跑在物质追求的道路上，追求更大的房子、更豪华的车子。根据麦肯锡报告，2012年至2018年，中国为全球奢侈品消费贡献了超过一半的增长，展望未来，预计至2025年这个比例将达到65%。[①] 从快速增长的奢侈品消费上来看，"人的物化"正在被不断推向新的高度。

而消费者效用递减理论告诉我们，随着同样刺激的反复进行（连续消费同一种物品的数量增加），兴奋程度却在下降（边际效用递减）。改革开放40多年发展到现阶段，人均GDP已经突破1万美元大关，实际上中国人民的物质需求已经得到了极大满足，新增物质刺激所带来的边际效用十分有限。与此同时，在过去简单追求增长的几十年里，中国人对自身的关注、对精神层面的关注实际上是有所欠缺的，情感需求被满足的程度并不够。而且从主观感受来看，相较于物质需求而言，情感消费边际递减的速度可能会更慢一些。比如，每一次换新的车子或者住新的房子带给人的喜悦几乎都是类似的，满足物质需求时所感受到的体验差别可能不是很大，但是如果重复观看某一部精彩的电影，每一次可能都会带来新鲜的体验与感受。

因此，我们开始看到越来越多的人表现出对于"人的物化"的反抗，开始追求心理与精神层面的满足，比如越来越多的人开始吃素食、崇尚田园山林等，李子柒的爆火恰恰就是对这种现象的印证。李子柒的视频取材于农村的衣食住行，如手工造纸、养蚕缫丝、纳布鞋、做竹椅、砌炉灶、盖凉亭，以及制作各种精美家常食品。从她的视频中能够真实感受到生活的气息，三月桃花开，采来酿成桃花酒；

---

① 参考自https://www.mckinsey.com.cn/wp-content/uploads/2019/04/McKinsey-China-Luxury-Report-2019-Chinese.pdf。

五月枇杷熟，摘来制成琵琶酥；入冬则腌制腊肉、香肠、鱼鲞，院子里挂得满满当当，为在快节奏的城市中生活的人们提供了一个解压的出口。截至 2019 年，李子柒就通过 100 多个短视频获得了巨大的关注，她的微博粉丝超过 2 000 万，抖音粉丝超过 3 000 万，甚至在海外视频平台 YouTube 的也粉丝超过了 750 万。同期 CNN 在 YouTube 上靠 14 万条视频仅积累了 795 万粉丝。[①]

在需求侧表现出对于"人的物化"的反抗的同时，供给侧也在供给过剩的背景下，开始在所提供的商品或者服务中，在满足吃、喝、住、行基本的物质需求基础上，不断加入满足情感需求的元素，并借以营销等手段不断得到放大，发展至今已经呈现出极致情感化的端倪与趋势。

比如 iPhone 作为智能手机，最先满足的是用户通信、浏览信息、获取知识的需求，具有很强的功能属性，并借助手机的物质载体，满足消费者更方便快捷地吃、喝、出行等体验。苹果公司的主要贡献与价值在于洞悉用户的痛点，为用户创造了更舒适的产品使用体验，帮助用户提高信息获取的效率或者处理工作事务的效率。然而 iPhone 作为引领智能手机变革的标杆产品，从 iPhone 6 之后每一代新手机所能呈现出的重大的产品革新几乎就越来越少了，后续新产品的更新主要是手机尺寸、电池容量与续航、摄像头性能、算法优化等产品细节。这背后的原因在于，一定时期内，技术的发展存在瓶颈，新的技术突破需要一段时间的孕育。在这期间，iPhone 销量的增长有部分原因是社交的需求，基于其对用户体验的极致追求，在一段时间内

---

① 参考自 https://www.sohu.com/a/360431703_434457。

iPhone 都代表着对于品质的追求，拿到最新款 iPhone 手机的人能够在社交圈中进行炫耀，会获得认可与尊重，这在一定程度上体现了产品所衍生出的情感需求。

进一步来看，供给侧的品牌方将产品的情感需求作为核心卖点之一，使情感需求被进一步放大。这是因为当产品所带来的边际效用递减，而供给侧基于规模扩张或者盈利能力的要求，无法短期内收缩生产规模甚至仍需要保持一定幅度的增长时，供给大于需求的情况很容易出现。正如前文所述，在供给过剩的背景下，供给侧具备较强的动力通过不断创造增量需求来消化过剩的供给，情感营销是供给侧的品牌方高度认可的创造增量需求的方式之一。现代心理学研究认为，情感因素是人们接收信息渠道的"阀门"，在缺乏必要的"丰富激情"的情况下，理智处于一种休眠状态，不能进行正常的工作，甚至产生严重的心理障碍，对周围世界表现为视而不见、听而不闻。只有情感能叩开人们的心扉，引起消费者的注意。[①] 借助情感营销，品牌与消费者建立了深刻的联系，进而增加了产生消费的可能性。

以钉钉为例，作为一款强工具属性的产品，它通过多个经典的情感营销案例实现品牌推广，并最终实现了用户规模的较快增长。钉钉 2017 年推出的"创业很难，坚持很酷"的投放活动，是其在情感营销方面做过的多个爆款案例中最为经典的案例之一。钉钉将创业者锁定为目标人群，先在地铁场景中投放许多"丧"文案，还原现实中的创业者故事，再以正能量满满的"坚持很酷"去打动创业者和上班族的心，与创业者形成了高度共鸣。得益于情感营销下的文案，钉钉

---

① 魏进.打开顾客的情感阀门［J］.企业改革与管理，2005（12）：78-79.

迅速打开了在创业企业中的知名度，实现了份额的快速提升。根据 QuestMobile 数据，截至 2018 年 4 月，钉钉在国内移动办公市场中的份额排名第一，其活跃用户数超过第二名至第十名产品活跃用户数的总和。从这个案例来看，钉钉本身是一款用于满足移动办公所衍生出的工具类物质需求的产品，因为切中目标人群的情感需求而实现了用户数的快速增长。

图 4-6　钉钉"创业很难，坚持很酷"地铁投放活动

资料来源：数英。

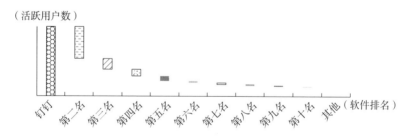

图 4-7　2018 年 4 月 移动办公软件活跃用户数

资料来源：QuestMobile。

新渠道崛起也为情感营销提供了一个更大的舞台，透过内容发掘用户情感需求，放大用户情感需求，并借助这种情感需求追求商业化

变现。从微博、微信、抖音、小红书、哔哩哔哩（B 站）的崛起路径来看，内容在营销语境中的价值越来越大，特别是 UGC 内容的价值被市场高度认可。背后的原因是什么呢？我们觉得底层的核心逻辑在于：微博、微信、抖音等内容平台的出现，恰好提供了一个可以释放海量内容的平台。通过海量的内容与个体的情感需求形成碰撞，产生共鸣，引起广泛传播，使存在个体差异、以碎片化的情绪点存在、不易被捕捉与察觉的情感需求被捕捉到，从而具备了发掘情感需求的能力。至抖音时代，视频内容承载的信息量愈加丰富，再叠加算法的强大分发能力，进一步增强了可触碰的覆盖面与频率，使发掘的能力进一步加强。各平台通过打标签的方式对呈现出的情感共性进行沉淀与抽象，实现了对情感需求的不断放大。抖音等短视频平台从广告变现走向直播电商变现，因为商业化天然追求效率，而电商对效率的追求更甚，导致这种发掘与放大情感需求的机制的迭代进一步加速，情感需求被进一步放大。

二、地利：去元宇宙追求多维刺激，"人的物化"将让渡于虚拟的情感需求

元宇宙的"地利"因素，是物质需求走向情感需求的驱动力的组成部分。在从传统 PC 互联网时代、移动互联网时代至元宇宙的演进过程中，线上时长在用户每日可支配时长中的占比提升是最为显著的变化之一。随着线上时长的增加，人们每天接收的大量刺激都来自线上。与线下相比，线上作为一个虚拟世界，本质上是无法满足人们的吃、喝等物质需求的，实际上更多是在满足社交、娱乐等情感需求，

而且线上增加了更多的体验维度与视角，为更充分地满足情感需求提供了一个更立体的世界。

在传统 PC 互联网时代，PC 是主要的上网工具。因为 PC 购买成本相对较高，入门款的电脑基本也要三四千元，在当时是一笔不小的支出，而且使用操作系统还具有一定的门槛，所以 PC 时代的互联网用户数量相对较少。从使用场景上来看，用户上网必须要到一个地方坐着上网，也需要用户单独空出一段时间集中处理工作或者进行娱乐，对上网的条件与时间都有较高的要求，所以单个用户的上网时长也有限。因此，综合上网人数与单用户的上网时长来看，整体用户的使用时间基本还是以线下为主，线上为辅。

进入移动互联网时代，智能手机成为主要的上网工具。一方面，智能手机的价格较 PC 有了明显下降，特别是小米出现后，手机的性价比做到了极致，降低了用户的购买门槛，使得上网用户大幅度增加。截至 2021 年 6 月，我国手机网民为 10.07 亿人，占国内总人口的 71.31%。另一方面，因为手机轻薄、便携、可随身携带，用户可以随时随地上网，上网场景得到了极大的拓展。用户可以在等公交、坐地铁、饭店就餐、出差或旅行等场景中，随时拿起手机办公、娱乐、点餐、与家人视频、分享美食美景。碎片化时间的积累使得用户在线时长有了大幅增加，推动线上时长在用户每日可支配时长中的占比进一步提升。

元宇宙作为下一代互联网，将迎来更纯粹的数字化，实现用户在线时长的进一步突破，甚至当进入数字孪生、虚实共融的元宇宙阶段，线下物理世界与线上虚拟世界的边界将被打破。此外，元宇宙增加了更多感官体验的维度，如触觉、味觉、嗅觉等，在情感需求的满足上，较视觉、听觉至少增加了三个维度。感官体验维度的增加恰恰是未来产品、应用、场景创新的根本来源，这些创新将以丰富供给的方式来满足人的情感需求。

站在当前时点，科技巨头已基本完成移动互联网世界的跑马圈地，随着移动互联网用户红利见顶，竞争加剧，未来的增长将从何处而来？这是全球科技巨头共同面临的挑战。到新世界去开辟新的战场！这可能是目前科技巨头共同找到的解法之一。在《元宇宙大投资》中，我们介绍了全球 20 家科技巨头在元宇宙方向的布局，各家基于自身资源禀赋都在元宇宙的六大投资架构中有所探索。特别是 Meta、微软等企业在元宇宙方向的探索都较为激进，投入了非常大量的资源构筑竞争壁垒。微软拟投入 700 亿美元收购动视暴雪，意图为元宇宙业务奠定基石，构建未来在线互动业务的核心；从 Facebook 改名后首次公布的 2021 年财报中看到，Meta 首次将 Facebook Reality Labs（FRL）作为独立部门进行了财务业绩的披露，2021 年该部门仅实现了 23 亿美元的营收，全年经营亏损则达到了 101.9 亿美元。根据 Meta 首席财务官约翰·西恩斯（John Sines）预计，Reality Labs 在 2022 年的亏损还会"显著增加"。从这个角度看，全球巨头不仅有非常大的动力，并且确实投入了非常庞大的资源去推进元宇宙。科技巨头对元宇宙的不断探索，将提供更丰富的、满足情感需求的产品或者服务供给，进而推动物质需求进一步走向情感需求。

基于以上事实，我们认为元宇宙终将会作为下一代互联网呈现在人类面前，只是当前还处于探索与萌芽的阶段。进入元宇宙世界，人对物的需求将变得越来越少，甚至在虚拟世界完成社交互动后，人类将减少外出与朋友们真实见面的次数，这可能会减少人们对于衣服、首饰、化妆品等外在物化的商品的需求，呈现出对"人的物化"的强烈反抗，甚至是对物的无所谓。而同时，元宇宙通过多维感官的交互不断放大人的七情六欲，人们更聚焦自身，更关注交互，将对情感的需求演绎到一个极致的阶段。

三、人和：Z 世代对情感的极致追求与对"人的物化"的反抗尤甚

Z 世代以及未来的"10 后""20 后"正成为主流消费人群的"人和"因素，也是物质需求走向情感需求的驱动力的组成部分。截至2022 年，2000 年出生的消费者将要迈入 22 周岁，按照 6 周岁入学一年级来计算，读至本科毕业约需要 16 年，今年正是这批消费者即将走向职场的一年。而 1990 年出生的消费者已经走过三十而立的年龄，开始逐步成为职场中的重要力量。这意味着"90 后""00 后"已经成为或者正在成为消费人群的中流砥柱，供给侧需要迎合这群人的变化，从而创造新的产品与服务。而这一批消费者成长于中国国力日益强盛的时期，几乎没有为衣、食、住、行等基本的物质需求发过愁。在物质需求得到充分满足的情况下，他们更追求情感需求的满足，比如追求独立、追求自我、渴望陪伴、希望被看见与认可，所以这种外在环境的变化天然地推动了情感需求在其消费中的占比提升。

当下及未来的年轻人，在"人的物化"的大背景与其对"人的物化"的反抗的冲突中，呈现出几组矛盾，如"精明与冲动""懒与仪式感"。

精明与冲动体现在，非常多的年轻人在购买食品或者护肤品的时

候都会去研究成分表，判断到底是不是真的安全、有效，但真正在购买决策时，他们很有可能在直播间或抖音的视频中看到主播极力推荐，一冲动就下单了。

许多年轻人在整体的生活状态上倾向于怎么懒怎么来，如吃饭这件事，他们会选择叫外卖。如果是自己做饭，他们就会在网上购买非常多便捷的小型家用电器，缩短整体烹饪的时间。但他们又向往仪式感，会购买鲜花、香熏这类提高生活品质的产品，把生活打造得更有仪式感。

相对于物质福利，Z世代更青睐于追逐情感需求，即充分挖掘深沉有致的生命情感，并已经淋漓尽致地体现在他们各方面的生活中，包括对其他人、动物、植物、事物、工作等。

与强烈的情感追求形成反差的是，Z世代对"人的物化"的反抗也表现得很明显。比如，拼多多最开始被视为面向三四线城市的产品，但是我们看到越来越多的一二线年轻人也在拼多多上购物。很多人在购买生活小物件时都会去拼多多购买，因为价格比较便宜，即使买错也不会心疼，反而通常收到东西时都有种物超所值的惊喜。这一方面是得益于中国强大的供应链体系，中国生产的商品品质越来越好；另一方面确实是年轻人对于生活必需品实际上并没有特别高的要求，他们认为其作为快消品能用就行，比如手机壳、挂钩等，并没有特别高的技术含量，也就无须花大价钱买品牌，还可以经常更换以保持新鲜感。

根据前述的分析，我们能够清楚地看到一条脉络，随着代际的更迭，Z世代正在接棒成为主流消费人群以及社会的中坚力量。他们天然生活在优越的物质条件下，物质带给他们的边际效用并不显著，这一代人身上呈现出对"人的物化"的反抗尤甚。但是从情感需求上来看，他们呈现出比上一代更强的追求，更加追求个性，表达自我，需要陪伴，更加充满元气，体现出更强烈的对深沉有致的生命情感的追求。随着他们在社会中的影响力逐渐提升，我们认为社会整体的物质需求将进一步走向情感需求。

天时、地时、人和均已具备，物质需求正加速走向情感需求。

第四节　分布式新硬件亦是入口

展望未来，用户的增量需求在哪里？站在当前时点来看或许并不够清晰，未来也还有很多待探索、待开发创造的需求，但有一个几乎是当前市场上达成共识的确定性需求，即用户追求更强的交互、体验感、沉浸感，这也是我们理解元宇宙具有必然性的核心原因之一。正如我们前文所述，技术带给人类的惊喜之一就是通过技术变革更好地实现创意，使优质的供给具备影响需求的能力。站在当前节点来看，我们认为元宇宙可能就是技术变革带来的下一个惊喜，是为满足用户更深层次的情感需求所构筑的一个更宏大的世界。

目前用户置身的大的技术环境，历经了20年的升级迭代，主动搜索让渡于算法推荐，并叠加了直播电商。一方面，用户需求决定供给的时代，已经让位于"供给决定需求"；另一方面，算法推荐的被动接受与直播电商的"杠杆"效应，放大了用户对"想要"的欲望，但这些需求多数仍然是物质需求，物质需求的可测量性（数量、单价、大小、市场价等）决定了杠杆效应可大致观测、大致测量，但非物质需求就不具备可测量性了，即加杠杆的幅度将难以观测、测量。

简单回溯互联网之前的不同发展阶段，我们可以发现从 PC 互联网至移动互联网，技术的发展依次满足了用户获取信息（搜索）、传递信息（邮箱）、展示信息（门户网站、广告）、购物、社交、娱乐等方面的需求。被满足的需求由物质需求向社交、娱乐等情感需求发展；同一类需求也随着互联网的发展转向更加强调情感属性。以社交平台为例，从天涯社区、豆瓣的陌生人社交，到后来出现了以 B 站为代表的垂类社交平台等，用户的互动方式从评论到转发、点赞，以及之后出现了弹幕，获得认同、需要陪伴的情感需求体现得越发明显。

我们认为元宇宙的出现在很大程度上是因为，当社会经济发展至一定阶段，人们的需求更加情感化后，科技所产生的进步使得构建一个 3D 虚拟世界成为可能，人类能够在其中进行更具有沉浸感的交互，从而获得更多情感需求的满足。最典型的案例就是 Meta 所打造的"全息虚拟会议"，疫情之下人们不得不在线上开会，虚拟会议室能够拉近参会者的距离，参会者戴上特制的眼镜，全息投影的会议室、产品模型、屏幕就统统出现在眼前，参会的同伴也会以三维形式出现在身边，从而更有并肩作战、一起努力的体验感。

元宇宙还为物理世界中的人们提供了一个重塑的空间与机会，来满足人们自我认同、价值实现的需求，反映在一些具体的方面可以表现为：在现实世界中有容貌焦虑的人可能会希望在元宇宙中拥有一个好看、帅气的虚拟人形象，胆小懦弱的人可能更倾向于在元宇宙中成为拯救世界的超人等。

图 4-8　扎克伯格在 Connect 2021 大会线上演讲中展示的全息虚拟会议画面

资料来源：Meta Connect 2021 大会。

　　基于此进行推演，我们认为元宇宙一定程度上是人类为自己构建的一块"隐秘的角落"，当跳脱开现实世界道德与法律的束缚，人类会更愿意在虚拟的元宇宙中释放自己的本性，更真实地呈现内心的想法。所以上述人类情感需求的增量很有可能将在元宇宙被进一步放大后，变得更加清晰。以此为基础，供给方才能够更好地洞察人们更真实的需求，从而创造满足需求的产品与服务。

　　2021 年以来，全球科技巨头先后入局元宇宙，其在构建元宇宙基础设施的同时，也有望以"拓荒者"的先发优势去把握被元宇宙所放大的需求，并提供一定的产品或者服务来实现人类的这种需求，从而实现其在新一代计算平台里的"跑马圈地"。

　　在这个过程中，我们认为硬件作为科技巨头布局元宇宙的重要抓手之一，将主要在两个环节发挥重要作用：一是提供进入元宇宙世界的入口，体现为 VR/AR 等通用型硬件；二是提供元宇宙世界反向进入物理世界的入口，体现为由元宇宙中的虚拟人在物理世界的反向映射——分布式垂类硬件。

一、元宇宙大投资时代（从物理世界走向元宇宙）的入口——通用型硬件

互联网时代实现了部分的数字化，主要是将信息存储、流程处理等办公场景以及购物与部分娱乐场景放在了线上，物理世界与数字世界仍存在清晰的边界。而元宇宙时代将实现人、物、空间的全面数字化，比如通过虚拟数字人、数字孪生等技术实现现实世界向虚拟世界的全面映射。在映射过程中，硬件将充当进入元宇宙世界的第一入口，起到连接现实世界与虚拟世界的作用。

目前市场上普遍认知 VR/AR 是进入元宇宙世界的第一入口，科技巨头在硬件方向的布局也多从 VR/AR 方向入手。2014 年 Facebook 以 20 亿美元收购虚拟现实公司 Oculus；2021 年字节跳动以 90 亿元收购 Pico。其他公司也凭借自身资源禀赋先后入局，很多公司将游戏作为率先切入的方向，比如索尼的 PS VR 等。目前，谷歌主要布局企业级 AR。

我们认为 VR/AR 仅仅是基于视觉感官体验的数字化，未来元宇宙的世界将不仅仅需要视觉的数字化，而是人类感官的全面数字化，包括听觉、触觉、嗅觉等。比如 2021 年 Meta 发布了一款触觉手套，通过搭载大量的追踪与反馈部件，能够让用户在虚拟现实中清晰地感受到与虚拟物体交互时的触觉。类似于该款触觉手套，未来还有望涌现出更丰富多元的硬件或者硬件产品的组合，以推动人类感官全面数字化的实现。所以，进入元宇宙的入口也将不仅仅包括 VR/AR 等硬件，还应该包括所有能够带来感官体验数字化的设备。

特别强调一点，与移动互联网时代智能手机发挥的作用类似，元

宇宙时代的硬件设备应该是通用型硬件，而不仅仅是应用于游戏、看电影等的垂类应用。用户追求强交互、沉浸感，如果需要使用不同的垂类设备在不同的场景进行切换，将严重影响用户的体验，出现"跳戏"的感觉，所以我们判断未来真正作为元宇宙入口的硬件设备一定是通用型设备。它将集视觉、嗅觉、听觉、触觉等感官体验于一体，并将以轻薄、无感的形态出现在用户面前，帮助用户沉浸在元宇宙中的各个场景（社交、娱乐、工作等），并进行无感切换。从这个角度出发，脑机接口或许真的有可能成为这类硬件的终极形态。

进一步推演，我们认为硬件在与元宇宙世界交互的过程中将推动物理世界与元宇宙世界的融合，并推动元宇宙逐步进入虚实共融的阶段。为进一步提升用户使用体验，硬件将在适配物理世界与元宇宙世界运行规律时进行迭代升级，并形成与两个世界的交互。因为用户始终追求更沉浸的体验，所以硬件的设计将不断满足这种需求，从而对元宇宙世界的塑造产生一定的影响，最终将在一定程度上推动元宇宙形态的演进与升级，使元宇宙进入虚实共融的高阶发展阶段。在这一阶段，我们大胆推演，硬件不仅将实现人的感官体验的全面数字化，甚至将具备影响元宇宙世界空间塑造的能力。以上为我们对硬件作为物理世界进入元宇宙世界入口的理解与推演。

从发展现状来看，目前该类硬件中，VR/AR 的研发相对较为成熟，且已经有一定的出货量。根据高通首席执行官克里斯蒂亚诺·阿蒙（Cristiano Amon）在投资者日的一次直播中称："Oculus Quest 2 的销量已经达到了 1 000 万台。"参考智能手机的发展，我们测算 2024 年前后将是 VR 硬件的爆发时间点。之所以指向这个爆发时间点，逻辑在于硬件的价格，因为国内做 VR/AR 硬件的创业者，大多是从手机产业链过来的，所以他们按照当年智能手机爆发的产业周期去推演 VR/AR 硬件的发展路径，得出的产业共识是国内什么时候能出现 1 500 元左右的 VR 硬件，基本上能代表大概会达到 1 亿台的 VR 硬件的出货量，从而实现 VR 硬件的普及。其中 VR 的技术发展与成熟度比 AR 提前 2—3 年。

我们将 VR/AR 与智能手机进行对比，主要是因为智能手机是我们这一代人较为熟悉的一种存在。但是目前存在的最重要的问题在于，VR 能不能与智能手机对比其实还是要打一个问号的，原因主要有两个方面：第一，整个硬件大体经历了从游戏机等垂类计算设备到 PC 等通用计算设备，再到智能手机的小型化计算设备的三个阶段，目前 VR 从设备大小的角度来看，还不够轻薄化；第二，目前市场上大部分 VR 游戏为单人体验模式的，仍处于元宇宙的初级内容形态，有待加入多人互动、实时在线、其他感官体验、经济体系等属性，所以目前 VR 设备的落地应用主要在内容这一垂类领域，而 AR 更多是落脚于企业级应用。从这个角度来看，如果 VR 还是作为一个垂类硬件而存在，不能在 2—3 年之内升级为通用型、小型化硬件的话，那 VR 设备还不具备与智能手机同台竞争的能力。所以，2022 年苹果公司能否顺利地推出通用型的 AR/MR 头显将是一个特别重要的事件。

综上所述，我们认为硬件是进入元宇宙世界的第一入口，它须是集合了人类所有感官数字化能力的通用型设备。站在当前节点，VR/AR 是最接近的产品形态且研发生态最为成熟，所以受到市场非常高的关注度。但是 VR/AR 仍处于初级阶段，我们期待其未来能够演化为更通用的硬件，并将价格降低至一定水平后达到相当的出货量，直至其具备普及性，元宇宙时代才有可能真正到来。

二、新硬件主义时代（元宇宙反向重塑物理世界）的入口——分布式垂类硬件

因通用型硬件入口，元宇宙以满足用户更深层次的情感需求为脉络，构筑一个更宏大的数字世界。不管是出于元宇宙终将囊括现实物理世界的目的，还是科技的需求，元宇宙终将以某种形式重塑现实物理世界，进入新硬件主义时代。本书即聚焦此脉络下的具体路径——以 AI 为内核，反向映射入现实物理世界且显现为分布式垂类的各类硬件，分布式垂类硬件是元宇宙反向进入现实物理世界的入口，亦是新硬件主义时代的入口（新硬件主义时代是以现实物理世界为基点，故分布式垂类硬件是元宇宙中的 AI 反向映射入现实物理世界的入口）。

在我们的研究框架中，将主要有四类主体进行交互，即真实的人类、人的数字人、虚拟数字人、虚拟数字人的机器人。除了真实的人类，其他三类主体具体内涵如下：

- 人的数字人：指未来元宇宙的数字场景中，每个用户都需要有的 3D 虚拟化身，也就是当前比较能够理解的由 CG 建模或 AI 驱动的虚拟数字人。

- 虚拟数字人：指的是元宇宙当中数字原生的虚拟人，需要与前一种相区分，该类虚拟人在物理世界中不存在真实的人类与其相对应。在构建元宇宙世界时，必然产生很多原生于元宇宙世界的虚拟人（类似于游戏中的 NPC），该类虚拟人将是基于 AI 原生的内容，即 AIGC，当 AI 演进至足够智能化的阶段，它将

具备同真实人类一样的智能，能够思考、决策、执行。

- 虚拟数字人的机器人：也可称为人工智能体、人类增强等，指的是虚拟数字人反向映射回现实物理世界的显现。我们认为元宇宙世界的虚拟数字人反向映射回现实物理世界，大概率以机器人的形式显现，它们将由 AI 生成及驱动且具有较高的智能化程度，与当下智能化程度较低、工具属性强于计算属性的机器人存在本质区别。

以上四类主体存在两对对应关系，真实的人类与人的数字人为一对主体，分别对应人在现实物理世界与元宇宙的呈现；虚拟数字人与虚拟数字人的机器人为一对主体，分别对应虚拟数字人在元宇宙、现实物理世界的显现。它们之间的连接主要依靠硬件，真实的人类借助上述所介绍的通用型硬件进入元宇宙，用人的数字人的身份进行各种活动，即第一对映射主体；随着元宇宙发展至下半场，虚拟数字人将有需要进入现实物理世界，其在现实物理世界的身份将显现为虚拟数字人的机器人，即第二对映射主体。

正如人类为了追求更高阶的情感需求，有非常强的动力进入元宇宙世界，我们认为随着虚拟数字人演进到强人工智能阶段，元宇宙世界的虚拟人也存在极大的好奇心与驱动力，想要探索现实物理世界（科技的需求），显现在现实物理世界为虚拟数字人的机器人、一些对应于元宇宙中产品 / 应用 / 场景的新硬件、被重塑的"物"，如陪伴需求所衍生出的机器人、服务于厨房全系统的垂类硬件等。这类硬件可能代表着某一类工具需求甚至武器需求，但我们预计更多为情感需求、也可能是某几类情感需求的集合，且会衍生出非常丰富的产品组合形态，甚至可能不仅仅是我们目前所认知的机器人的形态。这种以虚拟数字人为代表的 AI 反向映射在现实物理世界的分布式垂类硬件，是元宇宙反向叠加入现实物理世界的入口，新硬件主义时代由此开启。

分布式垂类硬件一方面是满足元宇宙中 AI 反向映射入现实物理世界的显现需求，另一方面是人未来在元宇宙与现实物理世界的共同需求，其多样性预计将依赖于元宇宙上半场所开发出来的用户的更多情感需求，以及满足这些需求的内容、应用、场景。正如我们上文中论述的，AI 的供给决定需求，非物质需求的用户数与 ARPU 值是最广袤的一片蓝海市场。

这类分布式垂类硬件将融合互联网、大数据、区块链等核心技术，以 AI 为内核。硬件是将以上核心技术包裹在其中的外壳，它不一定是机器人的形态，也可能是智能音箱、智能台灯、智能宠物等形态。从这个角度看，物联网有可能还只是非常初级的阶段，伴随元宇宙向更成熟的阶段发展，预计会带动更成熟的智能物联网生态产生，进一步走向真正的智慧城市，即物联网大概率会是元宇宙发展过程中的副产品。

第五章

全息社会

算法推荐的逻辑，就算是国家不出台各类监管，在元宇宙的运行逻辑中，应该也是过时的：

（1）算法推荐实质上是脱胎于传媒媒体时代的"媒体思维"。脱胎于这一背景的算法推荐本质上比较"粗暴"，是以全国人民为用户池，进行用户特征与推荐算法的迭代。

（2）元宇宙时代，供给决定需求，且供给端也需要足够的专业度、辨识度、影响力，相对"粗暴"的算法推荐应该是难以奏效的。

做研究时，偶尔会遇到让人忍俊不禁、非常幽默的"恍然大悟"，比如，当说了这么多年的"以人为本"，将在我们的认知体系与完整框架中真正实现时，我们突然发现，"人"已经不只是我们自己，也包括我们的数字人、虚拟数字人，甚至是虚拟数字人未来在物理世界中的机器人。

在全息社会中，每个人都要改变自己的人生观，因为一切均可知、没有不对称，当下所有的"侥幸"再也没有生存的土壤，我们的价值观需要强有力的修正，以适配未来的全息社会。

第一节 从算法逻辑走向创意驱动

前面我们花了一定的篇幅单独介绍供给与需求的动态变化,得出结论:影响消费的主导力量已经由"需求决定供给"掉头走向"供给决定需求"。实际上这个转向的过程中,也是供给与需求的匹配发生显著变化的过程。我们透过中国 40 年的广告发展历史发现,推动供给与需求匹配的核心驱动力,已经从满足消费者的"需要"走到了满足消费者的"想要",供需匹配的驱动力已经由传统的媒体逻辑发展至算法逻辑驱动,未来将进一步走向创意驱动。算法逻辑走向创意驱动,是元宇宙相对于移动互联网的本质性进化之一。

1979 年是中国广告的元年,同年 1 月《文汇报》首次发表文章《为广告正名》,同时上海电视台拟定了《上海电视台广告业务试行办法》《国内外广告收费试行标准》,提出了较为规范的广告模式,自此推动了中国广告的快速发展。至今,中国广告已经走过了 40 余年,经历了多个阶段。

1. 传统媒体时代(1979—2001 年)

传统媒体时代的广告是图文、报纸媒体,之后进入广播、电视广告时代,20 世纪 90 年代,以央视广告为代表的电视广告进入招标黄金期,其中央视广告的收入从 1993 年到 1998 年增长了近 8 倍,并且出现了一批大众耳熟能详的广告作品。①

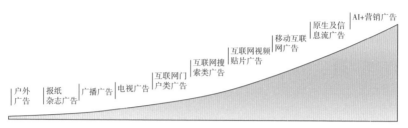

图 5-1　中国广告市场典型广告形式发展历程

资料来源：艾瑞咨询。

在传统媒体时代，只要产品有着较为清晰的定位，再配上朗朗上口的广告词，一句话就能说明产品的功能与特性，剩下的只需要狂轰滥炸般地投放，从电视到广播，从路牌到灯箱，覆盖一切渠道，通常这样产品就能提升认知度。② 这是因为在改革开放的初期，社会供给能力缺乏，非常多老百姓还在思考温饱问题，供给还不足以满足基本生活需求，这时有限的供给方只要能让产品触达消费者，讲清楚核心功能点，就能够切中消费者需求。

2. 互联网广告时代（2001—2012 年）

2001 年起，以新浪、网易等综合门户与百度等搜索引擎为 PC 互联网的主流阵地，门户时代的展示类广告、搜索广告崛起。新浪、搜狐、网易、腾讯作为四大门户网站，吸引了非常多的广告主进行投放，广告主所处行业与商品也开始变得更加丰富，不同品牌间需要竞争优先的广告位。在搜索引擎中，搜索竞价排名开始出现。搜索竞价

---

① 参考自 https://mp.weixin.qq.com/s/TS5EQaKIG6YgOMmiwY1rgQ。

② 参考自 https://www.sohu.com/a/415337113_792330。

排名由谷歌率先使用，百度逐步跟进，后续这一机制也被逐步拓展至淘宝等电商平台。也正是因为这种早期互联网广告形式的快速发展，造就了百度、腾讯、网易等中国第一批互联网上市公司。技术的发展与网络宽带的提高为更丰富、立体的广告形式提供了机会。此后，音频、视频形式的网络广告也开始出现。

自 2001 年开始，中国继续了 20 余年改革开放的探索，并成功加入世贸组织，国内商品体系逐渐变得更加丰富。一开始，门户网站的崛起主要还是提供内容与信息展示的环境，供消费者了解认知，之后竞价排名出现，已经能够看到由于商品足够丰富，用户产生需求时将可能面临多种选择，从而产生了商品的比较。这时对品牌方而言需要抢夺用户的眼球，比如通过竞争排名的方式优先让消费者看到，再或者通过优化广告视觉，从图文到视频，用丰富的内容媒体形式去吸引用户的注意力。互联网广告初步开始注重互动性、参与性、娱乐性，视频贴片广告在其推出时因为与内容结合紧密、具有上述特性，从而获得市场的高度关注。

3. 移动互联网广告时代（2012 年至今）

进入 2012 年，移动互联网开始快速发展。随着智能手机的普及，流量开始由 PC 端向移动端进行迁移，移动广告增长迅猛。在技术发展与广告商业模式的推动下，移动互联网广告在传统互联网广告的基础上进一步升级，诞生了信息流广告产品，并逐步成为移动互联网广告时期的主流广告形式。今日头条将千人千面算法应用于产品中，通过判断用户喜好与需求为其推荐合适的内容，取得了非常大的成功。之后它将算法应用于短视频方向推出抖音品牌，抖音凭借千人千面的算法分发与沉浸式的单列瀑布流内容实现了用户数的快速增长，同时短视频也自2019年起成为移动互联网使用时长与用户规模增长最快的细分领域之一。内容的立体化与推荐分发技术对于用户的触达及连接能力，让电商自身的潜力以及电商对更多元复杂的消费需求的开发与满足发挥得更到位，直播电商成为继图文、视频之后更高效的营销方式。①

移动互联网时代广告方式百花齐放，背后核心的原因在于中国社会经历了40多年的改革开放，社会供给能力极大提升，甚至在很多方面出现供给过剩的现象，传统的媒体逻辑下的广告开始不适用，单纯地追求广泛的覆盖范围、清晰的产品卖点已经无法打动需求层次不断提升的用户，广告主通过投放获得更高的效益（ROI）变得越来越难。品牌主与平台需要通过多种方式去创造需求、发掘需求，从而实现供给与需求的匹配。

所以在移动互联网时代，千人千面算法与达人营销作为这个背景下两种有力的解法应运而生：第一，在千人千面算法逻辑下，品牌主借助算法找到精准的用户客群从而实现匹配，通过大量的用户点击、观看时长等数据，训练机器能够具备判断用户需要与喜好的能力，并通过算法分发机制将合适的商品推荐给合适的用户。第二，内容"种草"通过内容影响消费者的消费观念，比如通过达人的内容介绍告诉消费者使用某种产品具有必要性。以口腔护理产品为例，受到达人种草影响，口腔护理产品已经从原来普通的牙刷、牙膏拓展至现在有电动牙刷、漱口水、冲牙器等越来越丰富的种类。对比千人千面推荐技术与内容种草，两种供给与需求匹配的逻辑存在差异，前者依托于算法技术的

---

① 参考自 https://mp.weixin.qq.com/s/TS5EQaKIG6YgOMmiwY1rgQ。

不断迭代升级，从而找到更加精准的用户群；后者追求内容本身的质量与吸引力，只有足够有创意的内容才能够真正打动消费者，创造增量的需求，因此我们将其看作一种典型的创意驱动行为。

淘宝广告产品体系的变化很大程度上反映了四十余年广告发展史的变化脉络，以其改版为例，对供给与需求匹配的逻辑总结可以得出：当社会发展到一定阶段，人们对"购物"的理解发生了变化，购物不再是为了温饱，而被赋予了情绪情感、精神愉悦等更多层次的需求时，供给与需求匹配的逻辑也逐步由传统的媒体逻辑发展至算法逻辑驱动，未来将进一步走向创意驱动。

- 2009 年，淘宝推出直通车业务（包括淘宝直通车与之后分拆出来的天猫直通车），为卖家提供竞价广告服务，其本质上是媒体逻辑，出价高者可以在搜索结果中展示在前面，从而获得更大的曝光以此实现更高的交易转化；
- 2017 年，淘宝首页"猜你喜欢"正式上线，以双列信息流的形式为用户无限制地推荐产品，成为"千人千面"的重要载体，标志着淘宝的分发逻辑开始变为算法驱动；
- 2020 年，手机淘宝再次进行重大改版，首页将淘宝原有的内容整合，推出中心化的内容平台"逛逛"，其内容一是来自此前分散在商品页面的达人买家秀，二是淘宝正鼓励内容创作者、普通用户、商家产出原创内容。这反映出算法驱动越来越走向以内容为核心的创意驱动。

兴趣电商进一步将算法驱动逻辑推向创意驱动逻辑。2021 年 4 月

8 日，在抖音电商首届生态大会上，抖音电商总裁康泽宇在主题演讲中提出"兴趣电商"的模式，即一种人们基于对美好生活的向往，主动帮助消费者发现潜在的购物兴趣与需求，提升消费者生活品质的电商。兴趣电商虽然仍基于算法，但是我们认为核心在于"兴趣"，即用户的兴趣是什么？以及如何找到用户的兴趣？我们认为这需要海量的创作者进行内容创作，创作者数量大意味着产出的内容更丰富，能戳到更多用户的兴趣点，发掘更多消费需求。或许这也是抖音主动提出"兴趣电商"的底气，截至目前，抖音的日活跃用户数超过 6 亿，仅 2019—2020 年一年时间，新增的抖音创作者数量就高达1.3 亿。

元宇宙有望将创意驱动供给与需求匹配的逻辑演绎至极致。因为在元宇宙世界中，一方面，用户在匿名的机制下，敢于呈现自己的本性与真实情感，元宇宙将成为一个放大人类本性与情感需求的世界，使增量情感需求变得更加清晰与明确；另一方面，当消费者待满足的需求已经演进至高阶段，且消费者也无法清晰地表述出确定的需求时，供给方不得不通过不断发挥创意，创造需求与消费者进行触碰，通过快速的试错与迭代，直到能够产生确定的匹配后才能够真正产生价值。而元宇宙世界将提供一个客观的、可以支撑海量创意碰撞的空间，同时创作者将无处不在，市场上公认元宇宙将是创作者经济的社会。此外，元宇宙具有非常强的灵敏性，将为这种迭代与试错放大波动性，从而提供更快速的反馈机制，在持续的、迅速的反馈机制下，创意产生的供给与需求将不断碰撞，从而产生增量的价值。

第二节 以"人"为本：创作者及其确切的作品

一、数字藏品定义为数字人的创意作品

"人"作为原点将衍生出四个象限：人、人的数字人、虚拟数字人、虚拟数字人的机器人。人映射入元宇宙中呈现为数字人；虚拟数字人则是元宇宙运行过程中虚拟出来的服务型、工具型数字人，其与人的数字人的差异在于其在现实物理世界中并不存在，而虚拟数字人未来在现实物理世界中的显现，预计将以机器人的硬件形式显现。

在未来的元宇宙定义中，数字藏品是数字人的创意作品，数字人既包括人的数字人，也包括虚拟数字人。在区块链与 NFT 机制下的元宇宙逻辑中，我们敢大胆下结论：钱不再重要，自己的创造力才是真正的通货！

虚拟数字人与数字藏品，背后是元宇宙统领下的新时代的生产力与生产关系的脉搏。

1. 数字藏品（NFT）

在《元宇宙大投资》中，我们分析过，NFT 是不可分割且独一无二的数字凭证。NFT 是一种基于以太坊区块链的"非同质化通证"。与比特币、以太币等虚拟货币一样，NFT 同样依靠区块链进行交易。但 NFT 通证的最大特点在于其唯一性。NFT 能够映射到特定资产

（包括数字资产如游戏皮肤、装备、虚拟地块等，甚至实体资产），并将该特定资产的相关权利内容、历史交易流转信息等记录在其智能合约的标示信息中，并在对应的区块链上给该特定资产生成一个无法篡改的独特编码。

NFT 标记了某一用户对于特定资产的所有权，使得 NFT 成为该特定资产公认的可交易性实体，凭借区块链技术不可篡改、记录可追溯等特点记录产权并确保真实性与唯一性，并通过 NFT 的交易流转实现特定资产的价值流转。

相比于同质化通证（FT，如现实货币、虚拟货币），NFT 与其本质上的差异是 NFT 锚定的是非同质化资产的价值，FT 锚定的是同质化的资产，如黄金、美元等。二者都具有可交易属性，相同的 FT 价值是可互换的，但是每一枚 NFT 所对应的价值是独一无二的。

NFT 生态系统中最常见的盈利方式包括直接出售、二级市场交易手续费、游戏内部经济交易手续费。同时，去中心化金融（DeFi）的火热也进一步丰富了游戏 NFT 的盈利模式，如 OpenSea、Cryptovoxels、NIFTEX 与 NFTfi 等平台。

（1）直接销售 NFT：NFT 领域中最常见的盈利方式，目前游戏发行商的大部分收入来自向用户销售数字商品。Epic Games 的《堡垒之夜》（*Fortnite*）2019 年收入高达 42 亿美元，其中很大一部分收入来自"皮肤"这一完全数字化产品。

（2）二级市场交易手续费：可从其开发的物品二级市场交易中收费。OpenSea 上的开发者能够设置二级市场销售抽成，范围是 0—99%。

（3）游戏内部经济交易手续费：开发者也可从用户生成的 NFT 交易中收费。在 Cryptovoxels 的虚拟世界中，用户可以自行创建"可穿戴设备"的配件，Cryptovoxels 开发者可以从用户在游戏内部买卖数字产品的交易中收取少量交易费用。

DeFi 自 2020 年起迅猛发展，进一步丰富了 NFT 盈利模式。从 Compound（DeFi 借贷平台）流动性挖矿开始，流量、资金量不断扩张，至 DEX（去中心化交易所）流通性挖矿开始兴起第二波热潮。DeFi 作为使用加密通证或 DeFi 协议进一步丰富 NFT 的盈利模式主要有五条路径。

（1）治理通证：游戏开发者可以通过向社区成员出售治理通证来赚钱。持有治理通证的用户将能够对新功能进行投票，甚至可以提出要构建的新功能。治理通证的主要缺点是可持续性差，游戏开发者可能会创建固定数量的治理通证，最终出售治理通证所产生的收入将降为零。

（2）收入分成通证：游戏开发者还可以推出具有收入分成功能的通证。虚拟世界平台可以推出一款收入分成的通证，该通证与游戏开发者按照一定比例分配游戏内部交易费用。收入分成通证可以激励双方积极增加游戏内部经济活动，如创造商品与服务。

（3）DeFi 认购：用户将加密资产投入 DeFi 协议或资金池中，并将产生的收益提供给游戏开发者。用户可以将 100 个 DAI 放入货币市场协议 Compound 中，而收益归游戏开发者。

（4）DeFi 抵押：这是一种游戏开发者参与度更高的商业模式，游戏开发者自己推出质押服务，用户必须使用该服务才能玩游戏。所有收益将直接流向游戏开发者，作为用户玩游戏的补偿。

（5）原生通证：NFT 项目也可以直接推出自己的通证作为盈利方式。游戏开发者要求只能使用原生通证购买游戏/虚拟世界中的资产。

此外，NIFTEX、NFTfi 等平台为 NFT 创造全新的商业模式。

（1）拆分：NFT 拆分平台 NIFTEX 允许用户投入高价值的 NFT，并将其拆分为 10 000 个 ERC-20 通证进行市场交易。这种方法可能仅适用于已经建立、具有较多人数且充满活力社区的 NFT 项目。

（2）抵押：游戏开发者借助 NFTfi 等 NFT 抵押贷款平台创造的资产作为抵押获得贷款。开发者无须耗费数周时间通过银行系统拿到贷款，只需将其资产作为抵押，立即就可获得贷款要约。抵押并不完全是一种盈利模式，但是对团队而言是一种获得短期现金流的可行办法。

NFT 推动内容资产价值重估有三重逻辑。

第一，解决版权保护痛点。版权保护与运营是 NFT 的核心使用场景之一，在该用例中，NFT 可被用来标记数字内容作品的所有权，比如图片、视频、博客、音乐、艺术品等。当内容作品有了价值表示物后，可让众多参与者加入进来，实现价值流通并形成价格。当一个作品被铸成 NFT 上链之后，这个作品便被赋予了一个无法篡改的独特编码，以确保其唯一性与真实性。至此，NFT 让原先没有边际成本、可被无限复制的内容作品具有稀缺性，可以在去中心化交易平台上自由交易、转售。NFT 的唯一性、不可篡改等特性，为版权保护提供了全新思路。一直以来，对创作者而言，保护作品版权异常艰难。多数艺术创作能够被轻而易举地复制，但追究每一个侵权行为的难度大、成本高，严重打击创作者的积极性。而每个 NFT 都有一个唯一的 ID 编号，并可被区块链上的智能合约识别。这种独一无二的属性让 NFT 天然可成为记录与存储艺术品、游戏与收藏品等数字产品所有权的理想选择。同时，NFT 相比于传统交易形式存在更大的获利空间。当 NFT 流通时，其所有权的每一次转移都意味着创作者能从中获利。以交易平台 SuperRare 为例，进行一手交易时，艺术家可获得 85% 的收益，平台可获得 15% 的收益；再次交易时，卖家将获得 90%，艺术家则可获得 10%。而在传统交易方式中，即使原作在多次流通中被炒至天价，艺术家也难以从中再次获利。

第二，重塑资产流通性。将数字版权与相关作品上链，实现 IP 价值的流动性，同时将分成协议写入智能合约，可以实现在数字艺术品的转卖过程中享受分成收益。这提供了一种新的商业化方式，有力激发了数字艺术领域的创作生态。海外已经逐渐形成一套成熟的 NFT 交易机制——创作者将 NFT 首次发布后，其他买家能够在 NFT 交易平台上不断进行二次转手与购买。NFT 被首次售出的过程发生在一级市场。海外市场中，火爆的 NFT 项目颇多，nonfungible.com 的数据显示，2021 年第二季度中，有三个 NFT 项目在一级市场中的销售额超过 1 000 万美元，且目前市场有四个项目价值在千万元以上，其中最有价值的 NFT 项目 MeeBits 价值 9 076 万美元。此外，售卖 NBA 球星高光集锦的 NBA Top Shot 与出售像素头像的 CryptoPunks 等也是非常火爆的 NFT 项目。NFT 发行后的流通过程即是二级市场交易。除了全球最大的数字藏品交易平台 OpenSea 以外，交易平台 Nifty Gateway、MakersPlace、Rarible 等也十分活跃。多数 NFT 交易平台基于公链"以太坊"，但由于以太坊吞吐量低、交易费用高、通道拥挤，一些平台也会选择基于 Flow、GSC 等新型公链。

第三，加速数字资产化，通过链上通证化，使原生于互联网的数字物品得到确权、保护。以往，诸如游戏装备、虚拟礼品等数字物品是存储于游戏服务商的服务器中，玩家并不实际拥有它们，还面临着损毁、被盗、黑市交易等问题。而借助区块链，开发者可以创造稀有的虚拟物品并确保其稀缺性，用户也可以安全、可信地保存及交易自己的物品。NFT 将加速数字资产化的趋势。虚拟物品的数字资产化将实现对数字艺术更好地定价与流通，从而激发数字艺术等领域的创作，推动在线文娱行业更加趋于繁荣。

2. 虚拟数字人

虚拟数字人是 AI 的初级形态，有两条技术路径：CG 建模、AI 驱动。

虚拟数字人背后的具体技术难点或者技术差异如何？我们下面的分析主要聚焦于三个问题：（1）如何生成 1:1 还原的数字虚拟人；（2）在突破了静态下高仿真的瓶颈后，如何让虚拟数字人实现自然地交互；（3）未来在元宇宙场景中，如何规模化生成用户的虚拟形象。

虚拟数字人的生成涉及计算机图形学、图形渲染、动作捕捉、深度学习与语音合成等诸多技术。简化来看，针对以上三个问题，我们分析发现，目前数字虚拟人主流制作技术分为两条路径，一是 3D 建模 /CG 技术，二是 AI 驱动，同时一些用于生成虚拟数字人的工具化平台也已经出现。

在视觉表现层面，用 3D 建模 /CG 技术做出从外形、表情到动作都 1:1 还原真实的人，让虚拟数字人更像人；以人工智能技术去生成虚拟数字人，并赋予其一定程度的自主感知能力、逻辑推理能力甚至情感表达能力；更轻量、便捷的工具让创作者与普通用户都能快速生成自己的虚拟形象，如英伟达的 Omniverse Avatar、Epic Games 的 MetaHuman Creator 等。

生成虚拟数字人的第一条技术路径是从很像到很真的影视与游戏

级 CG 技术。CG（Computer Graphics）是通过计算机软件所绘制的一切图形的总称，随着以计算机为主要工具进行视觉设计与生产的一系列相关产业的形成，国际上习惯将利用计算机技术进行视觉设计与生产的领域统称为 CG。CG 技术的出现与发展扩大了影视内容的维度，促进了一系列 3D 动画片与超现实影片的出现，内容创作中的虚拟场景、虚拟人物有了实际技术支撑。

广义上来看，虚拟数字人并不是近几年才有，早期 3D 动画、科幻电影、游戏中的虚拟人物可被视作初级形态，主要靠动画师或建模师将人物一笔笔、一帧帧地画出来，在完成原画建模与关键点绑定后，还将运用到实时渲染、真人动作捕捉等相关技术。韩国内容创意公司 Sidus Studio X 于 2020 年 8 月推出了虚拟数字人 Rozy，Rozy 便是以 CG 技术创作出来的，以真人为对象拍摄后，通过 CG 对平面上绘制的 Rozy 脸部进行 3D 建模。

但通过 CG 等传统技术手段生成的虚拟数字人所耗费的成本高昂。比如游戏领域，为考虑到用户的显卡运算能力，传统流程制作出的游戏角色仍与真人在细节上有一定差距；再比如影视领域，环球影业运用 CG 技术还原已去世的保罗·沃克在《速度与激情 7》中的演绎，相关渲染成本增加了约 5 000 万美元。目前，Rozy 在广告拍摄制作中，制作团队仅对其脸部进行建模，其他部位则用 AI 进行驱动，原因在于全部使用 CG 制作的成本过高。

生成虚拟数字人的第二条技术路径为人工智能，从形似到有神，AI 驱动带来成本降低，具体又细分为两种：一是在最初以 3D 建模 /CG 技术将虚拟人尽可能逼真地绘画出来，后续虚拟数字人的语音表达、面部表情、动作由 AI 深度学习模型的算法进行驱动；二是建模与驱动均基于 AI 算法。

总结来看，虚拟数字人有三种存在的形式：一是建模与驱动均靠人力运用传统的 3D 建模 /CG 技术，花费的时间与成本巨大；二是最初的形象建模靠人工，后续驱动靠 AI；三是形象建模与后续驱动均靠 AI。

在虚拟数字人的创作中，AI 的价值在于大幅降低了制作成本、简化了制作流程。但即使突破了静态下高仿真的瓶颈，如何让数字虚拟人自然地交互，也是一大难题。人类可以从表情、肢体中读取丰富的非语言信息，因此数字虚拟人的表情、动作中任何细微的不自然都能被人们察觉到。比如一个简单皱眉，将牵动骨骼、肌肉、皮肤的一系列变化，若用传统的手工方式去调整，工作量极其巨大。此时，AI 的价值就体现了，可以大幅降低工作量与制作成本。

AI 驱动的虚拟数字人所呈现的效果受到语音识别（ASR）、自然语言处理（NLP）、语音合成（TTS）、语音驱动面部动画（ADFA）等技术的共同影响。AI 驱动的虚拟数字人有几大技术点，首要的就是虚拟人要有感知，包括视觉感知与听觉感知，即看得见、听得懂、会思考、能回答、能呈现，涉及多维度的技术点。比如看得见就涉及识别物体、识别表情、识别图像等；听得见指的是语音识别；将听见的声音转换成文字去理解，达到听得懂的状态，涉及自然语言理解；理解之后还需进行回复，涉及知识图谱；如何回复（是生成声音还是生成图形）涉及语音合成。

- 语音识别：领域内的公司如科大讯飞、百度、腾讯、阿里巴巴均有布局。

- 语义理解：国内外在语义理解领域的进步较慢，语义理解这一交互环节的难度比语音识别高了数倍，做得相对好的公司如谷歌、IBM 沃森机器人。

- 语音合成：诸多大公司的客服机器人已能做到语音回复，但还不够真实、自然。若要做到每个人的声音个性化，并且能够快速生成自己的声音，仍有较大的工作量。

- 人的形象驱动：目前市场上的巨头公司，如搜狗、科大讯飞、百度、腾讯等推出虚拟数字人的难度并不大，但难度在于，（1）在高逼真、高拟人的要求下，用 AI 驱动高仿真虚拟人的表情或动作仍有较大提升空间；（2）在快速生成虚拟数字人的同时，如何能够降低成本并提高精确度。

韩国在虚拟数字人领域独树一帜。韩国以三星为代表的企业在相关技术领域布局多年，是元宇宙的主导力量之一，目前在"虚拟数字人"方向的技术较为强大。2020 年，三星旗下创新实验室 STAR Labs 独立开发的"人工智人"（Artificial Human）项目 NEON 在 2020 年国际消费电子展（CES 2020）上正式展出，NEON 能够像真人一样快速响应对话、做出真实的表情神态，且每次微笑都不尽相同，它可以构建机器学习模型，在对人物原始声音、表情等数据进行捕捉并学习之后，形成像人脑一样的长期记忆。

三星公司的 CORE R3 平台、SPECTRA 平台以 AI 为关键技术，帮助 NEON 实现沉浸式体验。CORE R3 平台在行为神经网络、进化生成智能与计算现实领域，实现了跨越式的发展。CORE R3 从自然的规律性与复杂性中受到启发，对人类的外观、动作与互动的方式进行了大量的模拟与训练，从而能够生成肉眼无法辨别的、栩栩如生的真实。CORE R3 系统的时延不足几毫秒，确保了 NEON 能够实时地动作与回应。CORE R3 平台可以与其他专业或增值服务的系统进行连接。此外，公司正在开发中的 SPECTRA 平台，将从智力、学习、情感与记忆等方面，与 CORE R3 平台互补，给 NEON 赋能，从而使 NEON 的体验达到"沉浸式"。

从 PGC 到 UGC 的工具化支持高效、低成本创作。在元宇宙如火如荼的当下，虚拟数字人又叫超写实数字人（MetaHuman），MetaHuman 来源于 2021 年 2 月 Epic Games 旗下的虚幻引擎（Unreal Engine）公布的新创作工具——MetaHuman Creator。

在未来元宇宙的数字场景中，每个用户都需要有自己的 3D 虚拟化身（可以是卡通的，也可以是超写实的），开放世界中大量的 NPC 也需要做到千人千面。从零开始制作虚拟人，需要较长周期，且会耗费较高成本，例如腾讯 Siren 项目从启动采集到能够自然地活动，就用了接近半年时间。传统建模或 CG 技术的制作流程与效率显然不适用，无法满足元宇宙中海量数字虚拟人及其相关的艺术创作。因此，需要工业化的标准生产流程与更智能的制作工具，能够让创作者与普通用户便捷地生成属于自己的虚拟形象并进行数字创作。

目前市场上最具代表性的用于生成虚拟数字人的工具平台为英伟达的 Omniverse Avatar、Epic Games 的 MetaHuman Creator 等。

全球 GPU 芯片龙头英伟达推出 Omniverse Avatar。GPU 是英伟达的立身之本，已经占据全球市场的主导地位。在 GPU 核心技术之外，英伟达将业务范围进一步辐射至数据中心、高性能计算、AI 等；其基于 GPU 构建的软硬件一体生态是构建元宇宙的技术平台底座。

在 2021 年 11 月的 NVIDIA GTC 大会上，英伟达推出了用于生成人工智能化身的平台 Omniverse Avatar，集成了英伟达在语音 AI、计算机视觉、自然语言理解、推荐引擎与模拟方面的技术。利用该平台创建的虚拟形象是具有光线追踪 3D 图像效果的交互式角色，并能够看见、说话、谈论各种主题，以及合理地理解表达意图。

2021 年初，Epic Games 发布了可生成高保真角色形象的工具 MetaHuman Creator，基于预先制作的高品质人脸素材库，允许用户以自动混合、手动调节的方式快速生成虚拟人。MetaHuman Creator 可以与现代动作捕捉与动画技术结合使用，以创建逼真的动作，为视频游戏、电影、电视及其他制式的人机交互场景服务。MetaHuman Creator 工具定位在零基础操作、高品质、快生产，小团队可以直接生成自己的作品主角，大幅提升美术效果、节约创作成本；大公司则可以批量制作 3A 级游戏中的 NPC。

除了国外公司，国内也有部分公司推出了虚拟数字人交互平台，如腾讯 NExT Studios 的 xFaceBuilder、网易的伏羲、科大讯飞的虚拟人交互平台 1.0。

虚拟数字人的商业价值何在？虚拟数字人行业步入快速发展期，相应的商业模式也在持续演进与多元化，虚拟数字人的产业链从上到下可以分为基础层、平台层与应用层。国内外虚拟数字人的入局方在技术水平、关键场景、产品形态与运营方式上有一定差异，在前文我们指出在底层技术上，海外公司相对领先，而我国得益于人口基数大、直播业态兴起迅猛、互联网元素多元，在应用场景端的创新能力较强。

参照日韩虚拟数字人的发展，结合目前国内发展现状，我们认为虚拟数字人将率先在文娱、广告、虚拟代言人等领域实现商业落地。

目前我们已经看到国内部分互联网公司、传媒公司、消费品品牌陆续入局，推出虚拟数字人，探索多元的变现路径。

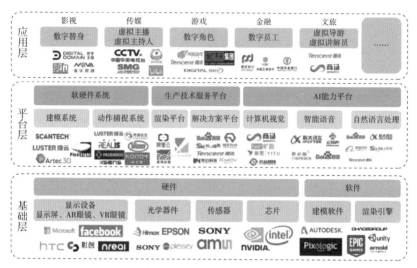

图 5-2　虚拟数字人产业图谱

资料来源：中国信通院。

虚拟数字人首先应用于文娱产业。虚拟数字人的培养在一定程度上也是文娱公司自有 IP 的培育，虚拟 IP/偶像受到了国内外的共同关注，其中日、韩两国在虚拟 IP/偶像领域的发展较为超前。虚拟数字人在文娱产业的应用方向包括虚拟直播、虚拟偶像、虚拟演员等。

早期虚拟偶像破圈较为成功的当属日本的初音未来与国内的洛天依。诞生于 2007 年的初音未来，从音源库发展为虚拟歌姬，再到开万人演唱会，甚至是周边衍生产品的开发，已成为二次元虚拟偶像代表。而日本的二次元文化也带动了国内二次元文化的发展，2012 年出道的洛天依则是国内二次元虚拟偶像的代表，多次献唱卫视春晚、跨年晚会、综艺节目等。2019 年 7 月，BML（Bilibili Micro Link）全息演唱会在上海举行，初音未来、洛天依、绊爱等人气虚拟偶像进行了长达三个多小时的演出。

韩国虚拟数字人市场为虚拟模特、虚拟偶像两大类型，虚拟模特以超写实风格为主流，虚拟偶像则有超写实与动画两种打造思路。Rozy、Lucy 为超写实虚拟模特代表，Rui、Eternity 为超写实虚拟偶像 / 歌手代表。相较于日本偏向于打造二次元虚拟形象，韩国培养的超写实虚拟形象助力虚拟数字人从二次元向三次元破圈。

日韩的文娱产业发展在一定程度上影响了国内，借鉴日韩虚拟数字人的发展经验，我们预计国内虚拟数字人行业将加速跟进。目前，已有国内传媒或经纪公司布局虚拟数字人。2021 年 9 月，芒果 TV 推出虚拟主持人"瑶瑶"，未来其将全面应用到芒果 TV 演唱会、实景娱乐等多项目中；10 月，湖南卫视推出数字虚拟人"小漾"，后续小漾将进行人格化培养，加入《你好星期六》等综艺节目的制作中；10 月 31 日，抖音虚拟人 UP 主"柳夜熙"发布第一条短视频后，迅速走红；央视推出 AI 手语主播亮相北京冬奥会等。

相较传统真人偶像，虚拟偶像具备可塑性高、形象可控、永恒存在、性价比高等系列优势。性价比高具体体现为几类成本和风险的降低：（1）边际成本递减。虽然前期虚拟数字人的建模成本较高，但随着后续人工智能技术的进步与虚拟偶像培育的成熟，虚拟偶像的运营成本将逐步降低，且培养一名中部主播或艺人所耗费的时间与成本也并不低。（2）无人才流失风险。虚拟偶像属于公司自有 IP 资产，完全自主可控，不会出现真人明星走红后跳槽的风险。（3）无道德成本风险。近几年国内娱乐圈的艺人常有失德的问题发生，而虚拟偶像有天然的 IP 安全性优势，"人设"不会轻易翻车。

随着数字化、智能化的发展，虚拟数字人已经成为电商营销升级的新载体，已有诸多应用案例。超写实虚拟数字人 Lil Miquela 坐拥数百万粉丝、备受大牌青睐，这个诞生于 2016 年的巴西西班牙混血的"19 岁美国少女"已成为最著名的虚拟数字人之一，已与 Chanel、Supreme、Fendi、Prada 等众多品牌有过深度合作。自 Lil Miquela 出现后，国外品牌与虚拟数字人进行商业合作的频率大幅提升。

Rozy 是由韩国内容创意公司 Sidus Studio X 于 2021 年 8 月推出的虚拟数字人，目前以虚拟广告模特与 Instagram 红人的身份开展活动。据官方披露，到目前为止，Rozy 已与多家企业签订广告合同与赞助，包括 Banyan Tree 酒店、新韩生活、Gucci × 三星电子、雪佛兰电动车等，专属合约 8 件，关联赞助商品超过 100 件，已进入商业化变现环节。截至 2021 年末，Rozy 通过广告赞助获得的收益预计在 10 亿韩元以上。

翎 Ling 与 AYAYI 是国内虚拟数字人的代表，AYAYI 于 2021 年 5 月在小红书亮相后，首发帖阅读量近 300 万，一夜涨粉近 4 万，目前已与众多一线品牌联动合作。9 月，AYAYI 入职阿里巴巴，成为天猫超级品牌日的数字主理人，这是天猫在数字虚拟营销上的进一步探索，未来 AYAYI 还将解锁 NFT 艺术家、数字策展人、潮牌主理人、顶流数字人等多个身份。在与品牌合作的过程中，由于同时具备明星 KOL 与虚拟偶像双重属性，AYAYI 比传统虚拟偶像更具真实感、故事感与氛围感。

预计消费品牌将培育自己的虚拟形象代言人。品牌方开始尝试自主打造虚拟人形象作为品牌代言人。近两年，除了有虚拟偶像与品牌合作之外，有一些消费品品牌开始主动打造属于自己的虚拟形态代言人。从某种程度上来说，虚拟偶像正逐步取代流量艺人，成为代言品牌、传递品牌价值观的新选择。

图 5-3　国内虚拟数字人 AYAYI

资料来源：小红书。

相比真人代言人，虚拟代言人具备以下特色：第一，在抓住用户心智方面，虚拟代言人强于品牌 Logo 强于公司名称。相较于公司名称，一家公司的 Logo 更容易抓住用户心智，而随着虚拟形象代言人的兴起，我们认为未来的发展趋势是越来越多的公司将会推出自己的虚拟数字人，虚拟数字人会比 Logo 更加紧密并且持续地与每一位消费者进行深度沟通。第二，自己孵化的虚拟形象代言人更贴合品牌调性。由企业自己孵化出的虚拟数字人能最大限度地贴合企业文化与品牌形象，具备量身定制的品牌营销功能。第三，虚拟代言人为品牌营销延伸创意空间，可带动数字周边产品的兴起。虚拟代言人与品牌营销的深度结合，有望带动虚拟社区与数字周边产品的发展，为品牌积累数字资产。

二、人的创造力与用户的判断力

创造力是人类特有的一种综合型本领。创造力是指产生新思想、发现与创造新事物的能力，是成功地完成某种创造性活动所必需的心理品质，是由知识、智力、能力及优良的个性品质等复杂多因素综合优化构成的。一个人是否具有创造力，是区分人才的重要标志。例如创造新概念、新理论，更新技术，发明新设备与新方法，创作新作品等，都是创造力的表现。创造力是一系列连续的、复杂的、高水平的心理活动，它要求人的全部体力与智力的高度紧张，以及创造性思维在最高水平上进行。[①]

在元宇宙的运行逻辑中，人是关于创作与显现的函数，一方面要创作有吸引力、影响力、辨识度的内容，另一方面要结合内容的形态进行分发以实现作品最大化地展现在用户面前。

人的创作，显现为作品，蕴含着人的学识思想与世界观、方法论。人创作的作品就是原创，原创本身就是与众不同，就是独一无二，与众不同、独一无二就是创作的根本。人创作的作品，体现了人个体的人生观、世界观，用人的人生观观人生，人生多姿多彩，人生像万花筒，变化无穷；用人的世界观看世界，世界精彩绝伦。世界变化万千，多姿多彩与精彩绝伦，就是人创作的源泉。

人创作的作品与人的学识、修为、涵养息息相关，别人无法复制；人创作的作品，包含着人的认识论、方法论，认识的角度、深度、广度不一样，运用的方法步骤不一样，得出的结论也不一样；人

---

① 参考自 https://blog.csdn.net/CHhhon/article/details/102964016。

创作的作品，体现了人的经历与阅历，人生的经历与阅历不同，对同一事物的看法与观点就不同。

元宇宙的极大进步之处，有可能是真正实现了以"人"为本，即将平权的机制给予每一位用户。每一位用户均可用自己的创造力创作出确切的作品，区块链与NFT均是服务于每位用户的机制，以真正把有价创造物充分流转起来，它更直接、更有效率地发掘个人的创造力，且奖励机制更直接——不需要借助诸多分发与流通环节。但这样的以"人"为本需要注意的是，人不仅包括我们自己，还包括我们自己的数字人、未来的虚拟数字人，甚至是虚拟数字人反向映射入现实世界的机器人。

回到人本身，作为人而非用户，在元宇宙中的运行逻辑，核心是要成为创作者及其确切的作品。创作者核心是要具备从0到1的能力，而其确切的作品，即诸多其创作的"1"。

世界上第一座室外电梯来自一个偶然。一座酒店建筑原有的电梯过小满足不了酒店业务发展的需要，需要扩建，专业工程师都主张在原有的电梯位置扩大电梯，但是这样会产生很大的工程量，而且噪声、粉尘也会影响正常的营业。正当大家为难，在过道讨论方案时，旁边的一位清洁工给出了一个具有创造性的建议："为什么不在酒店外面修电梯呢？"于是世界上第一座室外电梯就这样诞生了。由此可见，哪怕是一点创造力都会产生巨大作用。[①]

未来AI主导用户认知的世界中，AlphaGo打败围棋世界冠军李世石，表明人工智能实际上并不是依赖智慧解决问题的，而是用很多

---

① 参考自 https://zhuanlan.zhihu.com/p/139124309?ivk_sa=1024320u。

其他的方法，比如博弈术。目前人工智能更倾向于模拟已知情况，人工智能的基础依然是逻辑，但人类创造力、想象力与好奇心则无法被代替。人际交流互动时，人与人之间的交流所产生的情感上的波动，可能很难被人工智能所取代。

与"人的创造力"相对应的，是用户的判断力，这是供需匹配过程中的必然走向。人是关于创作与显现的函数，用户则是关于判断力与支付能力的函数。

游戏行业中有一个术语叫"洗用户"，洗用户就是竭尽全力赚取用户最多的钱，如用一个产品将一个渠道或区域的用户价值获取一遍，等用户的新鲜度差不多后，换"皮"再洗一遍或者加一个新消费系统将用户再洗一遍。

"洗用户"是脱胎于页游的一个术语，端游是以强社交为用户关系的产品，页游则是以弱社交为用户关系的产品，页游的特性是产品研发门槛较端游低、生命周期较端游短但爆发性突出，同时页游也存在严重的产品同质化，开关服快且多。但页游开服数量并非用户量的需求，而是平台的需求，平台花钱导入流量后会愿意将优质的资源给最优质的产品，即变现能力最强且最快的产品。相对于端游的长期、高黏性用户属性，页游的快速开关服使得玩家之间难以建立起社交关系，故相对于端游的"堆"用户，页游更近乎"洗"用户——页游追求快速盈利，平台更愿意留下氪金用户，将足够多用户引入游戏后，将不愿意付费的用户"洗"掉。

To C 消费的诸多入口处，不管是线上还是线下，均在引入"洗用户"的底层逻辑，即用户数进入存量博弈后，一方面如何在留存现有用户的基础上实现新增用户数，另一方面则是基于当下的用户数，推高用户在自己平台上的 ARPU 值。2017 年移动互联网的红利见顶后，各大平台的运营思路均趋于一致——多元化商业变现，广告、电商、金融等增值服务等方式，底层逻辑即配置未来"洗"用户的多个业务方向。2019 年开始的版权大战，尤其是 2020 年开始的长短视频版权纠纷，即"洗"用户的内容。线下实体也在采用此模式，如理发店推销养发、护发产品或植发服务，本质仍然为"洗用户"。

作为用户，在元宇宙中，更多的需求被日益迭代且创新、眼花缭乱、层出不穷的供给所决定时，用户的判断能力就特别关键。一方面，用户被"洗"的极值，是用户的可支配收入叠加平台所赋予用户的金融杠杆，若已逼近极值，则需判断更为"想要"的供给内容；另一方面，从理性的角度看，若要约束用户自己的"想要"，就需要前置或后置（后置则需匹配清晰的退换货机制与顺畅的退换货流程，故后置仅为挽救措施）自己的判断力，以对冲未来"洗"用户的各式创新。

未来的世界与社会运行会越来越复杂，尤其是元宇宙增加了更多感官体验的维度，且将反向叠加入现实物理世界。未来太多的琐屑与诱惑，会让多数人降低自身的自制力与毅力，且一旦自己有了弱点，人们很容易被他人所左右，理性自律与有自己想法的难度系数会提高。且中国近 30 年的发展速度太快，我们难以从父辈、祖辈处继承其生活与生存经验，一切的认知与判断只能靠自己摸索与建立。

此外，人是群居动物，相互影响的程度会很高。比如，比较独立的人会比较有主见与判断力，没有那么独立的人就会比较缺乏主见与判断力。大部分人是没有那么独立的，比较习惯听取别人的意见，且元宇宙未来渲染的环境更有诱导性与倾向性，用户可能会更没有判断力，更容易受影响。

相对来讲，个人创造力在元宇宙上半场（元宇宙大投资时代）更为重要。个人判断力在元宇宙下半场（新硬件主义时代）更为重要，并不是说创造力在新硬件主义时代不再重要，而是运行至元宇宙的"中场"，对人的素质要求中，"创造力"已成为标配。

创作与显现，对人而言，都是有难度、有挑战的，但它的迫切性、残酷性也很明显。元宇宙上半场中，如果不能成为 IP（创作者），就只能作为用户去贡献自己的时长、可支配收入；元宇宙下半场中，如果不能创作并成功"显现"自己的作品，就会直面各分布式垂类智能硬件的替代。

相对于"显现"，创作是一种表达，在未来的运行逻辑中，"显现"可能会更为重要，"酒香不怕巷子深"会真正成为传说。

第三节　全息社会：一切均可知

元宇宙的前半场将充分释放人的创造力，在现实物理世界这一空间中，最重要的存在是人与物。传承这一走向，元宇宙在重塑现实物理世界时，最重要的重塑内核即重塑为真正智能化的硬件。从现实物理世界交互的角度，AI 让一切硬件能说话，即真正的智能化，以交互的方式真正满足用户的根本需要。

AI 的走向，目前看将由感知到认知再到决策，基于感知、认知的决策等同于现实物理世界/现实物理世界的某个局部空间的人、物，一切均可知，没有不对称信息，近乎全息。

一、AI 由感知走向认知

著名计算机科学家约翰·霍普克罗夫特（John Edward Hopcroft）认为人工智能发展三个核心关键：计算能力、大数据、互动交流能力。人工智能的发展历史在一定程度上是这三个关键能力提升的过程。1956 年夏天，美国达特茅斯学院举行了历史上第一次人工智能研讨会，这次会议被认为是人工智能诞生的标志，在此后的很长一段时间里，人工智能经历了多次起起伏伏，始终没能迎来大的突破，背后主要的原因有两个方面：一是早期的计算能力不足，以 Control Data 6600 为例，它是 Control Data 公司在 1964 年 9 月推出的旗舰型超级计算机系列，每秒可以处理 3 万条指令，相比 IBM Stretch 快了 3 倍，是当时最快的计算机，并且连续保持了 5 年的纪录。[①] 但当时计算机能力确实不足以支撑大规模的数据处理。二是数据量不足，计算机如果想要获得感知、认知能力，其基础是需要输入海量数据，特别是深度学习算法更是以大数据为核心，其运行机制是通过为其输入足够数量的数据，供其分析、处理并不断地进行推演、模拟（大数据是人工智能的燃料），得出一定的结论，然而当时的数据量也严重不足。

近年来，在更强大的算力支撑下，通过大规模训练数据喂养的深度学习算法模型表现出更优异的效果，推动计算机视觉、语音识别等领域取得了重大的技术突破，使计算机在感知智能、计算智能等一些具体问题上已经达到甚至超越人类水平，比如在语音识别与合成、图

---

① 参考自 https://www.sohu.com/a/113058965_114822。

像识别等领域。2014 年，香港中文大学汤晓鸥教授团队发布 DeepID
系列人脸识别算法，准确率达到 98.52%，全球首次超过人眼识别率，
突破了工业化应用红线。根据易观数据，2009 年深度神经网络算法
被应用于语音识别领域时，语音识别准确率突破 90%，至 2016，年
百度、搜狗等头部公司都先后宣布其语音识别率达到了 97%。这一阶
段，人工智能开始呈现出一定的应用价值，逐步走向商业化。

在各行业人工智能发展进程中，AI＋或 AI 赋能成为传统行业智
能化升级与转型的一个基本模式，企业所面临的降低成本、提高效率、
安全保障等，都将显著受益于人工智能技术。人工智能被广泛应用于
大数据研判、运筹优化、智能风控、人机交互等生产活动的各个环节，
特别是在政府、金融、互联网、交通等行业的渗透率较高，人工智能
所发挥的价值已被验证并且正在进入规模化的阶段；在制造、能源等
行业也已经产生了一些标杆案例，有效地帮助企业实现降本增效。

通过图像识别、语音识别等模式识别技术完成感知层面的人工智
能，目前采用最多的算法是深度学习，深度学习算法是基于不同拓扑
结构的深度（网络）架构，可以利用一些开源框架实现与部署深度学
习算法，支持深度学习网络架构监督训练并催熟其训练。深度学习必
须具备五个条件：数据充足、确定性、完全的信息、静态、特定领域
的单向任务。决定人工智能应用创新有赖于大数据、算法、算力及应
用场景。

近年来问世的深度学习算法已不止 500 个，从下列 9 个深度学习
模型库所支持的深度学习模型来看，已多达 1 200 个：（1）脸书 PH
库支持 26 个模型；（2）谷歌 TH 库 148 个模型；（3）谷歌 TM 库 200
个模型；（4）IBM MAX 库 32 个模型；（5）微软 OMNX 库 45 个模

型；（6）新加坡 JingYK（个人）MZ 库 368 个模型；（7）Open Ⅴ IN 库 135 个模型；（8）Sebastian RK 库 86 个模型；（9）GLUON-CV 库 45 个模型。[①]

与过去传统的人工智能算法相比，深度学习算法能够训练更大规模的神经网络，从而解决更复杂的问题。而且随着数据规模的提升，规模越大的神经网络，深度学习算法表现出的效果越显著，所以深度学习算法作为一种强大的数据分析工具，是实现人工智能的路径之一。但是深度学习算法也存在明显的缺陷：首先，深度学习算法模型高度依赖于数据，数据规模、采集质量等都会影响所构建的模型与结果，许多行业样本数据不足，很难发挥深度学习训练的效果；其次，深度学习本质上是一项黑盒技术，其训练过程具有难以解释、不可控制的特点；最后，随着人工智能应用复杂度增加，需求量呈指数级增长，深度学习未能很好地适应行业需求的增长，所训练的模型越发超出人类理解的控制范围，在快速进行过程中极易偏离预设的轨迹，体现出的缺陷可能会带来一些意想不到的后果。

当下深度学习可解决一些问题，但不少问题还不能靠它来解决，比如当前人工智能技术落地所面临的一些较为突出的挑战：数据安全、行业技术诀窍（know-how）等。目前全球都在关注数据隐私、数据安全的问题，而深度学习算法模型则以数据为核心，如何保证数据易得但同时不会导致数据滥用的问题，是目前人工智能应用方需要解决的核心问题。进一步地，以庞大的数据为基础，如何与繁杂的行业相结合？这是人工智能发展至今所面临的核心问题，即对场景的理

[①]　参考自 https://blog.csdn.net/dQCFKyQDXYm3F8rB0/article/details/103344672。

解和行业的 know-how 该如何与深度学习算法相结合。具备顶尖人工智能技术的团队对行业的理解不够深刻，而具备行业理解的公司却无法保证技术的聚焦与领先性，两者的结合才是保证大规模商业化应用的核心，也是人工智能发展的前提与必备能力。此外，由于深度学习所形成的最终模型具有不可解释性，但在某些行业的生产环境中需要符合业务逻辑，这也造成了人工智能在部分行业的推广较为缓慢。

根据计算机所具备的能力，我们可以将其发展阶段划分为计算智能、感知智能、认知智能这三个阶段。（1）计算智能：计算机能够实现存储与计算，并作为传输信息的重要手段，比如在过去一段时间内，计算机最大的发展是将一切信息都尽可能地数字化，从早期的计算与文字，到发展至今的电商、娱乐等场景的数字化；（2）感知智能：计算机开始看懂与听懂，并能够做出一些判断及行动，比如 Siri 语音助手等；（3）认知智能：机器能够像人一样进行思考，并主动做出行动，比如在完全自动驾驶的场景下，汽车能够自己做出超车、转弯的行动等。

当前正处于以深度学习为代表，以语音、图像、视频识别预处理的感知智能，通过与产业进行深度融合，有望实现应用爆发式场景，从而激发更多技术与理论创新，促进人工智能努力走向具备理解、推理、解释的认知智能的阶段。而且随着大数据红利消失，以深度学习为代表的机器智能—感知智能水平也正在日益接近天花板。展望未来，人工智能如何突破深度学习算法走向新阶段？

人工智能在听、说、看等感知智能领域已达到或超越人类水准，但在需要外部知识、逻辑推理或者领域迁移的认知智能领域还处于初级阶段。实现认知智能是当下人工智能研究的核心，也是未来人工智能热潮进一步突破天花板、形成更大产业规模的关键。认知智能将结合人脑推理过程，进一步解决复杂的阅读理解问题、少样本的知识图谱推理问题，协同结构化的推理过程与非结构化的语义理解，以及多模态预训练问题。认知智能的出现使得 AI 系统可以主动了解事物发展的背后规律与因果关系，而不再只是简单的统计拟合，从而进一步推动实现下一代具有自主意识的 AI 系统。

目前人工智能专家正在努力探索的新算法也非常多样，比如脉冲神经网络硬件实现与类脑智能算法、将真脑（神经元）与脑外计算机相连的脑机接口算法、数据驱动与知识驱动相结合的认知算法、量子算法等。基于新算法，目前有三条比较主流的探索路径。

第一，从深度神经网络（或机器学习／深度学习模型）出发。深度学习是基于大数据的，需要将大量的数字输入机器供机器分析，而大脑是模拟的，所以将深度学习所产生的数字结论输入大脑，大脑是不识别的；反过来说，将大脑模拟的思维逻辑传到计算机中，计算机也是不识别的，所以采用深度学习算法技术难以做到脑机交互。这可能会导致深度人工智能所推演的逻辑将变得不可理解、不可解释，不能获得大脑的支持，很难创造出类似于人类的自主思维、创意与灵感。所以，这是从深度学习算法出发，将感知智能推向认知智能所面临的关键问题之一。在后深度学习时代，人工智能的发展需要知识，特别是符号化的知识，其核心为知识表示与确定性推理，未来将重点研发以知识驱动的机器智能—认知智能。

第二，从生物脉冲神经网络出发。与深度学习算法不同，生物脉冲神经网络采用了与人类大脑神经元网络相似的工作原理，包括在结构、特征、功能、机制等方面都较为相似，这使其在处理人类大脑意识处理上具备先天的优势。但是由于传统计算机主要采用的是冯·诺依曼计算架构，在神经形态计算出现后，必须把传统的冯·诺依曼计算架构转移到神经形态计算（类脑计算）架构上来，把目前采用的人工智能加速技术（AI 芯片）转移到神经网络拟态技术（芯片）上来（神经拟态芯片模拟人脑运作机制，主要采用异步脉冲神经网络），将会导致计算架构的大规模调整。此外，神经形态计算的研究和发展与神经科学紧密联系，研究人员需要结合神经科技的研究，进一步理解人类大脑神经元的生物特性与运作机制等，并设计出相应的传输机制与功效指标等。因此，目前对生物脉冲神经网络的研究还处于初级阶段，未来还需要结合人工智能与神经科学等学科的发展持续向前探索。

第三，从知识表示、驱动、推理，建设大规模语义网络出发。与深度学习算法基于数据不同，知识驱动的算法主要基于专家知识，建立在语义网络的基础之上。语义网络的发展过程是从自然语言处理系统到自然语言理解系统，再到大规模语义网络。20 世纪 80 年代中期启动了知识工程，21 世纪初又更新为新知识工程，新知识工程的重点是建设大规模语义网络（以提升知识图谱）。IBM 此前在医疗人工智能方向上走的就是这条路，IBM 认为，对人工智能最重要的能力是知识而非数据，他们探索知识表示、驱动、推理，以期医疗人工智能从不可理解、不可解释的感知智能阶段推向可理解、可解释的认知智能阶段。IBM 创始人沃森主张，在以知识表示、驱动、推理的路上，由大规模语义网络支持的认知智能目标将得以实现。但 IBM 在医疗方向上走的这条路未能成功，主要原因之一是大规模语义网络还不够完善，对于常识、专业知识、专家经验，机器是很难识别的。后

IBM 强调人工智能专家必须与临床医生结合，在疾病诊断时要取得共识。此外，要想通过知识推理达到人类智能还面临另一道难题：需要背景知识，这在学习与训练时是不可或缺的。整体来看，目前由知识推理将人工智能推向认知阶段仍然有一段路要走。

此外，20 世纪 90 年代以来，量子技术应用于信息的获取、存储、传递、处理、使用等过程中，形成了量子保密通信、量子计算模拟、量子精密测量等应用。随着第二次量子革命的出现，量子信息技术将促进感知、计算、存储、通信、应用等过程的一体化融合，以量子信息系统形态推动人工智能的发展（量子计算可作为突破深度学习的新算法出现）。2019 年 11 月 5 日，英特尔研究院院长理查德·A. 乌利格（Richard A.Uhlig）访华时谈到三大颠覆性技术：一是新型计算方式——量子计算、神经拟态、图计算、概率计算，这些都是非常重要的新型计算方式；二是硅光子技术；三是内存技术。[1]

二、感知需要深度学习，认知需要知识图谱

计算智能、感知智能、认知智能、决策智能，反映了机器智能化水平的不同发展阶段。以基于数据驱动的深度学习为代表的感知智能水平，随着大数据红利的消失日益接近天花板。下一阶段，人工智能的发展方向将是使机器从感知智能向认知智能升级演进。所谓让机器具备认知智能，是指让机器能够像人一样思考，体现在机器能够解释数据、解释过程、解释现象，体现在提升推理、规划等一系列人类所

---

[1]　参考自 https://zhidx.com/p/176087.html。

独有的认知能力上。

若能进入认知阶段，类脑认知计算将具有人类自主思维、意念、理解、思考、创意、灵感方面的特征。在人工智能感知阶段，单纯依靠数据驱动的深度学习算法技术，对于图形、图像、语音的识别，做的是比对；在人工智能的认知阶段，有赖于与数学、脑科学等结合，以实现底层理论的突破，需要建立大规模的知识库、研究知识表示，以及把知识、推理、数据结合起来。阿里巴达摩院也认为，在推动感知智能走向认知智能的过程中有两个要素非常关键，一个是算力与协同；另一个是从认知心理学、脑科学以及人类社会的发展历史中汲取更多的灵感，并结合跨领域知识图谱、因果推理、持续学习等研究领域的发展进行突破。因此，认知智能的实现需要知识驱动或者数据、知识双驱动。

知识图谱是知识驱动下实现认知智能的关键技术，有了知识图谱，就能进行计算机建模。知识图谱即大规模高级的 NLP，涉及知识抽取、表示、融合、推理、问答等关键问题，特别在理解、解释方面得到一定程度的解决与突破。只有通过知识图谱技术（有希望成为"大脑"）才能真正达到认知层面的人工智能。

知识图谱的发展始于 20 世纪 50 年代，分三个发展阶段：第一阶段（1955—1977 年）是知识图谱起源阶段；第二阶段（1977—2012 年）是知识图谱发展阶段，语义网络得到快速发展，开始对知识本体的研究，知识图谱吸收语义网、知识本体，在知识组织与表达方面的理念，使得知识更易在计算机之间以及计算机与人之间交互、流通与加工；第三阶段（2012 年至今）是知识图谱繁荣阶段，2012 年谷歌提出 Google Knowledge Graph，知识图谱才正式得名，谷歌通过知识图谱技术改善了搜索引擎性能，此后知识图谱得到了快速的发展。[①]

知识图谱其实是知识工程的一种技术体系，而且是大数据时代知识工程的代表性进展。20世纪七八十年代的知识表示也是知识工程的一种，它与今天的知识图谱有着本质差别，因此它们被大体划分为新旧知识工程两个阶段。

- 旧知识工程主要发展于20世纪七八十年代，它是通过在知识库提供资源或挖掘数据中的知识要素，或者对数据与知识进行转化；其算法、逻辑推理主要依靠深度学习算法或小规模语义网络（数理逻辑推理、持续线性）等。在这一阶段，知识工程的目标任务是使得机器实现感知智能。
- 新知识工程的发展是从2010年开始，它是通过知识库提供资源从中发掘知识与学习经验；在算法、逻辑推理的过程中，主要采用认知学习算法，或者大规模语义网络（沿NLP及BERT、MT-DNN、GPT2语言模型训练或经语料库微调，沿语义网络/语言模型新的逻辑推理，呈非线性、跳跃）。其核心目标任务是帮助机器完成的人工智能任务具有可理解、可解释能力或者进一步使其实现认知智能。

技术发展阶段不同，新老知识工程之间的区别也非常显著，其差异主要在于两个方面。一方面，旧的知识工程是从已知数据中获得已产生的规则，脱离人的认知环境；而新的知识工程是从新产生的数据

---

① 参考自 https://blog.csdn.net/dQCFKyQDXYm3F8rB0/article/details/104017017。

中挖掘、调整规则，以知识为基础的规则是创造性、跳跃式的，新的知识工程是关注具身（embidument）的人工智能，即与身体场景有直接关系，要求关注人际关系，形成人际共识。这一点在某些场景中非常重要，比如在医疗场景中，人工智能所研发出的新理论、新算法需要与临床医生在取得共识的基础上的处置相结合，也要处理好医患关系，比如要让患者参与决策。另一方面，在算法、逻辑推理过程中，需要使用的语义网络规模差别较大，旧知识工程阶段主要是采用小规模的语义网络进行数理逻辑的推理等工作，进入新知识工程即知识图谱的阶段，则可以采用大规模语义网络，进行语言模型的逻辑推理。所以，这也是 2012 年谷歌提出知识图谱以来，知识图谱技术发展很快的核心原因。

进一步地，我们从知识图谱的核心技术链来进行拆解，其主要包括以下几个步骤：首先是从多元异构数据中获取知识，比如从数据中提取知识要素，如概念、实体及其关系等；其次则是直接采集语言、文字、词句、篇章、网络、语义等自然语言，并完成数据与知识的融合、知识与实体的衔接，即完成知识融合；最后是在前述基础上将知识进行表示（类似于人类得到一定的经验）与知识推理（将所得出的经验进行持续的验证），并最终应用于行为决策中，即进行知识赋能。

从对上述知识图谱的技术链进行分析可以看出，知识图谱能够推动机器实现认知智能的两个核心能力要素在于理解与解释。因为人类是理解自然语言的，计算机是理解数字信号的，所以要想让计算机理解自然语言，就需要借助如 NLP 等函数来训练，提高机器对智能体的理解及解释能力。即需要为机器建立起从数据到知识库中的知识要素（包括实体、概念、关系）映射的过程，使其理解数据，并以此为基础对知识进行解释，从而实现应用。有了知识图谱，机器完全可以重现这种"理解"与"解释"的过程，也就是说，知识图谱完成从数据到知识的转化最终服务于智能应用的转变过程。因此，知识图谱让人工智能进入可理解、可解释的新阶段，并将成为解决机器人工智能问题的主要方式之一。

从感知走向认知要解决业务问题，从单个业务场景、单点单向业务向全流程演进，要建立统一的知识图谱，来实现知识融合推进人工智能落地。尽管 NLP 等技术已经取得了很大进步，但是其仍存在很明显的缺陷，即机器无法识别常识问题，要建立常识库非常困难。比如 IBM 在建设知识工程时，要求研发人员与现场的临床医生（或现场操作人员）进行沟通取得共识，以补充解决机器无法识别的常识问题，使人工智能真正进入认知阶段。

三、AI 赋能的仿生机器人、机器狗

随着感知智能向认知智能方向不断探索，目前也有各种仿生机器人不断涌现，呈现出不同的硬件样式，并且行为能力上开始朝着自主机器人的目标迈进，比如机器人、机器狗等。

1. 机器人

仿生机器人有六大系统，分别为驱动系统、机械结构系统、感知系统、环境交互系统、人机交互系统、控制系统机器人的执行机构，大体上对应于人的肌肉、四肢、视觉与听觉等感知器官、说话等输出系统、人的大脑等。仿真机器人与真人极为相似主要在于它的皮肤、

面部表情与如上的六大系统都模拟人类，越接近人类表明仿真机器人的技术能力越强。近来，由人工智能赋能的仿生机器人发展很快，有美女机器人、情感机器人等，与真人愈加相似。

亚马逊的 Alexa、苹果的 Siri、谷歌的"米娜"、Facebook 发布的"融合者"等是人工智能驱动下发展较快的一类仿生机器人，其中"融合者"发明的聊天机器人被称为"最像人类"的机器人。美国《财富》杂志网站在 2020 年 4 月 29 日报道，Facebook 研制了一种聊天机器人，可以进行长时间开放式对话，更像人类。将这种聊天机器人称为"融合者"，是因为它能"融合"成功对话所需的各种技能，包括扮演角色、讨论几乎任何话题与表达感情。它还可以利用谷歌的聊天机器人——"米娜"生成的对话进行测试，第三方评估者认为"融合者"比"米娜"优秀，因为"米娜"与亚马逊的 Alexa、苹果的 Siri 等机器人只能熟练地围绕一系列具体任务展开对话，如告诉你天气，或告诉你最近的邮局怎么走，而"融合者"与之不同，它被称为"开放域聊天机器人"，能够就任何话题进行对话。而且从对话效果来看，亚马逊的"土耳其机器人"服务平台招募的评委说：他们喜欢与"融合者"这款聊天机器人交谈，几乎与真人对话不相上下——这也表明这款机器人非常接近人类的水平。[①]

2022 年 1 月，机器人 Ameca 因为逼真的表情在 2022 年 CES 展览上走红，成为展览会上当之无愧的"网红"。Ameca 是由 Engineered Arts 设计推出的一款人形机器人，Engineered Arts 是一家总部位于英国的类人机器人设计与制造商，有 15 年以上的类人机器人开

---

① 参考自 https://m.gmw.cn/baijia/2020-05/03/1301197586.html。

发经验。2021 年，Engineered Arts 在 YouTube 上发布的一段影片展示了其最新推出的全新人形机器人 Ameca，视频中 Ameca 刚从睡梦中醒来，好奇地盯着自己的手臂，然后打量周围环境，像是刚来到这个世界，转过头发现有人居然在盯着自己，吃了一惊，然后友好地打招呼。这一系列动作自然而流畅，而且表情非常逼真。这段视频当时引起了全球的热议，很多网友都表示"西部世界又进了一步"。当然目前它也还存在缺陷，比如并不能够支持行走等。目前公司也暂未开放订购通道，预计它真正走入人群中还需要一些时间。

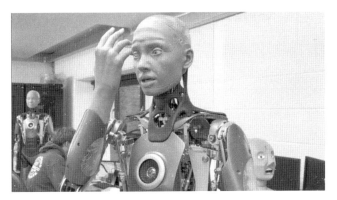

图 5-4　Ameca 好奇地盯着自己的手臂，表情非常逼真

资料来源：设计师安东尼奥·德·罗莎。

2. 机器狗

波士顿动力公司成立于 1993 年，专注于生产能走、能跑、能运东西的机器人，是全球范围内著名的机器人公司，旗下有类人机器人 Altas、大狗机器人 Spot、四足机器人 WildCat 等。波士顿动力公司成立几十年来曾三易其主，于 2013 年被谷歌母公司 Alphabet 收购，2017 年被转卖给软银，又于 2020 年 12 月被韩国现代汽车公司收购。

波士顿动力公司旗下的机器人此前主要面向美国军方，2020 年 6 月公司将大狗机器人 Spot 首次进行商用，售价为 7.5 万美元。^①大狗机器人 Spot 能走、能跑、能上楼梯，在被踢之后仍然能够自行调整，恢复正常站立姿态，甚至能够为同伴开门。根据媒体报道，2021 年波士顿动力为机器狗升级了 3.0 软件版本，它可以帮助 Spot 机器狗在没有人为干预的情况下完成工作，比如即使有人在前进路线上放置大障碍物阻挡，Spot 也能自动调整路线，平稳前进。

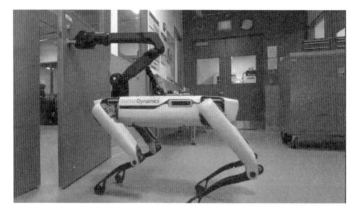

图 5-5　机器狗 Spot 开门

资料来源：设计师安东尼奥·德·罗莎。

在国内，南京蔚蓝智能科技是目前在机器狗领域发展较为领先的公司之一。公司于 2019 年向特定客户发布了世界上第一款四足机器人形态的个人机器人产品——阿尔法机器狗 AlphaDog，这是世界上第一台行走速度超过 3 米每秒的量产四足机器人，也是世界上第一个定位为通用型四足形态的个人机器人产品。2020 年初，蔚蓝再次正

① 参考自 https://baijiahao.baidu.com/s?id=1669719798963805407&wfr=spider&for=pc。

式发布阿尔法机器狗的升级版 C 系列、E 系列。[①] 阿尔法机器狗采用先进的软硬件技术架构、机械设计、智能算法、运动控制算法，能够实现丰富的运动功能，目前可实现九种步态，包括平衡站立、常规行走、常规小跑、自由小跑、小步快走、小步快跑、踱步、跳跑、奔跑等，同时具备推动恢复、侧向移动、摔倒自动翻身等能力，是一款较为成熟的四足机器狗。[②]

尽管"机器狗"的能力很强，但目前它们还无法与真实的动物相媲美，部分原因在于要直接从"真实的狗"身上学习或模仿，像它们一样做各种动作是很难的。通常狗的动作会被捕捉到，但对脚、关节等关键点要进行仔细追踪，这要求在训练过程中，研究专家要具有高度洞察力，对每一个技能进行冗长、细致的观察，不断调整。而且真实世界不是一个二维平面，也没有理想化的摩擦力规范，未经修正的模拟步态会让"机器狗"摔倒在地上，研究人员要在模拟中引入随机性元素，并通过学习适应这种随机性。目前"机器狗"的研发取得了很大成绩，但研究工作还在继续。[③]

如上面所介绍的，机器人与机器狗已经拥有非常接近人类的动作、行为与表情，但是从目前来看，上述各类机器硬件要完全达到人类的行为模式还有一段距离，其中最主要的原因是目前的机器硬件无法模仿人脑。

图灵奖得主朱迪亚·珀尔（Judea Pearl）在著文《为什么：关于因果关系的新科学》中谈到，对于人的三种不同层级的认知能力的区

---

① 参考自 http://www.weilan.com/about.html。

② 参考自 https://www.gg-robot.com/art-68640.html。

③ 参考自 https://blog.csdn.net/dQCFKyQDXYm3F8rB0/article/details/103343649。

分：观察（seeing）、行动（doing）、想象（imagining）。第一层是观察能力（依靠强大的判断能力形成经验，目前的深度学习算法仍处于这三层认知能力的第一层），第二层是干预能力（只有理解因果关系才能从第一层认知上升到第二层级），第三层是反事实能力（涉及人类的想象与反思能力，构建人类大脑的思考体系）。

我们目前处于第一层观察能力提升的阶段，正在通过知识图谱等技术实现向第二层干预能力的跃迁，那么当前面临的问题是什么？我们从信息输入与分析路径来看，首先信息的输入类型主要分为三种，分别是语言输入（包括词、句、文本）、图像输入（包括图像、视频）、数据输入（包括结构化数据、半结构化数据、非结构化数据）。三类输入方式分别基于不同的输入路径：（1）语言输入需要提炼知识要素，包括概念、对象及概念间的关系，进而抵达知识表示（节点、边、关联）。（2）图像输入则需要通过图神经网络转化为知识表示。这时以知识表示的语言输入与图像输入将进入知识存储——基于图结构存储中。（3）数据输入将进入知识存储——基于表结构存储中；随后语言输入、图像输入、数据输入都将直抵知识表示（节点、边、关联），以知识表示的上述三类输入在合成后进入知识推理（知识工程的逻辑系统，含因果推理），再进入知识建模（构建模拟大脑思维过程的系统，即构建归纳、抽象、创意等仿脑的认知计算机制）。自进入知识存储直至知识建模一直依托知识图谱（含机器学习/深度学习、大规模语义网络、因果推理、人机交互等）为平台。所以从这个路径来看，现在的问题是：构建模拟大脑思维过程的系统，即构建归纳、抽象、创意等仿脑的认知计算机制尚未得到解决。

四、AI 让硬件知彼知己，心中有底

潘云鹤院士认为：人工智能走向 2.0 的本质原因是人类世界由二元空间（P，H）变成三元空间（P，C，H），"知彼知己，心中有底"。

智能硬件是信息世界与物理世界互动的界面和工具，软件是最佳化算法训练下能够解决某一具体任务的神经网络架构。1980 年乔布斯时代以来，越来越多软件正在整合到硬件中。当硬件不只是提供引擎功能，当软件不仅仅是运行的一个程序，硬件即走向普遍存在、情感感知、超连接性（连接其他设备、连接物理世界、连接各种通信渠道），即干掉屏幕，成为身体的衍生品，甚至独立成可以顺畅交互的独立产品。在通用 AI 技术及平台的趋势下，AI 让硬件说话，将走向万物皆可触景深析的时代——新硬件主义时代。新硬件主义时代源自美国，是以强大的软件技术、互联网、大数据为基础，以极客与创客为主要群体，以硬件为表现形式的一种新产业形态。区别于计算机硬件，新硬件主义是一切物理上存在的，在过去的生产与生活中闻所未闻、见所未见的人造事物。全球科技巨头均有这一方向的些许思路或想法。

- 腾讯 Robotics X 实验室及腾讯 AI Lab 负责人张正友博士曾介绍：腾讯将人工智能（AI）、机器人（RoBotics）和量子计算（Quantum Computing）的全新 ABC 组合，腾讯 Robotics X 的主要任务是攻克 A 到 G 的 7 大技术突破点：一是攻克 "ABC" 基础能力，即人工智能（AI）、机器人本体（Body）与自动控制（Control）；二是探索 "DEFG" 机器智能，包括进化学习（Developmental Learning）、

情感理解与拟人（EQ）、灵活弹性（Flexibility）等能力，最终实现成为人类守护天使（Guardian Angel）的终极目标。腾讯Robotics X 希望与学界和行业开放合作，共同创建人机共存、共创、共赢的未来，这个使命包括四个部分：增强人的智力，发挥人类体能潜力、关怀人的情感，最后通过人机协作，完成人类所需任务。其中，我们认为增强人的智力、关怀人的情感更多将实现于元宇宙的前半场；发挥人的体能潜力、实现人机协同预计更多显现于元宇宙的后半场。

- 微软 AI 发展致力于研究"可解释的 AI"领域。微软亚洲研究院副院长张益肇针对 AI、AI+ 的诸多应用评价：AI 技术不断发展重塑我们的生活与各行各业，并推动产业向数字化、智能化转变，通过与 AI 结合，金融、交通、医疗或为首批获利企业。我们常说 ABC，A——强大的算法（Algorithm），B——海量的数据（BigData），C——大规模的计算（Compute）。如何推动行业与 AI 结合？AI 赋能行业 ABCDE（五大关键因素），D——专业的领域（Domain），E——生态链（Ecosystem）。ABC 三大因素是 AI 的基石，也是数字化转型的基础，产业数字化转型还需 D——专业领域与 E——生态链两大关键因素，专业领域指任何 AI 落地的场景，需行业专家一起参与（如在 A+ 医疗方向，微软很多应用是与辉瑞等医药企业一起共同完成的）。除落地的场景之外，AI 在行业的发展还需要一个完善的生态链。

- 2019 年 9 月，谷歌声称已经达到"量子霸权"，打造出第一台能够超越当今最强大的超级计算机能力的量子计算机，能够在 3 分 20 秒内完成当今最强大的超级计算机 Summit 需要约 10 000 年才能完成的计算量。众所周知，当前人工智能产业发展的三大主要推动力为深度学习算法、大数据、云计算。量子霸权的实现，不仅可以大大加快深度学习计算的速度，提高深度学习的实时性，拓展深度学习的应用领域，促进人工智能产业化纵深发展，而且可以加快类脑智能等新型算法与技术的研究进程，推动人工智能向更高层次的跃迁。人工智能的发展可分为感知智能、认知智能、决策智能三个阶段，目前处于感知智能阶段，依靠深度学习算法，而欲进入认知智能阶段，则要依靠类脑计算，到未来决策智能阶段，业内判断需要量子计算来实现。[①]

AI 重塑硬件的前一步，是通用 AI 技术的成熟。人工智能领域进行的整合，视觉、语音、自然语言、强化学习等是完全独立的，当下都是基于机器学习，尤其是神经网络，虽然架构多种多样，但类似之处是，都在利用大规模数据集，都在进行神经网络的优化，最近两年，几乎所有领域的神经网络架构开始统一到 transformer，这一架构要么作为强大的基线，要么就是最先进水平，输入可以是词语序列、图块序列、语音片段、强化学习的（状态、行动、奖励）序列，可以接受任意种类的 token，是一种极简又灵活的建模框架。即使在同一领域（如视觉），过去在分类、分割、检测、生成等不同任务也有不小的差异，如今也都转到了同一框架。大脑皮层对其各种输入模式也有一个高度统一的架构，也许自然界也碰巧找到了一种类似的强大架构，并以类似的方式进行着复制，只在细节稍微做出些变化。这种神

---

① 参考自 https://blog.csdn.net/dQCFKyQDXYm3F8rB0/article/details/103727268。

经网络架构上的整合，会反过来聚合、集成软件、硬件、基础设施，并进一步加快整个人工智能的进展。倘若架构统一，芯片是可能做针对性优化的，类似图形计算针对 OpenGL 与 DirectX 的优化。科幻世界中的通用人工智能，可能距离我们真的不远了。

国际欧亚科学家院士、深圳市 AI 与机器人研究院副院长、IEEE Fellow 李世鹏在《万物互联、集智过人》演讲中，谈到从 IoT（物联网）到 AIoT（人工智能物联网）再到 IIoT（智物联网）的发展过程。[①] 我们认为物联网是初级阶段，IIoT 则是 AI 反向映射入现实物理世界时，AI 重塑现实物理世界的必然结果。在这个过程中，即元宇宙的后半场，AI 显现为新硬件形态——包括机器人。

我们特别关注 AI 在情感感知方向的进展，人类有多种多样情绪，可通过面部肌肉与器官移动完美表达出来，人类的表情提供了解他们情绪的窗口。但这种情感表达能力并非人类独有，根据外媒报道，美国加州理工学院神经学家大卫·安德森（David Anderson）等研究人员，使用机器学习算法，成功破译了实验室中老鼠看似难以理解的面部表情。研究人员表示，这项研究将帮助揭开情绪的神秘面纱，以及它们在大脑中是如何表现的。以此为例，人们在不断借助生物学、深度学习等方式的研究，去探索人类情绪变化的本质原因，因为只有在破解这种人类"情绪密码"的基础上，才能够更好地在新硬件形态上实现情绪表达能力的复现，从而使硬件更具有"人格"。[②]

---

① 参考自 https://www.toutiao.com/i6773753853239099918/?wid=1644925217431。

② 参考自 https://baijiahao.baidu.com/s?id=16632096202251 79513&wfr=spider&for=pc。

五、AI 与新硬件驱动下的全息社会

元宇宙不是现实物理世界的镜像，它开启数字文明时代，且一定会囊括现实物理世界。其囊括的具体路径，首先是以通用型硬件，将人承接入元宇宙这一新计算平台；其次是 AI 由执行一项任务进化为竣工用户的根本需要，创造出人更多的新需求；最后是 AI 以分布式的垂类新硬件显现在现实物理世界中，肢解通用型硬件的平台性地位。

社会是意志与行为的产物，元宇宙中的 AI 与现实物理世界中的新硬件，襄助甚至无限逼近于人的意志与行动。

为什么我们认为元宇宙会用 AI 与新硬件来重塑现实物理世界呢？现实物理世界是三维世界。元宇宙作为下一代计算平台，它脱胎于互联网、移动互联网这二维世界。元宇宙的定义，即用划时代的通用型新硬件入口来开启的三维数字世界，基于此，元宇宙与当下的现实物理世界是平行、横向的关系；互联网、移动互联网这二维的数字世界，是三维现实物理世界的投影。元宇宙与现实物理世界并行，科技的需求会指向元宇宙对现实物理世界的叠加，这种叠加，我们认为是对现实物理世界的重塑，重塑的过程即虚拟数字人显现为机器人、AI 显现为分布式垂类新硬件的过程。重塑完毕后，现实物理世界的"物"会被彻底重塑，以满足机器人与 AI（分布式垂类新硬件）在现实物理世界竣工用户（人）的根本需要；重塑的过程也伴随着人在现实物理世界的需求，由机器人与 AI（分布式垂类新硬件）的供给来决定。

此前论述中，我们已经深刻剖析了"供给决定需求"的成形脉络。着眼于当下，人的需求只有现实物理世界的需求（当下互联网、

移动互联网是现实物理世界的投影，人在互联网、移动互联网数字世界的需求，也是现实物理世界的投影）；进入元宇宙，习惯了供给决定需求的人，会被 AI、感官体验的增加供给出更多的需求。人习惯了更多的需求，AI 作为科技最前沿的表现形式，它的需求则会反向映射入现实物理世界。AI 叠加于现实物理世界，一方面，用它显现为新硬件或机器人的供给，来满足人在未来现实物理世界的需求；另一方面，AI 真正适配的是智能化、智联网化的操作环境——未来的现实物理世界。

AI 为何要叠加于现实物理世界？我们在《元宇宙大投资》中剖析了科技的需求，我们认为 AI 会反向映射入现实物理世界；从另一个角度看，有观点认为物质与信息均是能量波，而观测者是第三个能量波，来渲染物质与信息；观测者的内在认知就是它的频谱，决定了它能渲染出跟它相应的图像、相应的现实存在。当下现实物理世界的观测者是人本身，于是当下的物是人靠自己的认知渲染出来的现实物理世界的存在；元宇宙后半场，AI 反向映射入现实物理世界后，AI 作为观测者，会基于 AI 的认知来渲染跟它相应的图像、相应的现实存在。故，未来的现实物理世界是 AI 重塑过的，其中重塑的主要对象是"物"，重塑过程中的显现即分布式垂类新硬件（包括机器人）。

"全息宇宙理论"诞生于 20 世纪 80 年代。1982 年，在巴黎大学的一个物理实验室，科学家们发现在特定的情况下，如果我们把基本粒子，比如说电子，同时向相反的方向发射，它们在运动的时候能够彼此互通信息。这种现象让人感到惊讶的地方在于，粒子之间的通信联系几乎不需要时间间隔，这就违背了爱因斯坦的理论：没有任何通信速度能够超过光速，因为一旦超过了光速，就等于是能够打破时间的界限。这个现象令很多物理学家着迷，他们都试图用复杂的方法来解释这个现象，其中美国量子物理学家与科学思想家戴维·玻姆（David Joseph Bohm）抛出了一个非常大胆的想法：客观现实并不存在，尽管宇宙看起来具体而坚实，但其实它只是一个幻象，是一张巨大而细节丰富的全息摄影相片。这被称为"全息宇宙理论"。

　　为了解释这一理论基础，我们可以尝试设想一下：当你在鱼缸中只放入一条金鱼，将鱼缸用不透明的罩子罩住，只在两侧面分别开一个小孔。然后你透过这两个小孔观察鱼缸中的这条金鱼，可能在一个孔里，你会看到金鱼的尾巴，而在另一个孔中，你会看到金鱼的侧面。如果在一个孔里，你看到鱼在水平游动，在另一个孔里鱼似乎是静止不动，那么这时你会认为这是两条毫不相关的金鱼。但是如果继续观察这"两条"鱼，你会发觉二者之间存在着某种特定联系。当"一条鱼"转身时，"另一条"也会做出相应动作；当"一条鱼"面对前方时，"另一条"总是面对侧方，你是否会以为这"两条鱼"在互相沟通传信，所以才做相对应的运动？但事实显然并非如此，这"两条鱼"其实只是一条鱼的两个部分。所以回到上述实验室中所产生的那个现象，两个不同的电子，就算在无限远的距离，也能违背已知物理规律，互通感应，协同运作，那么它们是不是也像我们看到的那"两条鱼"一样，其实就是一个整体呢？透过这个实验进行大胆猜想，现实宇宙可能还有更高维度、更复杂的"超级宇宙"，我们其实都是宇宙中"无数条鱼"，阻止我们看到全貌的是那个不透明的"罩子"。从这个"超级宇宙"里观看我们所处的宇宙，实际上一切事物都是相互关联的，所有的基本粒子都不是分离的"独立部分"，而是更大整体的一个小片段。[①]

元宇宙进一步将世界推向三维立体化，并将借助 AI 这一强大的底层机制，更清晰地找出事物之间的关联。尽管可能短期内其发掘的关联也是不可解释的，但是透过全息宇宙理论，我们能够发现不仅仅是整体中包含局部，局部中也可能包含整体，在不断抽丝剥茧的过程中，社会将变得越来越可知，越来越趋向于全息社会。

元宇宙之前的现实物理世界，人是观测者，人的认知决定了现实物理世界的呈现；元宇宙是三维物理世界降维映射在互联网、移动互联网后又升维了人的其他感官体验，进而升维成三维。互联网与移动互联网完成了人的需求由"需求决定供给"到"供给决定需求"的转变。元宇宙中 AI 成为与人并肩的新生产要素，AI 作为元宇宙中的观测者，反向映射入现实物理世界后，渲染现实物理世界中的物质与信息，重塑一遍现实物理世界中的"物"，显现为各类新硬件。这时的新硬件只是显现形式，内核仍为 AI，新硬件作为质点，具足元宇宙与现实物理世界中的信息与它们的相互关系。当 AI 重塑了现实物理世界中的"物"，伴随着 AI 将从感知终将走向认知，社会运行将越来越趋于全息，即一切均可知、没有不对称。

如果说"以人为本"对个人的启示，是对"创造力与判断力"的重新认知，进而内化到个人的价值观与人生观中，去创作，去显现；那么"全息社会"对企业家的启示，也是要内化到企业的管理理念中，重启企业家自身以及整个企业的管理理念。

2010—2014 年制造业的"用工荒"，迫使大工厂五六十岁的厂长

---

① 参考自 https://zhuanlan.zhihu.com/p/452212722。

们，要经常组织并陪着年轻员工参加各式活动，增强认同感；而当 Z 世代进入职场，"一言不合就离职"，不少管理者感慨"00 后"比"90 后"还难管。

一代代年轻人越来越个性化，背后有社会、科技进步的诸多因素。在我们的框架中，新硬件主义是重塑现实物理世界，科技的进步会更快速，科技在元宇宙中会更加释放个人的个性化，进一步反向映射入现实物理世界并进一步迎合人的需求……直至全息社会的到来。

全息社会对企业家的挑战十分显著，一方面越来越多有创造力的个人会"企业化"，人才争夺的成本更高；另一方面对企业的经营模式（企业所处的产业链各环节预计将有巨大变化）、组织管理带来巨大挑战。

全息社会听上去仍然"很远"，但全息社会到来之前，社会层面的运行基本会呈现出全息社会的轮廓。就像元宇宙尚未真正到来（多数人觉得"还早"），但元宇宙的部分特征已经呈现在当下的现实世界中。如虚拟数字人在中国的发展如火如荼，如当下大品牌的代言人正在加速去选择有专业度、辨识度、影响力的"非明星"。

六、新硬件产业链未来的革新

根据定义，智能硬件是以平台性底层软硬件为基础，以智能传感互联、人机交互、新型显示及大数据处理等新一代信息技术为特征，以新设计、新材料、新工艺硬件为载体的新型智能终端产品及服务。新材料驱动下的新工艺的巨大创新空间，将驱动硬件未来的产业链革新。

新材料方面，预计未来会有极大的创新空间，如研发某种具有活性的液态金属，并以其为载体发展机器人或智能产品。清华大学刘静教授研发出一种具有某些"生命"特征的液态金属，如具有能"吃"（吞下铝箔），可"移动"（吃饱后就四处移动，动作还特别灵活，能转弯，能跳跃），还会"思考"（碰到拐弯或难以通过的地方还会停下来思考一下）等某些"生命"特征。这种液态金属应用前景广阔，如制作智能马达、血管机器人等。

新工艺方面，预计有重塑的可能性，如3D打印这一增材制造的工艺。3D打印的技术名称为"增材制造"（Additive Manufacturing），简单来说，是把数据与原料放进3D打印机，用程序控制物质的形状、构成，将材料逐层堆积后制造出实体物品。传统制造业采用的材料加工技术多为"减材制造"，即通过切削原材料生成新产品。1986年，美国科学家查克·赫尔（Chuck Hull）发明了第一台3D打印机，开启了该技术在业内的广泛应用。2012年，《经济学人》杂志在封面报道中重点讨论了3D打印技术，并将其称为能引发"第三次工业革命"的众多突破之一。2015—2016年是行业热度的最高峰，据市场调研机构艾媒咨询发布的数据，2016年，中国3D打印市场的规模约为109亿元，同比增长了38%。但2015年这一轮的3D打印潮流，受限于精密程度，只能打印外壳等大物件，打印精密程度较高的内部构造则会有具体参数的明显错误。2020年以来的新冠肺炎疫情让3D打印技术再次回归大众视野。面对医护物资短缺问题，一些设计师、制造公司利用这项技术制作防护面罩、护耳夹、呼吸阀中的关键部件，3D打印一时成为救场奇兵。

与传统制造相比，3D打印更适合于机器人等硬件的制造，原因在于传统制造的优势在于规模化生产，通过将大规模的产品尽可能分割为标准化组件，然后在流水线上进行批量生产从而降低成本，但会产生一定的成本。而 3D 打印采用增材制造方式，通过打印的方式直接成型，因此省去了传统制造业中原材料、零部件的生产运输与组装环节，能够节省劳动力与运输、物流成本，但每次开模可能面临较高的成本，因此适合生产个性化、定制化的产品以及高边际收益的产品。[①]

新设计方面，是目前智能硬件正在发力的方向，尤其是未来的分布式垂类硬件，这也是我们本书所推演的核心关键。我们认为随着元宇宙世界对人类情感需求的放大，将会衍生出非常多的垂类硬件来承接人类的情感需求或者是数字人的情感需求，这也是未来科技巨头可能面临的机遇与总决战的方向之一。我们拭目以待的同时，呼吁中国企业特别关注分布式垂类硬件的创新，我们认为这是中国胜率更高的发展方向。

---

① 以上关于 3D 打印的内容参考自 https://baijiahao.baidu.com/s?id=17035054586148509 55&wfr=spider&for=pc。

第六章

新硬件时代的中国优势

元宇宙是新一代计算平台，入口级通用型硬件是划时代的硬件，这就决定了元宇宙与新硬件入口，都是前沿探索，取决于边际进步。

中国要在科技前沿的边际进步上建立起话语权还有很长的路要走。我们需要盘点一下中国在硬件大方向上的优势，这些优势在本书建立的完备框架中能否有赔率更高的适配？

有的。在垂类硬件与 AI 的方向上，中国的赔率应该是明显高于硬件入口与芯片的。

而数字经济，主要是应用层面的纵深及规模，中国是这个大逻辑上全球最肥沃的土壤。用数字化的方式把全社会都升级一遍，完整经历了改革开放 40 年的当代中国，无疑是最有经验的。

第一节　硬件产业链

中国过去 40 年的经济高速发展，创造了人类历史上的奇迹。纵观当今世界的国力对比，中国与西方国家之间（主要为美国）的差距正在缩小。我们在《元宇宙大投资》一书中，强调了中国在下一代科技投资趋势中的优势地位，中国真正能够顺应产业与科技发展趋势而实现弯道超车的领域，大概率是与高端制造、智力资源方向相关，具体提到了智能硬件产业链、新能源汽车产业链、内容创意等细分领域。

在本书中，我们更加聚焦硬件这一角度，去分析未来中国产业的发展趋势。当下中国在硬件上，呈现以下几点发展特征：（1）宏观层面，中国高端制造业正在崛起；（2）中观层面，聚焦细分产业来看，硬件产业链的配套是中国一直擅长的环节，中国越来越深度参与产业链的高附加值环节（如芯片、显示面板等），国产替代趋势明显；（3）自主智能硬件品牌崛起，越来越多地输出到国外市场。

一、中国高端制造业加速崛起 [①]

2021 年 12 月 14 日，高善文博士在安信证券 2022 年度投资策略会发表了主题演讲《沉舟侧畔千帆过》，分享了过去 10 年中国经济

[①] 本部分内容参考自高善文博士在 2021 年 12 月 14 日安信证券 2022 年度策略会上的演讲，https://mp.weixin.qq.com/s/wzcOfVF8sHS94RDYkYGMw。

结构转型的成效，通过研究工业企业与上市公司的结构变化，发现过去10年在传统制造业衰落的同时，新型服务业与高端制造业正在兴起。

通过人民币汇率与中国出口的表现来观察中国工业部门国际竞争力的变化。人民币汇率方面，剔除了通货膨胀与美元币值波动的影响后，在过去10年的时间里，人民币实际有效汇率大幅上升，累计升值幅度接近30%，年均升值幅度超过2%，处于正常偏快水平；中国出口表现上，无论是中国的全部出口在全球市场的份额，还是中国的工业品在全球市场的份额，在过去10年总体上均呈上升趋势。

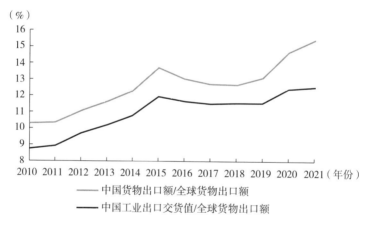

注：2021年数据截至2021年9月，工业企业出口交货值以2010年的绝对值为起点，通过同比增速推算后续每年的绝对值。

图 6-1　2010—2021 年中国出口额、工业出口交货值
占全球市场的份额

资料来源：Wind，高善文经济观察。

综合以上两点因素，过去10年的时间里，人民币汇率在不断升值，同时中国在全球市场的出口份额不断上升，这说明这段时期中国工业的全球竞争力在不断增强。中国工业出口竞争力的提升主要源于竞争力比较强的部门增长快，竞争力弱的部门被淘汰，前者的影响超过后者。

如何从微观的角度去观察是哪些细分领域的出口竞争力得到了提升？为了看清楚中国产业结构的变化以及竞争力上升的来源，高善文博士对所有细分行业的市场份额的提升进行了高中低的排序与归类，结果如表6-1所示，其中表格中靠上的部分显示行业的出口份额或竞争力在提升，靠下的部分显示行业的出口份额或竞争力在下降，依次分为高增长组、中增长组与低增长组三大类。低增长组本质上就是将要被淘汰的行业，是一些夕阳产业；高增长组是新兴产业或者是朝阳产业；中增长组是支柱产业或者是比较成熟的产业。

然后从增加值与资本开支的视角进一步观察。

第一，增加值视角。

观察不同组别的工业增加值情况，2015年是一个明显的分水岭。在此之前，这些行业的增幅是比较接近的；在此之后，高增长组的增速明显地快于中、低增长组，由此带来在工业增加值的组成结构上，2015年以后高增长产业的占比大幅提升。

具体来看，2015年以后低增长组的占比从46%下降至41%，而高增长组的比重从26%上升至31%，两者之间的差距缩小了约10个百分点。但是在当下的绝对水平上，低增长组仍然比高增长组高出约10个百分点。

如果我们以此作为评判的标准，可以观察到过去10年，特别是过去5年，中国的工业结构经历了快速的转型，但是现在仍然是由传统的产业来主导，新兴产业的比重比传统产业的比重仍然要低10个百分点。

表6-1　2012—2019年出口交货值分行业占比情况（%）

分组	制造业分行业出口交货值占比	2012年	2015年	2019年	2019年减2012年
高增长组	计算机、通信和其他电子设备制造业	39.4	40.2	45.2	5.9
	石油、煤炭及其他燃料加工业	0.3	0.4	1.3	1.0
	电气机械及器材制造业	8.6	8.4	9.2	0.7
	专用设备制造业	2.3	2.6	2.8	0.4
	汽车制造业	2.6	2.6	3.0	0.4
	金属制品、机械和设备修理业	0.2	0.2	0.3	0.2
	印刷和记录媒介的复制业	0.3	0.4	0.4	0.2
	家具制造业	1.3	1.5	1.4	0.1
	医药制造业	1.1	1.1	1.1	0.1
	废弃资源综合利用业	0.0	0.0	0.0	0.0
中增长组	化学纤维制造业	0.4	0.4	0.4	0.0
	烟草制品业	0.0	0.0	0.0	0.0
	酒、饮料和精制茶制造业	0.2	0.2	0.2	0.0
	食品制造业	0.9	1.0	0.9	−0.1
	仪器仪表制造业	1.0	1.1	1.0	−0.1
	造纸及纸制品业	0.6	0.5	0.5	−0.1
	有色金属冶炼及压延加工业	1.0	0.9	0.9	−0.1
	其他制造业	0.5	0.4	0.4	−0.1
	通用设备制造业	4.5	4.2	4.4	−0.1
	非金属矿物制品业	1.7	1.6	1.4	−0.2
低增长组	金属制品业	3.1	3.2	2.9	−0.2
	橡胶和塑料制品业	3.3	3.1	3.0	−0.3
	文教、工美、体育和娱乐用品制造业	3.2	3.8	2.9	−0.3
	木材加工及木、竹、藤、棕、草制品业	0.7	0.7	0.4	−0.3
	皮革、毛皮、羽毛及其制品和制鞋业	2.9	3.1	2.5	−0.4
	化学原料及化学制品制造业	3.5	3.5	3.1	−0.4
	黑色金属冶炼及压延加工业	2.2	2.1	1.4	−0.8
	农副食品加工业	2.6	2.5	1.9	−0.8
	纺织业	3.6	3.2	2.3	−1.3
	纺织服装、服饰业	4.3	4.3	2.9	−1.4
	铁路、船舶、航空航天和其他运输设备制造业	3.7	2.6	1.6	−2.1

资料来源：Wind，高善文经济观察。

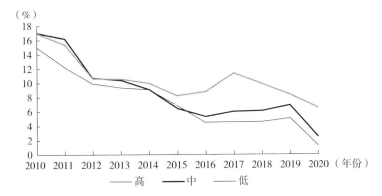

注：按照2010—2019年出口交货值占比提升的水平，把制造业行业划分为3类，高增长组为占比提升最高的前1/3（10个）行业。

图6-2　2010—2020年出口交货值分类下的工业增速

资料来源：Wind，高善文经济观察。

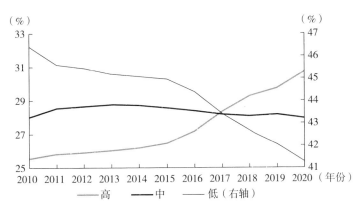

图6-3　2010—2020年出口交货值分类下的工业增加值占比

资料来源：Wind，高善文经济观察。

第二，资本开支视角。

从资本开支占营业收入比重的数据来看，2015年之前不同组别的表现大致相近，但此后高增长组的资本开支/营业收入要高得多。由此产生的结果是，高增长组的资本开支的占比大幅提升，在当前整个工业的资本开支中占比约 50%，而低增长组则在 30% 以下。

从资本开支的角度来看，中国工业经济结构的转型无疑走得更快。

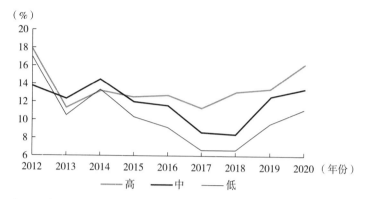

注：由于统计局工业企业数据中没有现金流量表数据，因此用"非流动资产每年的变化值（这一期减去上一期）+ 折旧"来指代当期的资本开支。

图 6-4　2012—2020 年出口交货值分类下的资本开支 / 营业收入

资料来源：Wind，高善文经济观察。

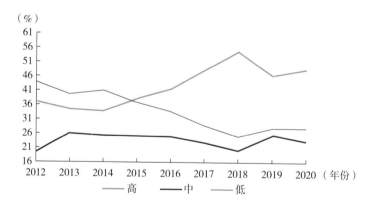

图 6-5　2012—2020 年出口交货值分类下的资本开支占比

资料来源：Wind。

从固定资产投资及新增资本的角度来看，中国整个经济结构的转型已经完成过半，因为在新增的固定资产和新增的投资之中，新兴产业的比重已经超过了 50%。

转型并未完成，但是转型已经过了标志性的分水岭，现在在新增的固定资产之中，主导性的力量是新兴产业，但是在工业增加值之中，新兴产业的占比仍然要略低一些。

二、中国企业深度参与产业链的核心环节

从其他国家的经验来看，1968 年、1991 年以后，日本、韩国的经济结构也分别经历了非常明显的转型，这两个国家转型的一个特别明显的标志是汽车行业的崛起。因此，10 年之前存在着一种广泛的观点，认为未来中国经济结构转型的方向是高端制造业，比如汽车、工程机械、数控机床、精密仪器等方向，因为历史上其他经济体的转型都是朝着上述方向，但以截至目前的中国数据来看，这种情况似乎没有出现。

不同于日韩的发展路径，在中国的转型历程之中，以工业数据中行业出口交货值占比的变化来看，中国的产业升级大约有 70% 发生在计算机、通信与电子设备制造领域。

横向来看，在全球复杂而庞大的电子制造产业链中，中国仍大体处于组装、配件等产业链下端，产业链上端仍主要集中在少数发达国家手中。纵向来看，沿着庞大的电子制造产业链，中国正在快速向上攀爬。

为什么中国产业的转型升级主要集中在电子制造领域？原因也许是：中国在发展过程中，深度参与了跨国企业主导的生产过程的全球化，迅速成为世界工厂与全球供应链的关键组成部分，在产业链的中

低端发展了庞大的制造、组装与配件供应体系，这与日韩的发展路径区别很大。

此外，在过去 10 年中，以移动互联网的兴起为标志，电子制造业经历了快速的技术迭代，依托庞大的供应链，中国企业有机会实现弯道超车。从智能手机及其配件、新能源与电动汽车等领域看，中国企业总体上抓住了这样的机会。

以上是从工业数据的角度来观察中国的经济结构转型，另外，高善文博士也从 A 股上市公司的数据角度，再次对中国经济的结构转型进行观察，沿着对工业数据进行处理的类似思路，将上市公司数据分组。在样本可比的情况下，高博士对过去 10 年上市公司营业收入的长期增速从高到低进行排序，在颗粒度上精确到 110 余个二级细分行业（排除了金融与房地产行业）。如表 6-2 所示，左侧的行业是高增长组，中间是中增长组，右侧是低增长组。

表 6-2　2010—2019 年申万二级行业营业收入算术平均增速（可比口径，%）

高增长组	营收增速	中增长组	营收增速	低增长组	营收增速
软件开发	32.03	饰品	15.97	铁路公路	11.10
医疗服务	30.14	白色家电	15.84	造纸	11.09
互联网电商	29.45	中药Ⅱ	15.44	出版	11.08
游戏Ⅱ	26.75	旅游及景区	15.14	化妆品	10.89
光学光电子	24.68	风电设备	15.09	农化制品	10.69
影视院线	23.68	通用设备	14.99	包装印刷	10.55
电池	22.64	化学纤维	14.96	炼化及贸易	10.52
装修装饰Ⅱ	21.26	化学制品	14.86	基础建设	10.46
能源金属	21.21	黑色家电	14.82	通信设备	10.38
广告营销	20.97	专业连锁Ⅱ	14.78	煤炭开采	10.38
自动化设备	20.93	非金属材料Ⅱ	14.73	调味发酵品Ⅱ	10.20

续表

高增长组	营收增速	中增长组	营收增速	低增长组	营收增速
医疗器械	20.89	电机Ⅱ	14.72	航空机场	10.17
物流	20.57	汽车零部件	14.71	焦炭Ⅱ	9.66
计算机设备	20.19	厨卫电器	14.67	航天装备Ⅱ	9.39
乘用车	20.05	装修建材	14.34	动物保健Ⅱ	8.63
其他电子Ⅱ	20.02	综合Ⅱ	14.23	纺织制造	8.55
航运港口	19.92	元件	14.14	航空装备Ⅱ	8.47
半导体	19.81	教育	13.72	专业工程	8.32
饲料	19.55	工业金属	13.69	电视广播Ⅱ	8.19
IT服务Ⅱ	19.55	养殖业	13.26	汽车服务	7.81
个护用品	19.49	工程机械	13.16	轨交设备Ⅱ	7.56
消费电子	19.33	塑料	13.09	电力	7.41
生物制品	19.20	化学制药	13.00	通信服务	7.20
工程咨询服务Ⅱ	18.92	家居用品	12.81	地面兵装Ⅱ	7.13
光伏设备	18.74	农产品加工	12.80	一般零售	7.09
白酒Ⅱ	18.55	贸易Ⅱ	12.74	油服工程	5.94
军工电子Ⅱ	18.52	食品加工	12.58	专用设备	5.81
环境治理	18.44	燃气Ⅱ	12.53	普钢	5.51
医药商业	18.16	酒店餐饮	12.51	商用车	5.31
小金属	17.87	玻璃玻纤	12.49	其他电源设备Ⅱ	5.28
金属新材料	17.76	化学原料	12.35	种植业	5.28
数字媒体	17.72	饮料乳品	12.04	特钢Ⅱ	4.31
水泥	17.35	电网设备	11.90	摩托车及其他	3.65
环保设备Ⅱ	17.34	服装家纺	11.79	非白酒	2.99
橡胶	16.75	家电零部件Ⅱ	11.75	冶钢原料	0.29
文娱用品	16.28	渔业	11.48	航海装备Ⅱ	−0.55
贵金属	16.00	小家电	11.30	油气开采Ⅱ	−1.78

注：选取申万2021年更新的134个二级行业，对每年的公司样本进行固定后，对2010—2019年每一年的营业收入增速进行算术平均；高、中、低三组数量均为37个，共111个；其中，剔除了金融与地产、医美等（数据时间较短或行业营收规模较小）数据点。

资料来源：Wind，高善文经济观察。

同时，基于分类数据的表现，对行业进行归类，如表 6-3 所示，可以发现中国经济转型的特征。

表 6-3　不同营收分组内的进一步行业归类

高增长组	类别	中增长组	类别	低增长组	类别
光学光电子	高端制造业	通用设备	高端制造业	航天装备Ⅱ	高端制造业
自动化设备		电机Ⅱ		航空装备Ⅱ	
医疗器械		元件		轨交设备Ⅱ	
计算机设备		化学制药		专用设备	
其他电子Ⅱ		饰品	传统制造业	航海装备Ⅱ	
半导体		白色家电		造纸	传统制造业
消费电子		风电设备		化妆品	
生物制品		化学纤维		农化制品	
光伏设备		黑色家电		包装印刷	
军工电子Ⅱ		非金属材料Ⅱ		基础建设	
电池	传统制造业	汽车零部件		通信设备	
能源金属		厨卫电器		调味发酵品Ⅱ	
乘用车		装修建材		纺织制造	
饲料		综合Ⅱ		专业工程	
白酒Ⅱ		工程机械		地面兵装Ⅱ	
小金属		塑料		其他电源设备Ⅱ	
金属新材料		家居用品		摩托车及其他	
环保设备Ⅱ		农产品加工		非白酒	
橡胶		食品加工		炼化及贸易	
贵金属		燃气Ⅱ		煤炭开采	
水泥	高耗能制造业	玻璃玻纤		焦炭Ⅱ	
软件开发	生产型服务业	饮料乳品		电力	高耗能制造业
广告营销		电网设备		油服工程	
物流		服装家纺		普钢	
航运港口		家电零部件Ⅱ		特钢Ⅱ	
工程咨询服务		小家电		冶钢原料	
环境治理		化学制品	高耗能制造业	油气开采Ⅱ	

续表

高增长组	类别	中增长组	类别	低增长组	类别
医疗服务	生活型服务业	工业金属	高耗能制造业	铁路公路	生产型服务业
互联网电商		化学原料		出版	
游戏Ⅱ		中药Ⅱ	生产型服务业	航空机场	
影视院线		贸易Ⅱ		通信服务	
装修装饰Ⅱ	生活型服务业	旅游及景区	生活型服务业	动物保健Ⅱ	生活型服务业
IT服务Ⅱ		专业连锁Ⅱ		电视广播Ⅱ	
个护用品		教育		汽车服务	
医药商业		酒店餐饮		一般零售	
数字媒体		养殖业	第一产业	商用车	
文娱用品		渔业		种植业	

注：高端制造业、高耗能制造业、生产型服务业、生活型服务业均参照国家统计局定义。

资料来源：Wind，高善文经济观察。

第一，在高增长组中，按照增加值来计算，大约有一半的行业是服务业/新型服务业，一半是制造业。而在中低增长组中，服务业占比极低，制造业的占比达到90%。这反映出，在经济转型过程中，一个非常重要的特征是新型服务业的快速兴起。预计这主要是由收入增长带来的需求变化，以及技术的变革共同驱动的。例如医药、影视院线、文化娱乐等行业的增长可能与收入提高后需求的变化密切相关，而诸如新媒体技术、游戏等行业的快速增长，则与技术的变革、移动互联网的深入普及等相关。

第二，在高增长组中，就制造业的构成而言，大部分是高端制造业，而中低增长组里高端制造业的占比相对较小。从高增长组中制造业的构成看，存在两个显著的特征：一是很多细分制造业与工业分类中的电子制造存在密切联系，比如半导体、消费电子、计算机设备、光学光电子等；二是不少细分行业与经济的绿色低碳转型存在关联，比如电

227

池、光伏、能源金属等。以上无疑都是正在出现重大技术变革的领域。

大体而言，与工业数据的特征类似，就上市公司的数据来看，似乎也可以看到这样的特征，即中国企业在成熟行业里沿着价值链向上攀爬的成绩不是很明显，但是在出现了重要技术变革的领域里能够实现弯道超车。

综合工业数据与上市公司数据来看，在过去10年尤其是过去5年中，中国的经济结构转型非常迅速，转型集中于计算机、通信与电子设备制造领域。一是源于中国最开始处于这一庞大供应链的偏下端，然后沿着价值链向上快速攀爬，但是远没有达到最顶端，中国庞大的生产能力构成全球供应链的重要部分，仍有巨大的攀升空间；二是源于这些领域在过去十几年中，一直在经历快速的技术革命与技术迭代，为中国企业创造了越来越多的弯道超车的机会。

未来10年，由于国内人均收入会有大幅度的提升，现代服务业转型在需求端还远远没有见顶，而高端制造业正继续攀爬。另外，我们正处于元宇宙这新一轮的技术变革当中，国际政治经济环境也出现了一些新的变数，面临挑战的同时也有非常大的机会。

具体以苹果产业链为例，硬件的配套产业链是中国一直擅长的环节。苹果的崛起在很大程度上也带动了上下游电子产业链的快速发展，即这些年围绕苹果产业链的公司受益性非常强。从产业链价值分布来看，苹果系列（iPhone、MacBook、iPad等）一直以来是全球代工的经典产品，即苹果负责产品设计、核心处理器研发、技术监控与市场销售，而大部分的生产、加工环节都以委托生产方式外包给全球各地的制造商。

依托庞大的供应链体系与快速的技术迭代，中国也有很多企业处于苹果产业链之上，且越来越接近高附加值环节。从数量上看，在苹果前

200 家全球供应商名单中，中国供应商数量持续增长。2017—2020 年中国大陆/中国台湾供应商分别为 27/42 家、34/51 家、41/46 家、48/46 家，占比分别为 14%/21%、17%/26%、21%/23%、24%/23%，2020 年中国大陆及台湾供应商占比合计达到 47%。

　　从价值链的角度看，在消费电子产品零部件中，最有价值或者说最受关注的产品是以下六类：显示面板、各类半导体器件（内存、闪存、处理器、分立器件等）、摄像头模组、功能器件（声学器件、振动马达、滤波器等）、被动元件（电阻、电容、电感等）、结构件（玻璃盖板、金属中框、连接器、电池、印制电路板等）。早期中国厂商主要参与价值链中较低的组装环节，近几年逐渐向价值链较高的零配件、相对比较低端的芯片、显示面板等环节渗透。比如显示面板领域，显示面板是手机、平板电脑与笔记本电脑上较为昂贵的部件，此前苹果手机面板的主要供应商为三星、LG 等韩国企业，但 2021 年中国面板龙头京东方成为苹果 iPhone 13 系列产品的主要 OLED 面板供应商，而三星、LG 的订单份额则相应减少。

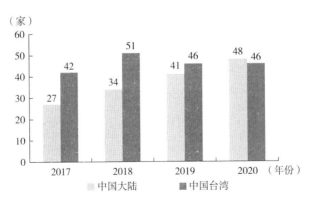

图 6-6　2017—2020 年苹果前 200 家供应商中国厂商数量

资料来源：苹果官网。

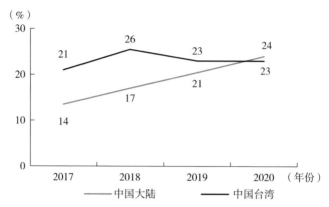

图 6-7　2017—2020 年苹果前 200 家供应商中国厂商占比

资料来源：苹果官网。

三、自主品牌的崛起与海外输出

在全球代工领域，中国电子制造业迅速发展，且越来越深度参与产业链中的高附加值环节。除此之外，国内自主品牌也在崛起，仍以智能手机产业为例，国内智能手机厂商开始产生全球影响力，如华为、小米在海外市场快速扩张，对其他国家的产业构成强大的压力。

国产手机核心零部件的国产化率越来越大。从电子行业的供给端而言，近两年国内面板、LED、被动元件等上游厂商产业地位崛起；半导体设备、激光设备、机器视觉等领域本土竞争力开始显露。如华为 Mate X 核心 IC 采用的是麒麟 980 + 巴龙 5000 解决方案，以及京东方的柔性屏；中兴 Axon 10 pro 采用维信诺的柔性屏；小米的双折叠手机同样采用维信诺的柔性屏等。

从行业的需求端而言，国内智能手机品牌企业在下游需求端已经确立起部分优势，在 3C 产品（计算机类、通信类和消费类电子产品的统称）伴随下成长的"80后""90后"逐渐成为主力消费群体，他们对3C的消费意愿、对创新产品的尝鲜意愿更强。国产智能手机品牌，如华为、小米、OPPO、vivo等品牌，过去10年获得了快速成长，根据互联网数据中心（IDC）数据显示，2020年全球前五大智能手机厂商为三星、苹果、华为、小米、vivo，中国厂商占据三席，其中华为以14.6%的市场份额，略低于苹果15.9%的市场份额。

小米是"走出去"非常成功的国内硬件终端品牌代表。2017年，小米开始大力拓展海外市场，此时海外收入占比仅28.0%；2018—2019年加速拓展，海外收入占比达40%以上；2020年第三季度，小米的海外市场收入首次超越了国内市场，"手机＋AIoT"核心战略在全球三大市场的欧洲、印度以及其他新兴市场取得显著成效。2021年第三季度小米硬件的海外用户数大幅增长，截至2021年11月22日，全球MIUI 30天月活用户数突破5亿；2021年初至今，全球MIUI新增月活用户约1亿，其中国内月活用户增长1 865万，意味着第三季度小米在海外实现了约8 000万的用户增长。

表6-4　2020年全球前五智能手机厂商的出货量、市场份额、同比增幅

厂商	2020年全年出货量（百万台）	2020年全年市场份额（%）	2019年全年出货量（百万台）	2019年全年市场份额（%）	同比增幅（%）
三星	266.7	20.6	295.8	21.6	−9.8
Apple	206.1	15.9	191.0	13.9	7.9
华为	189.0	14.6	240.6	17.5	−21.5
小米	147.8	11.4	125.6	9.2	17.6
vivo	111.7	8.6	110.1	8.0	1.0
其他	371.0	28.7	409.5	29.8	−9.4
合计	1 292.2	100.0	1 372.6	100.0	5.9

资料来源：IDC。

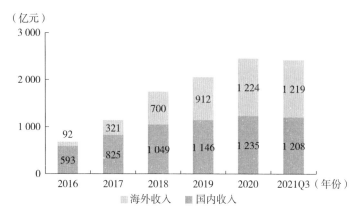

图 6-8　2016—2021 年前三季度小米国内外收入

资料来源：小米财报。

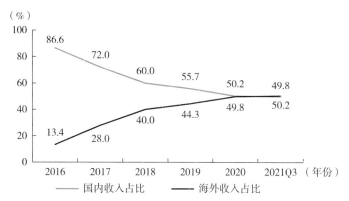

图 6-9　2016—2021 年前三季度小米国内外收入占比

资料来源：小米财报。

第二节　垂类硬件的创新

在前文对于新硬件定义的论述中，将新硬件划分为两大维度，一是基于更多感官体验的通用型入口级硬件，二是基于情感需求投射等的分布式垂类硬件。垂类硬件承接的是元宇宙后半场（新硬件主义时代）的情感需求的反向映射，满足人在未来物理世界的新需求，尤其是情感需求（也包括工具、武器等需求）。这类基于情感需求投射出的创新型垂类硬件对应着元宇宙中的内容／应用／场景，垂类硬件也包括机器人、当下现实世界中部分"物"的未来重塑。

我们在《元宇宙大投资》一书中，指出中国在内容与场景、协同方领域具备优势。中国最大的潜力在于用户基数与社交基因优势，基于该优势的中国式内容与场景创新的想象力非常大，如在移动互联网时代，中国在变现流通环节表现出强大的主观能动性，如极致内容变现形态的直播带货的快速发展；且元宇宙中内容变数最大，因此我们认为中国在内容与场景、协同方领域仍能领跑，预示着在垂类硬件方向上，中国将有先发优势。

垂类硬件的创新沃土在中国。在新硬件主义时代，未来硬件的发展方向将更加细分，我们看好中国在一些垂类应用端领域的探索与创新，原因在于国内具备配套的产业链供应链优势、人口红利优势、政策优势。

第一，中国具备全产业链配套、庞大的供应链优势，可以快速响应需求的变化。

中国的产业链优势主要体现为以下几个方面：一是形成了较为独立完整的产业链体系，中国是唯一拥有联合国产业分类中全部工业行业的国家，拥有世界上规模最大、门类最全、配套最完备的制造业体系，中国企业成为众多跨国公司全球供应链的重要环节，如围绕苹果产业链；二是具备强大的工业产能优势与规模经济优势，在世界500

多种主要工业产品当中，我国有 220 多种工业产品产量位居世界第一，且主要产业均具有产量规模居世界前列的大型企业集团；三是快速响应的供应链体系，产业链的高效运行需要仓储、运输、信息等多要素支撑，我国在物流体系、信息技术、大数据技术等方面具有综合优势，保障了产业链的畅通运转；四是国内外产业链形成了良好的互动，这得益于国内产业的合理区域布局，在诸多省市已形成了面向世界市场的各类产业集群，成为国内产业链体系的重要节点。[①]

尤其在疫情期间，中国全产业链配套、庞大的供应链优势更加凸显。疫情对全球供应链的影响主要体现在生产配套层面，产品集成陷入困境，众多其他国家产业链与供应链萎缩。作为世界主要的制造业国家与全球供应链的枢纽，中国在短时间内控制住了疫情，在持续防疫的同时加快复工复产，供给能力率先恢复，中国"世界工厂"的作用在疫情期间进一步凸显。根据国家统计局公布的宏观经济数据，2021 年，在全球供应链、产业链饱受冲击背景下，中国制造一枝独秀，世界工厂地位更加稳固，这凸显了中国产业链、供应链的强大韧性。中国产业链、供应链的优势可以延伸到承接应用或场景的垂类硬件的创新上。

第二，中国具备人口基数的优势，使得各种垂类硬件的应用场景较容易形成规模效应。

中国人口基数庞大，拥有世界最大规模的消费市场，这将对国内各产业链形成强大的需求拉动作用，为丰富的应用场景的诞生与发展提供了广袤的土壤，且极易形成规模效应。类比移动互联网时代，基

---

① 何文波. 全产业链优势支撑我国经济高质量发展［EB/OL］.（2021-01-26）［2022-02-17］. http://www.rmzxb.com.cn/c/2021-01-26/2770748.shtml?ivk_sa=1024320u.

于人口红利成长起来的独角兽企业众多且成长迅速，比如发展至今的支付宝，其应用涵盖非常丰富的消费场景，包括网上购物、零售店、日常缴费、餐饮、汇款、公益、游戏充值、金融服务、校园服务、交通及医疗服务等。根据巴克莱银行报告，在地位稳固的电商支付领域之外，支付宝有约 2 亿用户在平台内使用公共交通、社保、民政管理服务，这 2 亿用户基数很难在其他只有几千万人口的国家实现。

2019 年 7 月，美国商业杂志《福布斯》曾发布专栏文章，称"中国超级 App 让西方相形见绌"，其中重点提及了 Tik Tok（抖音国际版）、美团及拼多多这三款 App。文章认为中国的 App 提供的是"一条龙"服务，而不是像西方每款 App 只提供单项或极少服务的模式，并且中国的 App 更具社交性与互动性。同时，它们还整合了电子商务与虚拟商品销售，并成为关键的收入来源。相较于其他欧美地区的互联网科技企业，得益于人口优势（截至 2021 年 6 月，中国网民规模已达 10.11 亿），中国互联网在向移动端发展并超越个人电脑方面拥有天然优势，如以抖音与快手为代表的短视频 App、以拼多多为代表的社交电商 App 极易下沉至农村地区，仅靠中国地区用户，拼多多等就可在全球互联网市场占有一席之地，且直播带货模式的兴起推动了农产品上行，直接连接生产者与消费者。

正如《福布斯》所言，中国的互联网创新能力惊人，Tik Tok、美团、拼多多都在做美国人没有做过的事情。中国在移动互联网时代的崛起及众多创新型 App 的出海成功，也代表着全球高科技产业趋势的变化，挑战了美国在技术领域的统治地位，甚至以 Tik Tok 为代表的 App 遭到了美国政府的封杀。Tik Tok 被封杀前，曾跻身全球应用下载榜前十，自 2017 年 9 月出海以来，迅速在美国、泰国、日本等亚洲市场火爆起来，短短 3 年内 Tik Tok 就在全球 150 多个国家和地区，拥有了超过 20 亿次的下载量（不包括中国下载量），Tik Tok 无疑是近年来中国互联网出海领域最成功的产品之一。美国所谓封杀 Tik Tok 的理由是出于"国家安全"的考虑，但背后原因有可能是抖音作为软文化的输出，对美国的文化造成了影响，同时也对本土竞争对手企业造成了威胁。其实 Meta 早已推出同类短视频应用 Lasso，但投入市场后不敌 Tik Tok，经营数据表现惨淡。从另一个角度来看，Tik Tok 在美国被封杀，也正说明了在内容社交场景，中国公司具备非常大的潜力。

第三，硬件产业是国内政策较为偏好的发展方向，尤其是以电子为代表的高端制造业是我国未来经济发展的主旋律，国内在资金、人才等方面均有配套的政策支持。

2021 年 3 月，《中华人民共和国国民经济和社会发展第十四个五年规划和二〇三五年远景目标纲要》提出，"坚持经济性和安全性相结合，补齐短板、锻造长板，分行业做好供应链战略设计和精准施策，形成具有更强创新力、更高附加值、更安全可靠的产业链供应链"。2021 年 7 月 30 日的政治局会议强调，要强化科技创新和产业链供应链韧性，加强基础研究，推动应用研究，开展补链、强链专项行动，加快解决"卡脖子"难题，发展"专精特新"中小企业。另外，2021 年 9 月 13 日，工业和信息化部部长在国新办发布会上表示，中小企业创业创新十分活跃，专业化水平持续提升，已培育 4 万多家"专精特新"企业、4 700 多家"专精特新小巨人"企业、近 600 家制造业单项冠军企业。

中国的产业链结构亦在持续优化。不同于以往在产业链的低端徘徊，近年来，在供给侧结构性改革、创新驱动战略等政策的推动下，中国产业链不断跃迁，向附加值高的高端制造环节攀升。尤其是当前中国正在加速发展以 5G、数据中心等为代表的新基建，这更将有助于产业链价值的攀升。根据国家统计局公布的宏观经济数据，2021年中国制造业增加值为 313 797 亿元，同比增长 9.8%，多数行业实现两位数的增长，比如金属制品业、电气机械和器材制造业、计算机通信和其他电子设备制造业近两年平均增速均达两位数。

在人才引进方面，一方面，中国经济正迎来"工程师红利"驱动时代，近年来国内的科技发明呈现繁荣之势，以及巨大规模的年轻工程师与高级技工的供给，带来了人才资源红利的底气；另一方面，中国互联网与科技行业的快速发展，孕育出了一些具备国际竞争力的头部企业，吸引了一大批中国顶尖人才留在国内。中国经济的蓬勃向上发展必将吸引大量的科技精英与技术人才，经济活力与生产力形成正反馈式的良性循环。

第三节　数字经济："数字化 everything"

在真正达到 AI 能够独立成产品形态——垂类硬件足够丰富化之前，我们会经历信息化后的数字化时代。按照人类社会从信息化到数字化再到数智化的过渡来看，计算机技术与互联网的融合发展结果，首先是信息的数字化（信息化），其次是人的关系数字化（数字化），最后是人的体验数字化（数智化）。从信息技术诞生以来，我们现阶段仍处于数字化的第二阶段，第三阶段数智化的实现仍有很长的一段路要走。

自 20 世纪 50 年代起，我们经历了信息产业的大变革，信息最开始是技术，后来逐渐成为重要的产业，再外溢到更大的范畴。信息技术的演变与推进带来的经济效应外溢到各行各业，引起了更加综合的、更加深远的化学反应，人类文明正在从工业经济、信息经济走向数字经济。

我们看好中国在通用型入口及分布式垂类硬件产业链上的巨大优势。首先，无论是通用型入口硬件还是分布式垂类硬件，中国硬件全产业链的优势全球瞩目；其次，相对通用型入口硬件的划时代性创新的设定，我们更看好中国基于产业链优势在分布式垂类硬件上的创新。同时，我们特别强调，在数智化到来之前的数字化时代，中国有望高举高打且"打全场"，数字经济在中国将呈现为蓬勃向上的大局面。

数字经济在中国约等于"数字化 everything"，即将全社会用数字化的方式升级一遍。社会经济发展的过程，是社会经济系统更新迭代的过程，也是核心生产要素不断发展的过程。农业经济时代的核心生产要素是土地与劳动力，工业经济时代的核心生产要素是资本与技术，而在数字经济时代，新型生产要素——数据一跃成为这一时代的核心生产要素。社会经济随着生产要素的变革，快速推进从生产要素到生产力再到生产关系的全面、系统性的变革。

在这一变革过程中，中国已在全球处于领先的地位。在相对较短的时间内，尤其是在移动互联网时代，中国一跃成为全球最大的数字经济体之一，如在电子商务、智慧零售、智慧出行等领域都孕育了许多前沿的应用。根据《中国互联网发展报告 2021》，2020 年中国数字经济规模为 39.2 万亿元，占 GDP 比重为 38.6%，位居美国之后排名世界第二。在下一轮的互联网革命中，中美两国有着各自比较优势，中国的优势在于信息数据、5G、新能源等新基建领域，也符合当下的数字经济国策。

回溯大周期，我们现在处于什么样的位置？科技、政治、货币周期的共振，大致源于 2008 年的货币政策转为适度宽松，加速于 2012 年以来的移动互联网发展期，至 2019 年互联网红利见顶叠加中美贸易战，于 2020 年疫情改变世界格局及三大周期走向，2021 年科技换挡，但仍面临三大周期的出清。To C 互联网的红利已于 2017—2019 年见顶且进入了红利回吐阶段，数字经济正在走向深化应用、规范发展、普惠共享。

我们以公式 $S=(p \times t \times c)^R$ 来刻画互联网的红利 S，p 为人口，t 为平均用户时长，c 为转化率，R 为资本、政策、人才等外部要素。2008 年苹果推出 App Store，我国同步进入移动互联网时代。2008 年的 4 万亿元经济刺激计划、外溢的资本，催生了互联网发展与社会经济繁荣的 10 年。互联网携人口、时长、转化率的红利，在资本、政策、人才的加持下，于 2014 年开始过热，2017 年见顶，2019 年双顶。

移动互联网的红利期，突出表现为鳞次栉比的应用创新，如 2011 年的团购、2012 年的自媒体、2013 年的大数据、2014 年的互联网金融、2015 年的 O2O、2016 年的直播 / 新零售、2017 年的共享经济、2018 年的短视频 / 区块链、2019 年的人工智能、2020 年的社区团购。但在 To C 移动互联网应用场景不断创新的图景之下，隐藏着诸多企业不正当竞争、侵害用户权益的问题。

移动互联网的流量红利见顶，伴随着诸多其他因素。一是人口结构变化，截至 2019 年，我国"80 后"的总人口为 2.28 亿，"90 后"总人口为 1.74 亿，"00 后"总人口为 1.47 亿；二是营销场景下的剧场效应，以及用户刺激阈值升高造成的响应迟钝；三是我国宏观的去杠杆环境，叠加近年来互联网行业的政策严监管，共铸互联网发展的流量拐点。

随着监管的深化，互联网产业在全球范围内进入了成熟期。美国 2019 年启动了针对 Facebook、谷歌、苹果、亚马逊等平台巨头的反垄断调查；2020 年欧盟委员会对苹果应用商店与苹果支付展开反垄断调查；2021 年中国跟进，对国内互联网巨头阿里巴巴与美团处以高额处罚。

互联网作为数字经济的基础载体，在完成了 To C 消费互联网的阶段性使命后，将助力数字经济进一步走向深化应用、规范发展、普惠共享的发展阶段。

数字经济全面高速发展的背后，是基础型数字经济、资源型数字经济、技术型数字经济、融合数字经济、服务型数字经济这五种基础类型协同推动社会经济形态的发展。中国数字经济的高速发展，既得益于大数据、云计算、物联网、区块链、人工智能、5G 通信等新一代数字技术的发展与创新，也归功于从中央到地方的各级政府的积极推动。

新基建为数字经济发展赋能。2020 年"两会"期间，"新基建"这一全新概念引起社会各界的广泛关注。"新基建"即信息数字化的基础设施建设，国家发改委将其初步定义为："以新发展理念为引领，以技术创新为驱动，以信息网络为基础，面向高质量发展需要，提供数字转型、智能升级、融合创新等服务的基础设施体系。"新基建主要包括七大领域，分别为5G基建、特高压、城际高速铁路和城际轨道交通、新能源汽车充电桩、大数据中心、人工智能及工业互联网。数字经济是新基建的组成部分，新基建构成数字经济发展的基石，也是数字经济投资与创新的导向。数字经济发展的"四化"框架与新基建的建设目标相互契合，数字经济中的"数字产业化"对应新基建的信息基础设施建设目标，数字经济中的"治理数字化""产业数字化""数据价值化""资产数字化"对应新基建中的融合基础设施建设方向。新基建实际即是我国未来数字经济发展所需的国民经济基础建设中的新投资领域。

省市数字经济政策引领发展新动向。2021年9月1日起正式实施的《中华人民共和国数据安全法》是我国数据领域的基础性法律，也是保障数据安全建设的纲领性文件。其中第十四条明确要求"省级以上人民政府应当将数字经济发展纳入本级国民经济和社会发展规划，并根据需要制定数字经济发展规划"。据欧科云链发布的《2021中国数字经济发展及政策研究》指出，近两年全国31个省、自治区、直辖市中有28个发布了与数字经济相关的专项政策，专项政策总数达59项，并已有11个省级地方政府结合地方优势推出了"十四五"时期数字经济发展专项规划。在6个国家级数字经济创新发展试验区中，除雄安新区的数字经济试验区外，其余浙江省、福建省、广东省、重庆市、四川省等5个国家数字经济创新发展试验区均已发布相关工作方案。各省、自治区、直辖市面向数字经济发布的专项政策数量一定程度反映了不同地区对于数字经济的重视程度，并且一定程度预示着未来某些地区数字经济发展在政策支持下的活跃程度。

国企数字化改革催生新动能，发挥转型示范作用。国资委发布的《关于加快推进国有企业数字化转型工作的通知》中明确，国有企业要在深刻理解数字化转型的重要意义前提下，着力夯实数字化转型基础、加快推进产业数字化创新，全面推进数字产业化发展，打造行业数字化转型示范。国企数字化转型的重要任务之一即是突出重点，打造制造类企业、能源类企业、建筑类企业、服务类企业等多行业的数字化转型示范样本。在国资委网站中的"国企改革三年行动"专题中，举出了许多国企改革的优秀范例。

数字经济可以分为 To C 数字经济、企业／工业数字经济、城市数字经济。To C 数字经济历经互联网、移动互联网两代计算平台，目前正处于移动互联网红利见顶后阶段、元宇宙作为新计算平台的混沌阶段。企业／工业数字经济，有别于过往的 IT、信息化，核心在于生产、管理、市场的业务数据化，即数据驱动生产、驱动管理、驱动市场，实现数据业务化。城市数字经济包括主要城市的数字基础设施改造、数字消费的发展。

数字经济的供给方，是数字化技术与应用创新的技术及服务方；数字经济的需求方，则包括 C 端用户、企业／工业、政府（城市）。

数字经济的分类背后，一方面，在诸多宏观波动中，数字化是最为确定性的发力方向，在国家战略推动下，数字化的进程在加快，且数字化成为企业未来发展与竞争的关键（而非锦上添花仅增强一定幅度的竞争优势），数字化的技术及应用创新的诸多公司迎来机遇期；另一方面，受益于数字化技术与应用创新的非互联网企业——数据丰富且理解数据，能保护好、应用好数据——将迎来真正的新增长曲线。

第七章

全球科技巨头总决战

新硬件主义描述的是元宇宙的后半场，按照我们的推演，有可能在元宇宙的"中场"，最终的利益格局就已经清晰了。

（1）未来在现实物理世界中的分布式垂类硬件，需要 AI 的强大，元宇宙的上半场中，六大版图的轮动顺序中，底层架构的升级之后，就是 AI 长足的迭代与进化；

（2）海外巨头在资本市场上已建立起"正反馈"，越高举高打，二级市场股价就越高，非常流畅，且海外资本市场更偏好硬件与 To B 的逻辑，这正是硬件、芯片与 AI 的落座区间。

目前我们能去推演的科技大方向，也就元宇宙与太空探索了。在元宇宙这一方向上，如果走完上半场后，再去囊括或重塑现实物理世界，那么全球科技巨头的总决战，就是未来数字世界与物理现实世界总话事权的决战，这样的诱惑力足够大！

为何新硬件主义将刻画科技巨头的总决战？

《元宇宙大投资》一书系统梳理了20家科技巨头的资源禀赋及六大框架的落座，此后大家陆续看到了科技巨头、大小公司纷纷布局元宇宙。现在，我们希望借由本书，让大家进一步意识到这是全球科技巨头的总决战。

"80后""90后"，甚至部分"70后""00后"，一出校园就被互联网、移动互联网教育、影响，世界观、价值观经由技术背景的渲染，习惯了顺周期的时代红利。这一"向上的电梯"，其加速度在2017年就已降为0，2018年、2019年、2020年的"电梯"有可能已经要掉头向下了，不只互联网，金融、房地产等诸多过往顺周期的行业，其从业人员在未来很长一段时间都要逐渐确认自己已身处"旧周期"。

自20世纪90年代开始的近30年，全社会的变化太剧烈了，既有60年代人的"弱势思维"——少年记忆里伴随着温饱问题，故成年后总喜欢买便宜但实则用不到的东西，"清仓大甩卖"的字眼对他们有着巨大的吸引力；又有八九十年代人的自信——国外的月亮不一定圆；也有"00后""10后"未来的Z世代——不畏权威，真正活出自己的喜好、偏好。根据近10年的工作观察，与父母一辈的"弱势思维"相对应的，是当下资本市场上的"PE（市盈值）估值"的思维——低于20倍PE估值买入、低于15倍PE估值加仓……而美国的交易思维则是"突破新高就加仓"的"强势思维"，这里我们不讨论强势思维与弱势思维的优劣，但如果此轮元宇宙是全球科技巨头的新战场，我们在分析科技巨头时，必须特别注意"强势思维"的牵引效应——越是强势思维越容易赢得资本市场的认可！

移动互联网这一计算平台已成为旧周期，涌入元宇宙的全球科技巨头多数又是海外强势思维的各路豪杰，展开在我们面前的画面就不可避免成为全球科技巨头的总决战。

- 元宇宙的入局方可以是六大框架中的每一个企业，目前大家都处于起跑线附近。
- 美国与中国各有优势，通用型硬件入口非常关键，但本书已经推演了元宇宙的后半场（新硬件主义时代）——以 AI 为内核、以新硬件为显现的分布式垂类硬件，国内的全面赶超，在路径上，可以有更多确定性的选项，胜负手由芯片、硬件入口至少扩展至芯片、通用型入口、AI、分布式垂类。
- 我们信奉"德不孤必有邻"，但海外科技巨头的强势思维叠加资本市场的杠杆效应，其高举高打更为流利顺畅，从微观角度，A 收购一家优质标的，作为竞争对手的 B 就少了一个落子之处且多了一个竞争对手。
- 元宇宙的前半场是二维移动互联网升维至元宇宙，难度系数高；但元宇宙的后半场是三维元宇宙反向叠加入现实物理世界，难度系数确定性会降低，全球科技巨头这一总决战，酣战至中场，利益格局的划分有可能就已接近于终局。

且对全球科技巨头而言，都面临同样的两道考题：（1）互联网、移动互联网没解决好的治理、伦理问题，元宇宙时代怎么发挥出建设性？（2）用户的需求越发被供给所决定，作为必须要承担社会责任的巨头，到底是服务于"用户"还是"人"？若强行要平衡该怎样平衡？

第一节 当下及未来的硬件、AI、芯片巨头

我们认为总决战的主战场在硬件，无论是通用型入口级硬件，还是分布式垂类硬件，都是通向下一时代的锁钥。元宇宙时代的新硬件，相比 PC 互联网的个人电脑、移动互联网时代的智能手机，其重要性量级不可同日而语。从直观上来看，元宇宙时代预计会是 24 小时 100% 沉浸，意味着用户将随时随地使用新硬件进行交互，用户使用时长相比个人电脑、智能手机将显著延长。从本质上来看，AI 将成为元宇宙时代最大的生成与驱动机制，AI 广泛存在于元宇宙的各个环节当中，与 AI 深度绑定的新硬件自然成为最重要的载体。

AI 的三要素是算法、算力、数据。数据大多沉淀在硬件之上，硬件与数据之间往往紧密贴合、相辅相成。一方面，硬件是更好的数据收集端口，可以帮助软件能力成长。消费者与硬件接触后发生感知进而产生数据。AI 的学习过程需要大量的数据，没有硬件的数据支撑，软件系统无法获得更快、更精准的自我提升。另一方面，AI 软件层面的学习能力与自我完善，需要以硬件为输出端口。不断学习成长的软件能力，包括感知、理解与主动服务能力，都需要依靠硬件作为输出口，否则消费者始终感觉不到 AI 的存在。

在元宇宙时代，我们认为硬件的重要性特别突出。一方面，不同于

智能手机时代的社会从信息化向数字化升级，元宇宙要达到的是数智化阶段，智能化的实现必须要有实时产生的数据，因此元宇宙的玩家必备的资源禀赋之一，是要拥有源源不断产生数据的能力，但是数据的获取源头最为可靠的则是硬件终端。另一方面，拥有强大的硬件意味着拥有一定的市场话语权与可拓展的空间，互联网平台寄生在硬件终端上，所提供的产品与服务基于硬件才能发挥作用，所以要借助 VR/AR 这个硬件入口去布局其他业态，如 To B 端办公、电商等业务。可以看到，以 Meta、字节跳动为代表的科技巨头均十分激进地布局硬件端，旨在构建软硬一体化生态，走通多元化变现路径。预计软硬件结合的产业业态会成为下一代巨头的标准配置。但这种战略的内涵不是为了占领而占领，而是必须建立在深度技术与各端口产业能力相结合的基础之上。

同时，AI 作为元宇宙的核心生产要素，会随着元宇宙逐渐走入后半场而发挥越来越关键的作用。AI 的独立成产品化，将成为元宇宙时代垂类新硬件的本质与内核。一方面，AI 本身的去中心化特质，让服务与硬件不存在竞争关系，有利于扩大企业市场空间。同样的 AI 平台与算力、算法，在不同的开发者手中会变出千变万化的产品形态——新硬件。另一方面，完善的产品形态可以随时贴近新技术趋势与前沿科技，呈现为螺旋状的成长网络。AI 是一个时时都在进步的领域，新的技术突破可能会作用于任何端口。真正独立产品化，是 AI 全面迎来技术突破的结果，类似入口型硬件的重要性，这也是巨头们可以放大期望值甚至弯道超车的地方。

综上所述，我们认为硬件、AI、芯片巨头在下一轮科技决战中比较有优势。未来的元宇宙诸多独角兽预计会诞生在 AI 生成与驱动机制、软硬件结合的产业业态的交汇之处。

AI 独立成产品

全球科技巨头		资源禀赋 & 正在布局 ←	→ 未来走向				显现	
		通用型硬件入口	AI			分布式垂类硬件	AI	
			内容	应用	场景		内容	应用	场景

全球科技巨头		通用型硬件入口	内容	应用	场景	分布式垂类硬件	内容	应用	场景
VR/AR	苹果	√	√	√	√	★	√	√	√
	Meta	√	√	√	√	★	√	√	√
	字节跳动	√	√	√	√	★	√	√	√
	腾讯	★	√	√	√	★	√	√	√
	HTC	√				★			
智能手机	三星	√				★			
	小米	√				★			
	OPPO	√				★			
	华为	√	√	√	√	★	√	√	√
游戏机	任天堂	√							
	索尼	√							
	微软	√	√	√	√	★	√	√	√
智能电车	特斯拉	√	√	√	√	★	√	√	√
	蔚、小、理	√							
AI	阿里巴巴		√	√	√		√	√	√
	亚马逊		√	√	√		√	√	√
	谷歌	√	√	√	√	★	√	√	√
	百度	√	√	√	√	★	√	√	√
芯片	英伟达		√	√	√		√	√	√
	高通		√	√	√		√	√	√
	英特尔		√	√	√		√	√	√
	联发科		√	√	√		√	√	√

← 现实物理世界 映射入元宇宙　　　元宇宙反向 映射入现实物理世界 →

注：√表示已有布局，★表示未来有希望布局

第二节　新硬件主义时代的排兵布阵图

　　全球科技巨头在当下及未来硬件的排兵布阵图，我们将每家科技巨头按照"有无通用型硬件布局，有无分布式垂类硬件布局，AI 的资源禀赋及 AI 有无在内容／应用／场景的赋能、芯片实力"的脉络来梳理。在硬件的布局之外，我们认为其 AI 的资源禀赋最为关键，决定着未来能否顺利借助于通用 AI 技术切入分布式垂类硬件，尤其是当下（移动互联网）及未来（元宇宙）AI 对其内容、应用、场景的赋能，芯片实力则与通用型、分布式硬件的当下及未来布局有关。

　　在我们的定义与框架当中，新硬件包括但不限于 VR/AR/MR，但这并不妨碍 VR/AR/MR 具备元宇宙新硬件的排头兵地位与指向标意义。2021 年，"元宇宙"概念成为市场关注焦点，离不开 VR/AR/MR 相关技术的成熟与催化。2020 年 10 月，Facebook 推出 Oculus Quest 2，相较于 2019 年的 Oculus Quest 1，Oculus Quest 2 不是一款例行升级的产品，而是围绕视觉方面的全面升级，配备了更强的高通 XR2 芯片、6GB 内存，规格一跃进入最强阵营，屏幕由 OLED 改为 LCD，分辨率、刷新率更高，起售价仅为 299 美元，相较于 1 代降低 100 美元。Oculus Quest 2 的发布及其在 2021 年的销量大幅增长，带动了整个互联网生态圈进入新的硬件时代——VR/AR+ 元宇宙。

　　以 Facebook 更名"Meta"为基点，全球科技巨头跑步入场元宇宙。无论是 Meta 这类从移动互联网开始崛起的新势力玩家，或是微软这种从互联网开始就参与其中、历经产业多轮更迭的老牌玩家，均在抢占"元宇宙"的先机。新硬件作为元宇宙的下一代计算平台，产业轮动周期已然开启。其中，Apple 与 Meta 作为 VR/AR 的探索者，走在新硬件的最前列，分属增强现实与虚拟现实的不同技术路线和阵营；字节跳动、腾讯、HTC 通过自研或收购积极布局 VR/AR 相关技术；三星、小米、OPPO、华为等手机厂商也基于智能手机的技术积累争夺下一张硬件船票；任天堂、索尼、微软三大游戏主机厂商从游戏硬件切入，构建游戏元宇宙进入路径；以特斯拉、蔚来、小鹏、理想新势力为代表的智能车企蓄势待发、蠢蠢欲动；AI 实力雄厚的阿里巴巴、亚马逊、谷歌、百度从底层支撑出发布局基建类；芯片公司英伟达、英特尔等仍占据硬件产业链的核心环节……

一、VR/AR 探索者

1. Apple：肩负将 VR/AR 推向通用型硬件的使命

全球科技巨头在当下及未来硬件的排兵布阵图，我们选择以 Apple 作为第一家，原因在于 Apple 在通用型硬件的布局方面最具潜力。目前，Apple 的首款 VR/AR 设备蓄势待发，肩负着将 VR/AR 推向通用型硬件的使命，分布式垂类硬件暂无布局。除硬件之外，Apple 也深度布局与储备 AI 的内容、应用、场景，未来有望借助 AI 技术再度切入分布式垂类硬件。Apple 的芯片实力与通用型、分布式硬件的当前及未来布局紧密相关。

Apple 规划中共有两款 AR/MR 头戴式设备：一款为高端商用型号 AR/MR 通用头显，其采用分体式设计，可以通过蓝牙连接

iPhone。该型号会采用 Apple 自研的 5nm 制程芯片、高强度轻量化镁合金材质，配备 10 个摄像头、8K 分辨率屏幕，内置激光雷达扫描仪，重量为 110g 左右。这款高端型号的售价预计会高达 3 000 美元，并仅面向 B 端用户。另一款则是主打日常功能的轻薄型 AR 眼镜，主要面向 C 端用户。

据 *The Information*、彭博社预测，Apple 将在 2022 年率先推出 AR/MR 头显，并在次年推出纯粹的 AR 眼镜。新浪 VR 的预测则相反，其认为 Apple 率先推出的不太可能是 AR/MR 两用头显，而应该是轻薄型分体式 AR 眼镜。我们较为认同知名苹果分析师郭明琪（Ming-Chi Kuo）对于 Apple 的产品规划路线预测：头盔式—眼镜式—隐形眼镜式。郭明琪预测的 Apple MR/AR 产品蓝图三大阶段分别是 2022 年的头盔式（Helmet type）产品、2025 年的眼镜式（Glasses type）产品与 2030—2040 年的隐形眼镜式（Contactlens type）产品。其中，头盔式产品可同时提供 AR 与 VR 体验，而眼镜式产品与隐形眼镜式产品则较可能专注于 AR 服务。

产品设计方面，设计师安东尼奥·德·罗莎制作了 Apple MR/AR 头显的 3D 渲染图。该渲染图的主要灵感源于 *The Information* 提供的基本草图，*The Information* 将这款头显的设计描述为"时尚的弧形遮阳板通过网状材料和可更换的头带连接到面部"。生产进度方面，据 DigiTimes 报道，Apple 首款 MR/AR 设备已完成 P2 原型机测试，或将于 2022 年二季度投入量产，并于 2022 年下半年正式上市。

图 7-1 Apple AR/MR 头显的 3D 渲染图

资料来源：设计师安东尼奥·德·罗莎。

图 7-2 Apple AR/MR 头显的设计草图

资料来源：*The Information*。

　　移动互联网时代，Apple 以 iPhone 重新定义了智能手机，由 iOS、iTunes、App Store、iCloud 等构成的 Apple 生态为互联网找到了新玩法，Apple 由此占据移动互联网的主导地位与产业链优势地位。根据 Apple 围绕 AR 的现有布局，其包含 ARKit、RealityKit（AR 渲染平台）、Reality Composer（3D 开发工具）、Reality Converter（AR 格式转换工具）的完整闭环生态雏形已现。

　　Apple 自研的 ARKit 基本保持着"一年一个大版本"的迭代节奏，自 2017 年发布至 2021 年，ARKit 已更新到 5.0 版本[①]。ARKit 1.0

①　参考自 https://zhuanlan.zhihu.com/p/248105566。

253

主要提供基于 3D 场景（SceneKit）实现的增强现实、基于 2D 场景（SpritKit）实现的增强现实两大 AR 技术，整合平面检测、SLAM、环境理解、光照估计、人脸追踪等功能。ARKit 2.0 进一步优化人脸追踪功能，新增垂直平面识别、图像识别、真实感图像绘制、3D 物体识别、多人 AR 互动等功能；同年 Apple 推出 .usdz 文件格式与 AR Quick Look（模型预览工具）。ARKit 3.0 新增动作捕捉、人体遮挡、前后摄像头同时开启、多面部跟踪、协作会议等功能；同年 Apple 发布 RealityKit 与 Reality Composer；后续 ARKit 3.5 版本更新并上线 Reality Converter。ARKit 4.0 新增深度 API、定位锚等功能，增加面部跟踪支持的设备。ARKit 5.0 进一步优化定位锚功能，进一步改进动作追踪功能，进一步扩展人脸追踪支持；同年 RealityKit 迭代至 2.0 版本。Apple 通过 ARKit 系列的持续迭代改进，旨在帮助开发者构建更好的 AR 开发体验，同时布局 AR 内容产业链的上游，提前锁定 AR 开发者。

RealityKit、Reality Composer、Reality Converter 是 Apple 分别面向开发者、艺术家、普通用户推出的底层框架与开发工具。[①]RealityKit 专门为增强现实量身定制，能够提供逼真的图像渲染、相机特效、动画以及物理特效。RealityKit 2.0 新增对象捕捉（Object Capture）、自定义着色器、自定义系统、动态 asset 以及角色控制器等功能。Reality Composer 适用于 iOS、iPad OS 以及 Mac。借助简单的拖放界面、高质量的 3D 对象与动画库，开发者就可以轻松放置、移动、旋转 AR 对象，并整合出最终的 AR 体验，然后在 Xcode 中直接集成至应用程序或导出到 AR Quick Look。Reality Converter 允许开

---

① 参考自 https://zhuanlan.zhihu.com/p/248105566。

发者在 Mac 中轻松转换、查看、自定义 USDZ 3D 对象。USDZ 是现有 USD 文件的"零压缩"ZIP 文件，而 USD 则是来自皮克斯 3D 图形制作管道的核心，用于 3D 成像、增强现实与虚拟现实应用的单一对象容器文件。USDZ 格式可解决传统 AR 内容占据大量空间的问题，将能更轻松且快速地共享信息。

图 7-3　Apple AR 操作系统逐年迭代

资料来源：VR 陀螺。

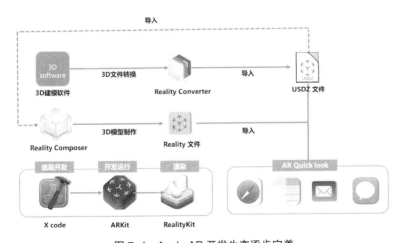

图 7-4　Apple AR 开发生态逐步完善

资料来源：VR 陀螺。

Apple 在 VR/AR 沉浸式设备领域通过自研与收购相结合的方式已耕耘多年，无论是硬件还是软件，均深度结合 AI 技术进行探索，构建足够智能的沉浸式体验，有望真正推出通用型的 VR/AR。未来，借助生态优势与 AI 禀赋，尤其是 AI 芯片实力，Apple 也具备创新垂类硬件的实力。

2. Meta：All in VR

Facebook 以更名"Meta"为基点，跑步入场元宇宙。Meta 选择了以 VR 为主的硬件路径，以 Oculus 为战略重心向外辐射。目前，Meta 在通用型入口级硬件的先发优势最为突出，已形成以 VR 为核心，以 AR 眼镜、肌电手环、触觉手套为研究方向的硬件探索路径，暂无分布式垂类硬件布局；同时通过密集投资持续储备 AI 资源与技术。

Facebook 于 2014 年收购 Oculus，补齐硬件短板。Oculus VR 头显按时间顺序是 Oculus DK1/DK2、PC VR Oculus Rift CV1、PC VR Oculus Rift S、Oculus Go VR 一体机、Oculus Quest VR 一体机和 Oculus Quest 2 VR 一体机。根据 Counterpoint 机构公布的 2021Q1 全球 VR 设备品牌的份额排行榜，Meta 旗下的 Oculus VR 以绝对优势排名第一（75%），大朋 VR（6%）、索尼 VR（5%）分别位居第二、第三名。

Meta 旗下 Facebook Reality Labs（FRL）实验室进行了一系列人机交互（Human-Computer-Interaction，HCI）研究，主要分为三大研究方向：AR 眼镜、肌电手环、触觉手套。①AR 眼镜是 Meta 设定的

---

① 参考自 https://www.vrtuoluo.cn/527886.html。

表 7-1 Oculus 历代 VR 设备一览

VR产品	重量	显示屏	分辨率	刷新率	处理器	内存	追踪技术	声音	头带
Oculus DK2	440g	OLED显示屏	单眼 960×1 080	60Hz/72Hz/75Hz	—	—	3 DoF	—	软头带
Oculus Rift CV1	380g	OLED显示屏	2 160×1 200	90Hz/120Hz	—	—	6 DoF	自带耳机	橡胶头带
Oculus Rift S	487g	LCD显示屏	单眼 2 560×1 440	80Hz	—	—	6 DoF	内置定位音频	环状头箍
Oculus Go	468g	LCD显示屏	1 280×1 440	60Hz/72Hz	高通骁龙 821	32GB/64GB	3 DoF	环绕立体声	软头带
Oculus Quest	571g	OLED显示屏	单眼 1 440×1 600	72Hz	高通骁龙 835	64GB/128GB	6 DoF	内置定位音频	半硬头带
Oculus Quest 2	503g	LCD显示屏	单眼 1 832×1 920	60Hz/72Hz/90Hz	高通骁龙 XR2	128GB/256GB	6 DoF	内置定位音频	软头带

资料来源：Oculus 公司官网。

10 年愿景。AR 眼镜的交互由 AI 驱动，拥有上下文感知能力，它可利用用户选择共享的信息来主动提供帮助，用户抬头即可查看这些信息。肌电手环是一项相对更为短期的研究，输入方式基于手腕，并且结合了一定的 AI，能动态适应用户及用户周围的环境。触觉手套则结合了软体机器人、微流体、手部追踪、触觉渲染与感知科学等多项技术。

与硬件相配套，Meta 正在开发自研操作系统，希望用于打破 Android 垄断。Meta 内部已经开始着手新 OS 研发，以消除对 Android 的依赖。该项目的负责人之一是曾参与过 Windows NT 开发的微软前员工马克·鲁科夫斯基（Mark Lucovsky）。Meta 希望能打造类似像苹果一样的闭环生态，希望能控制包括硬件设计、芯片、操作系统等每个环节在内的整个生态系统。

在自研之外，Meta 通过密集投资进一步充实包括 AI 在内的技术储备，投资方向较为集中，主要包括计算机视觉、面部视觉、眼动追踪、人工智能、VR/AR 变焦技术等。Meta 有能力将一系列前沿科技整合后以极低成本快速注入市场。

- 2014 年 6 月，收购西雅图 Xbox 360 手柄设计团队 Carbon Design。Carbon Design 团队在设计一流的消费电子产品方面有着丰富经验，其代表性产品是 Xbox 360 的游戏手柄。
- 2014 年 12 月，收购 3D 建模 VR 公司 13th Lab 虚拟现实技术公司。13th Lab 的 3D 建模技术与 Nimble VR 公司的低延迟专人跟踪技术相结合，研发出了一种 3D 建模技术可用于 VR/AR 平台。
- 2014 年 8 月，收购游戏引擎开发商 RakNet。Oculus 收购了

RakNet 并将其技术转为开源，这将为 Oculus 及其关键合作伙伴提供更多的工具来为即将到来的虚拟现实平台开发软件。

- 2014 年 12 月，收购计算机视觉公司 Nimble VR。Nimble VR 公司拥有优秀的手势操控技术，该技术可以利用 110° 广角的摄像头跟踪、识别用户的手势。

- 2015 年 2 月，收购计算机视觉团队 Surreal Vision。Surreal Vision 是一家计算机视觉公司，利用"3D 场景重构算法"重塑基于虚拟现实的世界，使沉浸于 VR 世界的用户与周围的现实环境互动。

- 2015 年 7 月，收购以色列深度感测技术与计算机视觉团队 Pebbles Interfaces。Pebbles Interfaces 的技术可用于精准探测与追踪手部运动。在完成收购后，Pebbles 将该公司的技术与 Oculus 的 VR 设备进行了整合，可以通过 VR 头显上的摄像头将手指运动转换成虚拟运动。

- 2016 年 5 月，收购苏格兰空间音频公司 Two Big Ears。Two Big Ears 是一家位于苏格兰的初创型企业，专门为虚拟现实与 360 度全景视频等内容打造空间音效。应用 Two Big Ears 的技术将使得 360 度视频内容配音的音效更加逼真。

- 2016 年 9 月，收购原型制作公司 Nascent Objects。该公司开发的模块化消费电子平台能够利用小型电路板、3D 打印以及模块化设计迅速制作出产品的原型。这次关于 VR 硬件设备的收购使得 Meta 可以围绕 Oculus Rift、Open Compute Project，以及互联网项目等打造开发者工具。此外，Nascent Objects 的技术还可以用于内部开发，例如用于制作原型或产品测试。

- 2016 年 10 月，收购爱尔兰 Micro-LED 公司 InfiniLED。InfiniLED 拥有一项低功耗显示技术，该技术可以把 VR 设备的能耗减少 20—40 倍，在 VR 头显中运用这项技术将使其能耗大大降低。

- 2016 年 11 月，收购面部识别技术创企 FacioMetircs。该公司主要利用机器学习算法来实时分析面部行为以及开发 VR/AR 应用。

- 2016 年 11 月，收购瑞士计算机视觉公司 Zurich Eye。Zurich Eye 的解决方案可以用于内置场景追踪，这对当前虚拟现实行业来说是一个非常重要的技术。Zurich Eye 的这项技术使得 Oculus 的追踪技术会更加先进。

- 2016 年 11 月，收购丹麦眼动追踪创企 The Eye Tribe。该公司开发了一套用于计算机的眼动追踪设备开发套件，可以为智能手机与潜在的虚拟现实头显带来基于注视追踪界面的软件。The Eye Tribe 还开发了视网膜凹式渲染技术，让 VR 系统通过用户看到的画面生成完美的图形，节约计算能力。

- 2017 年 8 月，收购德国计算机视觉公司 Fayteq。Fayteq 的独特技术，是在现有视频中追踪、添加或删除物体。Meta 可能希望借助 Fayteq 的技术为其直播应用与增加实时物体添加功能。

- 2019 年 2 月，收购虚拟购物与人工智能创企 Grostyle。该公司精通人工智能技术，通过识别照片就可以实现购物。

- 2019 年 9 月，收购脑计算（神经接口）创企 CTRL-Lab。该公司专门从事人类使用大脑控制计算机的工作，其生产的腕带能够将大脑的电信号传输到计算机输入中。

- 2020 年 2 月，收购伦敦计算机视觉创企 Scape Technologies。Scape Technologies 致力于开发基于计算机视觉的 "Visual

Positioning Service（视觉定位服务）"，目标是帮助开发者构建具备超出 GPS 的定位精度的应用程序。

- 2020 年 6 月，收购瑞典街道地图数据库 Mapillary。Mapillary 致力于建立一个全球性的街道级图像平台，目前已有的全球性图像平台精度过于粗略，该公司的技术可运用在 VR 设备上，使得获得的图像更为精确。

- 2020 年 9 月，收购新加坡 VR/AR 变焦技术公司 Lemnis。已有的 VR 头显设备都面临着视觉不适、晕动症等问题，这些问题影响了 VR 技术的广泛采用。而 Lemnis 公司的技术可以有效解决这些困扰现代 VR 头显已久的问题。

Meta 是目前全球布局元宇宙最为激进的科技巨头。其野心在于攻占下一代通用型硬件入口，但同时其凭借流量优势也有望赋能内容、应用、场景，进一步创新垂类新硬件。

3. 字节跳动：收购 Pico

字节跳动是国内腾讯、海外 Meta 最直接与最有力的竞争者。字节跳动以社交与娱乐为切入口，基于短视频流量优势在海内外市场同步发力，收购头部 VR 创业公司 Pico 补足硬件短板。目前，字节跳动在通用型硬件入口已打出 Pico 作为王牌，分布式垂类尚待布局。同时，字节跳动积极入局 AI 赛道，在 AI 相关的内容、应用、场景均有布局，尤其在 AI 芯片与半导体领域密集投资。AI 芯片实力是当前及未来布局通用型、分布式垂类硬件的关键因素。

根据 IDC 发布的 2020 年第四季度中国 VR/AR 市场跟踪报

告，Pico 位居中国 VR 市场份额第一，其中第四季度市场份额高达37.8%。Pico 拥有完善的产品矩阵，从旗舰 Neo 系列到小巧强劲的VR 小怪兽 G 系列，能够满足玩家居家观影、移动娱乐、VR 在线社交的多样化需求，以及教育、模拟仿真、展览展示、云游戏、远程办公等生产场景。

图 7-5　Pico 产品矩阵

资料来源：Pico 官网。

除沉浸式设备外，字节跳动近两年也密集入局芯片及半导体领域，布局元宇宙硬件的关键模块。字节跳动通过投资布局了一众智能芯片公司，进一步充实自身的科技硬实力与 AI 资源禀赋。

（1）投资 AI 芯片设计公司希姆计算。

希姆计算致力于研发以 RISC-V 指令集架构为基础的人工智能领域专用架构处理器（DSA Processor）。公司自主研发的 NeuralScale NPC 核心架构是世界领先的、以 RISC-V 指令集为基础进行扩展、面向神经网络领域的专用计算核心，具有世界领先水平的能效比、极致的可编程性，能够满足云端多样化的人工智能算法与应用的需求。

（2）投资 GPU 芯片设计独角兽摩尔线程。

摩尔线程致力于构建中国视觉计算及人工智能领域计算平台，研发全球领先的自主创新 GPU 知识产权，并助力中国建立本土的高性能计算生态系统。

（3）投资泛半导体公司润石科技。

润石科技是一家集研产销于一体的芯片设计公司，提供芯片标准产品及芯片设计、芯片解决方案等一站式专业服务，已经形成了较为成熟的国内外市场销售体系与健全完善的售前、售中、售后技术服务体系。

（4）投资 RISC-V 创企睿思芯科。

睿思芯科提供 RISC-V 高端核心处理器解决方案。RISC-V 全称为第五代精简指令集，是一种开源的芯片架构，可以用于开发更适应特定产品与需求的独特芯片。

（5）投资芯片研发商云脉芯联。

云脉芯联是一家数据中心网络芯片与云网络解决方案提供商，专注于数据中心网络芯片与云网络解决方案，致力于重新定义、构建面向云原生的数据中心网络基础设施，为云计算与数据中心运行客户提供从网卡到交换机，涵盖底层芯片、软硬件系统、上层 IaaS 服务的完整数据中心网络解决方案。

（6）投资微纳半导体材料开发团队光舟半导体。

光舟半导体聚焦于衍射光学与半导体微纳加工技术，设计并量产了 AR 显示光芯片及模组，旗下还拥有半导体 AR 眼镜硬件产品。

4. 腾讯：硬件拼图

腾讯具备布局元宇宙的优越条件，通过资本（收购与投资）＋流量（社交平台）组合拳，未来将像搭积木一样探索与开发元宇宙。目前来看，腾讯无论是通用型硬件入口，还是分布式垂类硬件，尚无直接的孵化，但有间接的布局。我们认为腾讯的内容与场景有望被 AI 重塑，流量与用户优势有望进一步放大，并进一步结合 AI 技术切入分布式垂类。

腾讯尽管没有直接布局 XR 硬件，但是通过投资 Epic Games 布局了引擎开发工具 Unreal Engine。2012 年 6 月，腾讯以 3.3 亿美元收购 Epic Games 48.4% 的股权，对应 Epic Games 估值 6.82 亿美元；2021 年 4 月，Epic Games 完成新一轮 10 亿美元的融资，估值达 287 亿美元。

以 Unreal Engine 为代表的一系列开发工具，帮助开发者渲染整个虚拟世界。Unreal Engine 是一款实时引擎与编辑器，具备照片级逼真的渲染功能、动态物理与效果、栩栩如生的动画、稳健的数据转换接口等。Unreal Engine 是一个开放且可扩展的平台，通过一条统一的内容管线，开发者就可以将自己的内容发布到所有主流平台，包括移动设备、主机、PC、XR（VR/AR/MR），以及使用像素流送功能将交互式内容发送到带有网页浏览器的任何设备。Unreal Engine 是一套完整的开发工具，面向任何使用实时技术工作的用户，除了制作 PC、主机、移动设备、VR/AR 平台上的高品质游戏，还可以广泛应用于建筑施工、电影制作、传统制造等行业。

基于 Unreal Engine，Epic 提供的其他重要工具包括（1）Twinmotion：一款实时 3D 沉浸式软件。它结合了直观的图标式界面与虚幻引擎的力量，能帮助建筑师、设计师制作出高端可视化内容；（2）Quixel Bridge：让开发者不受限制地访问整个 Megascans 素材库。直接拖放经过完整优化、可用于实时内容的资产，创建属于照片级逼真或高度风格化的世界；（3）MetaHuman Creator：能将实时数字人类的创作时间从几个月缩短到几分钟——而且在质量上不会有任何妥协。MetaHuman 拥有完整的绑定，可以直接在虚幻引擎中制作动画。

管线集成

虚幻引擎可无缝转换数据并自动完成数据准备，能完美融入你的工作管线。

- 适用于所有场景转换的Datasmith工具套件
- Python脚本
- 用于优化的Visual Dataprep工具

世界场景构建

获取你所需的工具，快速创建、编辑并管理梦想中的实时环境。

- 地形与地貌工具
- 天空、云层和环境光照
- 水体系统

游戏性和交互性编写

制作能够响应玩家和观看者行为的迷人游戏和精美体验，惊掉他们的下巴。

- 蓝图可视化脚本系统
- 高级人工智能
- 变体管理器

虚拟制片

虚幻引擎综合性的虚拟制片工具套件覆盖了从视效预览到摄像机内VFX最终像素的全流程。

- nDisplay多屏渲染
- 虚拟探查
- 虚拟摄像机插件

集成的媒体支持

光有3D资产，是不能让你的项目放声高歌的。虚幻引擎支持你所需的所有视频和音频功能。

- 专业的视频I/O支持
- 虚幻音频引擎
- 多媒体框架

动画

内置高级绑定、角色动画、表演捕捉流送等功能，可以让你在背景中制作动画。

- 控制绑定与全身IK
- Sequencer非线性编辑器
- Live Link数据流送

模拟和效果

创建可信的人类和动物角色，大型响应式环境，以及影视级的VFX。

- 基于发束的毛发
- Chaos物理与破坏系统
- Niagara粒子与FX

渲染、光照和材质

以出人意料的速度和掌控力获取开箱即用的、好莱坞级别的视觉效果。

- 实时光线追踪与光栅化
- 灵活的材质编辑器
- 精细的光照

图 7-6　虚幻引擎的功能列表

资料来源：虚幻引擎官网。

　　腾讯同时也建立了强大的 IDC 数据能力，搭建元宇宙世界的新基建。腾讯云是全球 IaaS 市场增长最快的云计算厂商之一，据 IDC 数据，腾讯全网服务器总量已经超过 110 万台，是中国首家服务器总量超过百万台的公司，也是全球五家服务器数量过百万台的公司之一。在新基建背景下，腾讯云持续加大在数据中心领域的布局与投入，推动数据中心产业进入高质量发展阶段。未来，大型数据中心将是腾讯的重点投入领域，腾讯数据中心全系列产品将在全国范围内大批量落地。腾讯云将持续输出更加优质的数据中心产品及解决方案，助推新基建进程快速向前迈进，做新基建的"基建"。[①]

图 7-7　MetaHuman Creator 的预制角色

资料来源：虚幻引擎官网。

　　腾讯虽不具备硬件基因，但其仍有可能以意想不到的方式切入元宇宙新硬件，一是投资收购优质的硬件公司，二是基于社交禀赋、流

---

① 参考自 http://www.infosws.cn/article/20201201/42724.html。

量优势、对内容与场景的理解，探索丰富的垂类硬件实现路径。

5. HTC：布局五大 VR 产品线

HTC 是 VR 硬件市场较早的入局方，目前的主要布局集中在通用型硬件入口，分布式垂类硬件暂无布局，芯片实力暂无布局。

HTC 在 VR 硬件方面致力于打造综合产品线，目前旗下 VR 产品分为 Focus 系列、VIVE 系列、Cosmos 系列、Pro 系列、Flow 系列五大产品线，提供差异性的产品定位，分别覆盖娱乐、家庭办公、教育培训、展览展示等场景，价格带从 3 888—12 888 元不等，从价格的分布由低到高来看分别为：（1）VIVE Flow 是 2021 年新推出的 VR 一体化眼镜，主打时尚轻巧，主要用于健康冥想、移动办公等场景；（2）VIVE 系列是与 Valve 合作打造的 PC VR 产品，主打游戏体验；（3）Cosmos 系列主打视觉体验，其屏幕分辨率可以达到 2 880×1 700，是所有系列中最高的视觉分辨率；（4）Focus 系列主要面向企业场景，提供营销设计、教育培训、医疗等场景体验功能；（5）Pro 系列面向专业级用户，追求极致的视觉、影音体验，带来更好的沉浸效果。

HTC 是 VR 硬件市场较早的入局方，拥有一定的用户基础。HTC 在 2016 年推出第一款 VR 硬件，曾是全球主要的 VR 硬件厂商。据 IDC 统计，HTC 2018Q1 的市场份额曾占据行业前三的位置，拥有一定的用户基础与市场口碑。只是近年由于 Oculus Quest 2 受到市场追捧以及 Pico 等产品的崛起的冲击，HTC 市场份额相较于前期有所下滑，根据 Counterpoint 数据，2021Q1 HTC 设备出货量的市场份额为 2%，排名第八。

表 7-2　HTC VR 设备多产品线定位

设备	类型	上市/发布日期	价格（元）	产品定位	适用人群
VIVE Flow	VR 一体眼镜	2021 年 10 月	3 888	为改善大众身心健康和提高效率而设计	家庭用户
VIVE	PC VR	2015 年 3 月	4 888	偏娱乐，主要面向游戏玩家 VR 设备	游戏用户
VIVE Cosmos	PC VR	2020 年 2 月	5 899	高性价比和舒适佩戴的沉浸体验	注重视觉体验的用户
VIVE Focus	VR 一体机	2021 年 5 月	9 888	高端 VR 一体机，轻松应对企业及消费需求	商业用户
VIVE Pro	PC VR	2021 年 5 月	12 888	inside-out 追踪及视音技术升级	专业级用户

资料来源：HTC 官网。

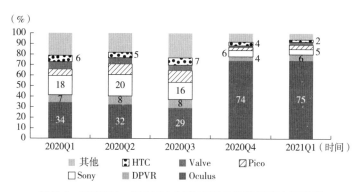

图 7-8　2020Q1—2021Q1 全球 VR/AR 硬件厂商市场份额

资料来源：Counterpoint。

　　HTC 智能手机的市场份额曾经一度超越诺基亚，仅次于苹果的 iPhone，全球市场份额最高超过 13%。但在苹果针对 HTC 的一系列专利诉讼案之后，HTC 就元气大伤，将手机业务于 2017 年作价 11 亿美元打包出售给了谷歌。目前，HTC 已将发展重心转移到 VR 智能硬件设备。但随着 Meta 等巨头的进入，VR 市场竞争渐趋白热化。HTC 虽然布局 VR 硬件较早，但先发优势正在逐渐被追平，亟须创新型硬件改变当下这一困局。

二、智能手机厂商

1. 三星：Gear VR 遇冷后仍持续投入

三星公司作为传统的消费硬件巨头，在新一代硬件层面除了持续迭代自身智能手机产品矩阵外，也持续探索 VR/AR 沉浸式设备、AI 技术与硬件的结合等。三星公司也明确提出要进军元宇宙，核心力量集中在突破通用型入口级硬件，分布式垂类硬件目前已知相对空白；芯片实力集中于代工环节。AI 技术领域的尝试主要集中在与实验室的合作项目以及社交娱乐场景的赋能，未来关注其 AI 技术能否进一步深入以支撑未来的分布式垂类硬件。

三星作为传统的消费电子巨头，Gear VR 遇冷后对 VR 业务仍持续投入。三星在 2017 年的开发者大会上，宣布正在通过与 AR Core 的合作伙伴进一步发力 AR 市场。三星此前致力于发展 VR 头显，在 2014 年与 VR 设备领头羊 Oculus 共同设计 Gear VR，随后与微软合作打造 VR 头显 Odyssey，第一代产品于 2017 年推出。三星 2019 年公布了新的 AR 设计专利，并在 2020 年的消费电子展上发布了一款基础的图像投影式眼镜。美国专利商标局最新的专利申请显示，三星发明了附带视力矫正镜片的智能眼镜，矫正镜片可以磁性地附着在镜架上，提供了舒适的佩戴体验。此外，三星发布的 SmartTag + 配备了蓝牙低能（BLE）、超宽带（UWB）技术，用户可以在 Galaxy

S21+ 等采用 UWB 技术的 Galaxy 智能手机上利用 AR 技术直观观察寻找路线。[①]

芯片方面，三星正式发布了其为移动设备打造的下一代 RAM 产品——LPDDR5X RAM 芯片，可用于服务器、汽车、元宇宙。三星承诺这款芯片在速度与功耗方面有一些真正的改进。三星表示，其最新的 RAM 处理速度将比上一代 LPDDR5 快 1.3 倍，并且比上一代功耗降低 20%。[②]

图 7-9　三星 Gear VR

资料来源：三星官网。

2. 小米：三层硬件产品体系

小米在硬件层面的优势在于全球市场、丰富的产品矩阵、健全的供销体系。目前，小米在通用型硬件强力布局，分布式垂类硬件也有所尝试。我们认为基于小米本身的资源禀赋——其产品创新力较强，未来或有望在分布式垂类硬件领域带来惊喜。其 AIoT 垂类产品的

① 参考自 https://www.sohu.com/a/491765116_121117236。

② 参考自 http://vr.sina.com.cn/news/hot/2021-11-11/doc-iktzqtyu6648630.shtml。

创新能力较强，与 AI 技术的结合也有望进一步助力新的垂类硬件的诞生。

小米依靠硬件获客，并建立起三层硬件产品体系。小米将智能手机与 IoT 产品作为吸引用户的最直接平台，其创新的设计以及高品质使得小米在获取用户的同时通过互联网变现利润，硬件销售中的爆款产品也为零售渠道带来了更多客流量。在硬件生态方面，小米拥有手机、电视、路由器以及通过生态链孵化的大量产品，独特生态链模式构建了手机配件、智能硬件及生活消费产品的三层产品矩阵，形成了广泛触达用户的硬件体系。

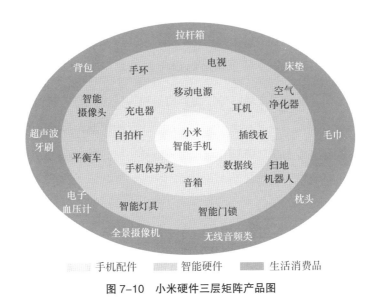

图 7-10 小米硬件三层矩阵产品图

资料来源：根据小米官网信息整理。

2018 年，由 Oculus 提供技术，小米提供供应链能力，双方联合推出被称为 "Oculus Go 中国版" 的小米移动一体机 VR。该产品采用了骁龙 821 处理器、定制 VR 专用 Fast-Switch 超清屏与 Oculus 特殊调制衍射光学系统，售价仅为 1 499 元，曾被媒体评价为"最具性价比的 VR 产品"。后期由于行业遇冷，小米再没有推出过新的 VR 一体机产品。2021 年 9 月 14 日，小米在微博上发布概念新品"小米智能眼镜探索版"，该产品采用了先进的 MicroLED 光波导技术，能让画面在镜片上显示，可实现通话、导航、拍照、翻译等功能，这表明小米对智能 VR 硬件的探索一直在持续。

目前小米在 VR 硬件上已开展了初步探索，考虑小米的硬件布局及当前的产品探索，前期受行业遇冷影响，公司在 VR 硬件上的进展并不显著，但 VR 作为下一代互联网时代重要的硬件入口，或将仍是公司未来关注的一个方向。

3. OPPO：Air Glass 真正从玩具进化为工具

OPPO 与小米的布局路径较为类似，同为手机厂商，基于已有资源禀赋出发布局下一代硬件。目前，OPPO 在通用型入口级硬件方面着力布局，已发布数款系列化的 AR 眼镜及智能眼镜产品；分布式垂类硬件方面暂未看到成型的产品。

OPPO 在 2019 年的未来科技大会上发布了首款 AR 眼镜，并于 2020 年推出了第二代 OPPO AR 眼镜产品。2021 年，OPPO 于未来科技大会上发布了新一代智能眼镜——OPPO Air Glass。OPPO 称，作为 OPPO 三年来推出的第三代智能眼镜，OPPO Air Glass 的诞生标志着智能眼镜真正从玩具进化为工具。[①]

据官方介绍，OPPO Air Glass 采用单目分体式方案，定制镜架

---

① 参考自 https://www.21ic.com/a/916603.html。

可以适配各种光学镜片，不论是否近视，都可以有自己的选择，使日常佩戴不再有障碍。OPPO Air Glass 主体重量不到 30 克，镜片厚度仅 1.3 毫米。镜片使用轻薄的衍射光波导技术，达到平均入眼亮度 1 400 尼特的效果。单个像素仅 4 微米的硅基 Micro LED 显示屏最高亮度可以达到 300 万尼特。采用自研的 Spark 微型光机，仅有一粒咖啡豆大小，在不到 0.5 立方厘米的微小空间内，有 5 块定制的高解析增透光学玻璃，能够有效提升透光率减少杂光干扰。[①]

图 7-11　OPPO Air Glass

资料来源：OPPO 官网。

2020 年 4 月，OPPO 正式启动了"OPPO AR 开发者共创计划"，目的是发掘国内优秀 AR 开发团队，拓展 OPPO AR 产品的潜力，以及促进 OPPO AR 内容生态发展。此外，德高行全球专利数据库的数据显示，OPPO 公司在 VR 眼镜领域的相关专利数量已超 40 项。

智能手机时代，OPPO 凭借精准的市场定位与独到的品牌建设站稳国产手机头部位置。进入新硬件时代，OPPO 能否继续复制这一打法的成功值得关注。OPPO 旗下产品有望成为通用型硬件入口的有力竞争者、分布式垂类硬件的创新生力军。

---

① 参考自 https://m.ithome.com/html/592354.htm。

4. 华为：谋求核心环节自主权

华为布局元宇宙着力于 XR 核心环节自主权的争夺与 5G 行业标准的制定。按照我们划分的研究思路，目前华为在通用型硬件——XR、智能汽车方向上积极布局，分布式垂类方面暂无动向。但未来，华为的操作系统能力及 AI 资源禀赋有望进一步外显为新硬件产品。同时，华为海思半导体的芯片实力与其当前及未来的通用型、分布式垂类硬件布局紧密相关。

华为 XR 战略为"端＋管＋云"协同打造繁荣开放的生态体系；同时 XR 也是华为 1+8+N 全场景智慧化战略不可或缺的组成部分。在华为开发者大会 VR/AR 分论坛上，华为 VR/AR 产品线总裁李腾跃介绍到，华为以 VR/AR+5G+AI 为核心连接云端，围绕 XR 全场景端到端地构建 XR 核心能力。华为消费者业务执行 1+8+N 战略，以手机为中心＋八大智能产品类别＋N 个生态产品覆盖全场景。VR/AR 眼镜作为八大智能产品类之一，与平板、PC、耳机、眼镜、音箱、大屏、车机并列。华为 Hilink 将这些产品连接进来，华为 VR/AR 是全场景智慧化战略之中不可或缺的组成部分，可以帮助华为智慧场景连接更多的云端设备。在基础能力方面，华为以 XR 硬件 +OS+HMS 为基础，端云结合全力打造开放 XR 生态；目前华为在应用底层 Launcher、XR Cloud、XRKit、XR Engine，以及 AOSP、鸿蒙 OS、XR 硬件、AI、GPU/NPU API 等基础能力上已经奠定了坚实的基础。在内容开发工具方面，华为也推出了 Reality Studio，该工具致力于让没有专业开发能力的用户也能够轻松开发内容。Reality Studio 的功能包括多方面，交互设计、场景设计、模型编辑、发布管理全体系。该工具还将支持

3D 格式转换，华为将联合国内开发者共同推动中国自有的 3D 模型格式——RSDZ 格式的建立，目标是将中国 3D 模型格式推成国际标准。[①]

图 7-12　华为围绕 XR 全场景，E2E 构建 XR 核心能力

资料来源：华为开发者大会。

（1）分体式 VR 头显：华为 VR Glass。

2019 年 9 月，华为正式发布华为 VR Glass。VR Glass 采用超短焦光学模组，机身厚度仅 26.6mm，重量仅为 166g，具备 3 200 × 1 600 分辨率、1 058PPI（每英寸像素数）、90° 视场角，支持 3.5mm 耳机与蓝牙耳机。同时，VR Glass 支持 700° 以内的单眼近视独立调节，瞳距自适应范围高达 55—71mm。

（2）华为一体机：MateStation X。

2021 年 9 月，华为在智慧办公新品发布会上推出了旗下首款旗舰一体机 MateStation X。该设备标配智慧无线键鼠配件，不仅支持开箱自动连接，还在键盘上加入了便捷的智慧按键，按下键盘指纹电源键便可实现一键指纹开机、解锁；一键唤起智慧语音功能，实现会议语

[①]　参考自 http://vr.sina.com.cn/news/hot/2020-09-18/doc-iivhuipp5084445.shtml。

音转文字记录，AI 字幕翻译外文课。键盘右侧 Shift 键内置了华为分享感应区域，将手机 NFC 感应区域靠近即可开启与华为 MateStation X 的多屏协同，也可与平板电脑协同，任意选择扩展、共享、镜像三种模式，能够拓展屏幕显示范围、打通电脑与平板的数据通道。

拥有专用的软硬件是一项技术或产品走向产业化的标志，目前 VR/AR 芯片由高通占据主导地位。华为于 2020 年 5 月推出海思 XR 专用芯片，是首款可支持 8K 解码能力，集成 GPU、NPU 的 XR 芯片，首款基于该平台的 AR 眼镜为 Rokid Vision。[①]一方面，该产品除了支持 8K 硬解码能力之外，还可以支持到单眼 42.7 PDD（每度像素数）；另一方面，海思 XR 芯片还使用了海思半导体专有架构 NPU，最高可以提供 9TOPS 的 NPU 算力。但是，由于国际政治因素，华为 XR 芯片的代工量产或许会碰到一些阻力。

除硬件之外，华为通过自研操作系统构建闭环生态，力求打破垄断。华为的野心，是谋求所有核心环节的自主权。目前，全球智能设备操作系统主要分为 Android、iOS 两大阵营。而华为，是我国有希望通过自研操作系统打破垄断的核心力量之一。

（3）鸿蒙系统：面向万物互联时代的全场景分布式操作系统。

鸿蒙不是一款单纯的手机操作系统，而是面向万物互联时代的全场景分布式操作系统。华为提出 1+8+N 的战略，这里 1 指智能手机主入口，8 则是 4 个大屏入口——平板 / 车机 /PC/ 智慧屏，以及 4 个非大屏入口——手表 / 耳机 /AI 音箱 /VR/AR，N 则是泛 IoT 硬件构成的华为 HiLink 生态，通过 Huawei Share 实现各类设备互联互通。

---

① 参考自 https://www.21ic.com/article/780228.html。

（4）VR/AR Engine：全方位支持开发者进行内容开发。

AR Engine 是一款用于在 Android 上构建增强现实应用的引擎，目前已经迭代到 AR Engine 3.0，包含 AR Engine 服务、AR Cloud 服务与 XRKit 服务。其中 XRKit 是基于 AR Engine 提供场景化、组件化的极简 AR 解决方案，二者均可实现虚拟世界与现实世界的融合，带来全新的交互体验。VR Engine 同样经过 3 次迭代至 VR Engine 3.0，目前已经能够实现 6DoF 交互，支持 PC VR 无线化，以及第三方交互设备。

除 XR 之外，华为也积极推进智能汽车的相关布局。华为将自己定位为智能汽车 ICT（信息与通信技术）部件与解决方案的供应商。华为在 2014 年正式开始进行车联网的布局。2019 年，华为正式成立智能汽车解决方案事业部，与网络产品与解决方案 BU、Cloud & AI 产品与服务 BU 并列，再加上华为运营商 BG、企业 BG、消费者 BG 组成华为六大一级部门。[①]

2020 年 10 月，华为推出智能汽车解决方案"HI"，据亿欧智库梳理，包括一个全新的计算与通信架构——CC 架构，与五大智能系统——智能驾驶、智能座舱、智能电动、智能网联、智能车云，以及激光雷达、AR-HUD 等全套的智能化部件。"HI"还提供强大的算力与操作系统，包括三大计算平台：智能驾驶计算平台、智能座舱计算平台、智能车控计算平台，以及三大操作系统：AOS（智能驾驶操作系统）、HOS（智能座舱操作系统）、VOS（智能车控操作系统）[②]。

展望全球元宇宙的区域布局，中国在内容与场景、协同方这两大

---

① 参考自 https://zhuanlan.zhihu.com/p/88273307。

② 参考自 https://new.qq.com/omn/20210310/20210310A09D8M00.html

方向有先天优势，并有望在后端基建、人工智能两大方向奋力追赶。但硬件及操作系统方向上，仅华为具备着一定的资源禀赋及底层技术积累。

三、游戏主机厂商

1. 任天堂：Switch 不断提升沉浸式体验

任天堂作为三大游戏主机厂商之一，专注游戏元宇宙，通过持续优化游戏的沉浸式体验探索元宇宙世界入口。游戏主机在移动互联网时代不敌智能手机，但任天堂通过 Switch 有望顺利切入游戏元宇宙，以 Switch 为代表的主机也有望成为进入元宇宙的硬件入口。目前，任天堂的布局优势在于用户数相对庞大的硬件入口，分布式垂类暂无布局，但未来在 AI 技术的加持下，游戏内的应用与场景有望映入现实物理世界成为分布式垂类硬件。

从"红白机"到 Switch，设备性能与玩家体验不断优化。1980年任天堂推出掌上游戏机 Game&Watch，是世界上第一款便携式游戏机；1983 年推出首款家用主机任天堂 FC（美版为 NES），俗称"红白机"，是当时世界上最畅销的游戏机。在此之后的 40 年里，任天堂一直稳居主机"三巨头"之一，在不断升级旗下设备性能的同时，也将玩家的游戏体验发挥到极致。

任天堂是全球三大游戏主机巨头之一，其最大的优势产品是便携式游戏机，即掌机，公司掌机产品发展历程可以划分为五个世代。第一代：Game Boy，是公司于 1989 年推出的便携式游戏机，该设备可以随时更换游戏存储卡，并且支持与其他同类设备进行联机对战。

第二代：Game Boy 后续升级为 2001 年推出的第二代机种 Game Boy Advance，特点是采用彩色 TFT 液晶屏幕，该系列设备于 2007 年全面停产。第三代：NDS，是公司于 2004 年推出的便携式游戏机，支持双屏幕显示，游戏机下方的屏幕为触摸屏。第四代：NDS 后续升级为 2011 年推出的第四代机种 3DS，该设备利用视差障壁技术，让玩家无须佩戴特殊眼镜即可感受到裸眼 3D 图像，该系列设备于 2020 年全面停产。第五代：Switch，是公司于 2017 年推出的便携式游戏机，采用家用机与掌机一体化的新颖设计，后续推出支持 VR 性能的配件组合 Labo，目前 Switch 是公司最新款游戏机设备。

表 7-3　任天堂游戏设备主要产品发展历程

产品	发售时间	销量	款式	产品介绍
Game & Watch	1980 年	3 200 万部		世界上第一款便携游戏机，采用液晶屏幕，创造性地设计了游戏机标志性的十字方向键
FC	1983 年	6 700 万台		俗称"红白机"，其畅销程度帮助北美从游戏界的"雅达利大崩溃"中复苏；在当时领先性地使用了 FC 的十字键、SFC 的 LR 肩部按键乃至回旋放缩机能、N64 的类比摇杆和震动包
Game Boy	1989 年	1.2 亿部		史上销量最高的游戏机之一，配备四色黑白屏幕和 32MB 存储卡，可以随时更换存储卡进行游戏，并且支持与其他同类设备进行联机对战
Virtual Boy	1995 年	少于 100 万部		是游戏界对虚拟现实技术的第一次尝试，采用了头罩眼镜式设计，原计划用以开拓户外娱乐市场，但最终受限于技术导致销量惨淡

产品	发售时间	销量	款式	产品介绍
Game Boy Advance	2001 年	8 100 万部		Game Boy 的后续升级版，特点是采用了彩色 TFT 液晶屏幕
NDS	2004 年	1.54 亿部		销量极佳，仅日本本土销量就领先 PSP 百万台以上；引入创新性的双屏幕显示，游戏机下方的屏幕为触摸屏，上方为用于显示游戏画面的 LCD 主屏
Wii	2006 年	1.02 亿台		任天堂最成功的主机设备，是首台将体感引入电视游戏主机的设备；革命性的体验使得公司当年销售额远胜其他竞争者，市值峰值 4 倍于同期的索尼
3DS	2011 年	7 600 万部		NDS 的后续升级版，利用视差障壁技术，让玩家无须佩戴特殊眼镜即可感受到裸眼 3D 图像，该项技术在业界产生巨大影响
Wii U	2012 年	1 400 万台		Wii 的后继机种，配置有全新的触摸屏手柄，支持 1 080P 高清输出，但是在与 PS4 和 Xbox One 的竞争中居于下风
Switch	2017 年	8 700 万部		采用家用机与掌机一体化的新颖设计，支持 1 920×1 080 电视输出和 1 280×720 掌机输出，在《时代》评 2017年十大数码产品中力压 iPhone X 登顶

资料来源：VGchartz，搜狐新闻，腾讯新闻，网易新闻，太平洋新闻。

Switch 作为公司最新款游戏机设备，任天堂创意性地采用了家用机与掌机一体化的新颖设计，可以连接电视使用手柄作为主机游玩，也可以拆卸为手柄＋平板显示屏实现单人或双人共享游戏。据官网介绍，Switch 采用 NVIDIA Tegra（X1）芯片，拥有 4GB 内存与 32GB 存储空间，采用 ARM 移动处理器，CPU 主频 1.02GHz，重量约 297g，配有 6.2 英寸屏幕，可以支持 1 920×1 080 电视输出与 1 280×720 掌机输出。为了丰富玩家游戏体验，任天堂设计了可拆卸手柄 Joy-Con。该组件具备动态感应功能，可以支持体感游戏；同时具有 HD 震动技术，使得控制器得以通过震动功能反馈更真实的游戏体验；控制器前端还设置有红外线摄影机，可以侦测使用者的手部动作，也可以感知空间变化，用以设计各种创意互动应用。

任天堂在沉浸式体验上不断进取，于 2018 年推出适用于 Switch 的组合套装《任天堂 Labo Toy-Con 01》，并于次年推出《任天堂 Labo Toy-Con 04：VR 套装》。这种组合套装是把以零件纸板砌成的 Toy-Con 与 NS 手柄 Joy-Con 组装在一起玩的游戏，是将"制作、游玩、探索"概念融合为完整的游戏体验而开发出的游玩发明组合。[1] 这种由玩家自己探索游玩方式的游戏在 VR 套装发布后进一步提升了沉浸式体验，玩家可以通过现实中制造出来的纸板组合与通过 VR 眼镜所看到的虚拟场景进行深度互动。考虑到元宇宙的目标是追求虚实共融，任天堂 Labo 这种在虚拟空间中模仿现实生活的游戏体验方式或许正是元宇宙沉浸式体验的雏形。

---

[1]　参考自 https://baike.baidu.com/item/%E4%BB%BB%E5%A4%A9%E5%A0%82bo/ 22345913。

图 7-13　主机形态的 Switch

资料来源：腾讯 Nintendo Switch 官网。

图 7-14　掌机形态的 Switch

资料来源：腾讯 Nintendo Switch 官网。

　　Switch 所搭载的操作系统名为"Horizon"，是任天堂自研的微内核操作系统。该操作系统基于 FreeBSD 操作系统内核代码开发，其系统服务生效于用户空间的系统模块中，由系统模块来支持系统应用，最终实现游戏机上应用与游戏的运行。[①]

图 7-15 任天堂 Labo 玩法宣传图

资料来源：任天堂官方宣传图。

图 7-16 Switch 操作系统

资料来源：根据哔哩哔哩视频整理。

依靠着独特的游戏体验与丰富的游戏内容，任天堂吸引了一批数量庞大且忠实的用户群体，并且构建了完善的用户生态体系，包括用户账号体系 Nintendo Account、付费会员体系 Nintendo Switch Online 等。截至 2020 年 9 月，Nintendo Account 账号数量超过 2 亿，Nintendo Switch Online 付费会员超过 2 600 万人[②]，且具有较高的用户黏性。

① 参考自 https://www.bilibili.com/video/BV1QE411C794/。
② 参考自 https://www.gamersky.com/news/202009/1321633.shtml。

尽管 Switch 所代表的游戏主机用户基数与智能手机用户相去甚远，但我们认为在软硬件高度融合的内容生态体系与良性互动的社区氛围方面，游戏主机并不失为一种高效精准切入游戏元宇宙的硬件入口。

2. 微软：Xbox 打造跨平台泛娱乐生态圈

微软是首个提出并专注企业元宇宙概念的科技巨头，但在消费元宇宙领域，微软旗下的 Xbox 软硬件生态在硬件入口层面同样占据一席之地。Xbox 性能表现优秀，配套内容丰富，为元宇宙世界提供了硬件入口与游玩内容。收购动视暴雪后，微软更有望将 Xbox 打造为包括但不限于游戏元宇宙的通用型硬件入口；未来凭借 AI 技术底蕴也有望进一步助推分布式垂类硬件的创新。

微软于 2001 年推出 Xbox 系列产品，长久以来在主机市场中与索尼、任天堂形成三足鼎立的局面。在长达 20 年的发展历程中，微软不断提升主机产品性能、优化游玩体验、拓宽应用场景、构建丰富生态等。微软主机产品可分为四个世代。第一代：初代 Xbox，是微软以高端 PC 配置为基准生产的首款主机设备，在设备性能上远超同时代主机，同时发售价仅 299 美元，与同期 PS2 持平。第二代：Xbox 360 系列，是世界首台拥有 HD 高清画质的游戏机，整体性能较上一代 Xbox 有了较大提升，该系列设备于 2016 年全面停产。第三代：Xbox One 系列，配备体感周边外设 Kinect，支持大量泛娱乐功能，该系列设备于 2020 年底全面停产。第四代：Xbox Series X/S，性能较前代有了极大幅度提升，最高支持 8K 分辨率，同时支持杜比视界游戏，目前是公司最新款游戏机。

表 7-4 Xbox 系列主机发展历程

产品	发售时间	发售价（美元）	款式	产品介绍
Xbox	2001 年	299		以高端 PC 配置为基准，内装英特尔公司制造的 Pentium Ⅲ 基本中央处理器、内建 8GB 容量的硬盘与 DVD-ROM 光驱、以太网路连接埠，并且还是当时唯一支持杜比数字 5.1 声道的游戏主机
Xbox 360	2005 年	399		全世界首台 HD 高清画质的游戏主机，支持 1 920×1 080 的画面分辨率，机器本身采用了和 IBM 共同开发的多核 CPU，并搭载有 512MB 的内存
Xbox 360 精简版	2005 年	299		与 Xbox 360 同时推出的简装版，特点是不内置硬盘
Xbox 360 精英版	2007 年	499		Xbox 360 的高端版本，提供 HDMI 接口与 120GB 硬盘
Xbox One	2013 年	499		配备体感周边外设 Kinect，支持大量泛娱乐功能，可以下载视频、K 歌、电话，甚至观看电视节目，支持 4K 清晰度和 60 帧每秒的画面
Xbox One S	2016 年	399		轻薄版 Xbox One，体积缩小 40%，且支持 4K 视频串流
Xbox One X	2017 年	399		Xbox One 销量受挫后推出的高端版本，拥有 6T/s 浮点运算能力，12GB 共享显存,326GB/s 显存带宽，并支持原生 4K 游戏
Xbox Series X	2020 年	499		性能较前代有了极大幅提升，最高支持 8K 分辨率，同时支持杜比视界游戏，拥有明暗表现更分明的 HDR 功能，以及通过物理模拟的方式强化游戏光影表现的光追技术

产品	发售时间	发售价 （美元）	款式	产品介绍
Xbox Series S	2020 年	299		Xbox Series X 的轻量版，体积比 Xbox Series X 小 60%，是迄今为止 最小的 Xbox 主机

资料来源：Fami 通编辑部，游戏篝火营地，中关村在线，腾讯新闻，网易新闻，和讯科技。

Xbox Series X 作为 Xbox 旗下最新一代的主机，在硬件配置方面展现出了强大实力。据官网介绍，Xbox Series X 拥有 3.8GHz 定制版 AMD8 核 Zen 2 CPU 与频率 1.825GHz 的 RDNA2 架构 GPU，处理能力约为 Xbox One X 的 4 倍；同时拥有 16GB 内存与 1TB 存储空间，支持 8K 超清分辨率与 120 帧画面。此外，Xbox Series X 还具备一些特殊的技术功能，比如能够为混合现实与游戏提供精准的声音物理传播模型的"原音计划"，具有业界顶级视觉效果的 HDR 技术"杜比视界"，通过物理模拟的方式强化游戏光影表现的光追技术等。

图 7-17　Xbox Series X 与 Xbox Series S 对比

资料来源：Microsoft 官网。

图 7-18　Xbox 实际操作界面

资料来源：搜狐号"玩懂手机"，https://www.sohu.com/a/414147371_499322。

顶级且独占的游戏 IP 为 Xbox 系列保驾护航，内容范围扩展至泛娱乐领域。游戏内容对 Xbox 系列影响重大，每一代 Xbox 的发行都伴随着大量首发独占游戏的保驾护航，比如初代 Xbox 的成功就与销量极佳的独占游戏《光环》密不可分。背靠微软在互联网行业的龙头地位，Xbox 的游戏阵容空前强大，第一方作品包括《光环》《战争机器》《极限竞速》《我的世界》《盗贼之海》《帝国时代》等顶级 IP 系列，第三方作品包括《刺客信条：英灵殿》《如龙 7：光与暗的去向》《鬼泣 5》《NBA 2K21》《绝地求生》《彩虹六号：围攻》等知名大作。除游戏外，微软还着力打造 Xbox 的泛娱乐内容。用户在 Xbox Series X 可以体验包括观看 4K 高清视频、K 歌、打电话、观看电视电影等娱乐应用，同样也可以使用 MSN、YouTube、Netflix、爱奇艺、哔哩哔哩等社交 / 视频软件。

基于各项便利的用户服务，打造跨平台泛娱乐生态体系。2002年，微软为初代 Xbox 开发了主机游戏行业首个多用户在线对战平台 Xbox Live，该平台支持多人用户联机对战，其便利的交互功能一经推出便大受好评。微软于 2016 年、2017 年相继推出游戏跨平台服务 Xbox Play Anywhere、游戏订阅制服务 Xbox Game Pass。前者支持 Xbox 与 Windows10 的游戏系统之间跨平台购买、跨平台存档,后者是要求玩家每月支付一定费用,便可免费游玩上百款各类游戏。围绕着这些便利的平台业务与上述的泛娱乐内容,Xbox 构建了完整的跨平台泛娱乐生态体系,长久以来为 Xbox 系列主机吸引了大量忠实客户。截至 2021 年 1 月,Xbox Live 平台月活跃用户突破 1 亿人,Xbox Game Pass 订阅用户数超过 1 800 万人。[①]

2022 年初,微软宣布以 700 亿美元收购视频游戏开发商动视暴雪,收购完成后将成为全球仅次于腾讯与索尼的第三大游戏公司。微软 CEO 纳德拉公开表示,微软的愿景是打造游戏内容与商业自由流动的环境,让人们随时接入,推动游戏行业发展。而收购动视暴雪,使得微软能够加速推进数字世界跟物理世界融合,让元宇宙早日落地。[②]

这笔交易不仅将扩展微软在游戏领域的垂直整合,为其 Xbox 游戏机与 PC 游戏分发系统填充更多内容,还将成为微软元宇宙业务的重要一步,为其元宇宙业务提供基石。首先,通过本次收购,动视暴雪旗下拥有的主机、PC 以及移动等多平台产品和多个知名游戏工作室,在收购后将致力于为 Xbox 用户提供更多优质游戏服务,微软将在 PC 端、移动游戏及云游戏业务上实现加速增长。其次,动视暴雪旗下 IP 丰富,有《魔兽》系列、《星际争霸》系列、《暗黑破坏神》系列、《炉石传说》、《守望先锋》、《使命召唤》等,能够进一步丰富微软的游戏产品矩阵。更为重要的是,借助 Xbox 游戏社区与内容生

① 参考自 https://new.qq.com/omn/20211124/20211124A0BKCK00.html。
② 参考自 https://zhuanlan.zhihu.com/p/459491016。

态，微软正在塑造下一个游戏计算平台。微软早已宣布将 Xbox 游戏平台纳入元宇宙布局中，并持续投入游戏主机与游戏制作领域，除动视暴雪外，微软自 2002 年起先后收购了多家知名游戏工作室，持续扩大 Xbox 研发团队的规模。通过本次收购，Xbox 有望成为更大规模、深度互动的游戏社区来连接元宇宙。

微软在企业元宇宙、消费元宇宙领域同步发力，且布局不限于硬件，而是深入探索内容、应用、场景的可能性。微软硬件积淀的良好基础与泛娱乐场景的积极进取，将持续为微软推出通用型入口、分布式垂类硬件起到推动作用。

3. 索尼：PS VR 二代核心产品问世

索尼在元宇宙硬件领域目前有两大拳头产品，一是 PS 系列产品，二是适配 PS 的 VR 产品。PS VR 已经更新到第二代，基于 PS 的硬件与内容生态较好地构建了元宇宙的游玩场景。索尼积极推进自有的 PS VR，基于 PS VR 的探索可能成为其通用型入口与分布式垂类的储备。

索尼 1994 年推出的 Play Station 主机，是家用游戏机标志性的产品。经过近 30 年的迭代，PS 系列产品外观差异并不大，主要体现在性能的优化与提升方面，比如芯片处理能力、图形处理能力的升级，以及基于应用场景的产品衍生等。截至目前，索尼 PS 产品有三大系列：（1）Play Station 主机，主要面向家庭游戏应用场景，主打产品性能，最新款为 2020 年发布的 PS5，支持 4K 图像、无线遥控及 3D 音频等更沉浸的游戏体验；（2）PlayStation Portable（PSP）系列，是公司 2004 年推出的便携式游戏设备；2011 年公司又推出 PlayStation Vita（PSV）系列作为 PSP 的升级，但至今公司已不再支持该系列产品的后续迭代，2021 年宣布 PSN 不再支持 PSP；（3）PS VR，是 2016 年公司在 PS4 的基础上推出的 VR 设备，主要是为用户提供更具沉浸感的虚拟主机游戏体验，目前 PS VR 第二代已经于 CES 2022 索尼发布会上正式发布。

表 7-5　索尼 PS 主机发展历程

产品	发售时间	发售价（日元）	款式	产品介绍
Play Station	1994 年 12 月	39 800		采用 CD-ROM 为游戏载体，加上强大的图像性能，使得家用电视游戏彻底进入 3D 化时代；手动控制器的标志性三角形、圆形、十字和方形符号，成为 PlayStation® 家族的商标
PlayStation 2	2000 年 3 月	39 800		推出 128 位 CPU，其数据处理能力远远超过当时的 PC，并集成了"图形合成器"，可提供无与伦比的图像质量和细节；采用 DVD-ROM，可以作为 DVD 播放器来欣赏影片等内容
PlayStation one	2000 年 7 月	15 000		以 PS1 为基础进行了电源外置等改造，主机体积只有 PS1 的三分之一，主打轻便的特性；采用 LCD 显示器
PlayStation Portable（PSP-1000 series）	2004 年 12 月	20 790（含税）		PS 系列第一款手持设备，与 PS2 的音质、图像能力相当，除了游戏功能之外，PSP 还可以用来看视频、听歌，甚至可以连接互联网。支持多人协作游戏
PlayStation 3	2006 年 11 月	49 980（含税）		采用了高容量 BD 介质，并预装硬盘，图像处理能力进一步提升，控制器升级为六轴传感系统
PSP-2000 series	2007 年 9 月	19 800（含税）		产品更加轻薄，新增视频输出端口可以在电视上体验 PSP 内容

续表

产品	发售时间	发售价（日元）	款式	产品介绍
PSP-3000 series	2008 年 10 月	19 800（含税）		在轻薄产品设计基础上增加了 LCD 显示屏幕，显示质量最佳；配置麦克风及视频输出端口，适配更广泛的电视型号
PlayStation 3（CECH-2000 series）	2009 年 9 月	29 980（含税）		PS3 内部架构进行了重新设计，相较于 PS1、PS2 的体积、重量等有了大幅度的减少
PlayStation Vita	2011 年 12 月	29 980（含税）		是索尼推出的首款具有触控屏幕的便携式游戏设备，支持 3G 联网功能
Play Station 4	2013 年 11 月	$399（美元）		搭载了强大的 AMD 芯片，具有更高的性能；增加了交互、共享等功能，可与 Play Station Camera 搭配使用，检测控制器位置
New Play Station 4	2015 年 6 月	39 980		与前一代 PS4 相比重量减少10%，能耗减少 8%
PlayStation VR	2016 年 10 月	44 980		将 PlayStation®4 系统带到下一个沉浸级别，并进一步丰富游戏体验。PS VR 提供 360 度的虚拟 3D 环境、3D 音频技术，使玩家更具沉浸体验
PlayStation 5	2020 年 11 月	39 980		拥有超高清蓝光磁盘驱动器、使用了相同的定制处理器，集成了 CPU 和 GPU，可实现高达 4K 的高保真图形，以及相同的超高速 SSD；采用无线控制器和 3D 音频功能提供了更深的沉浸感

资料来源：Sony Interactive Entertainment（SIE）官网。

PS4 全球份额领先，PS5 销量快速增长。索尼 PS 主机、微软 Xbox 系列、任天堂的 Switch 是全球主机市场上的三大核心产品，其中 PS4 曾占据主机市场的霸主地位，根据 VGchartz 数据显示，2015—2018 年 PS4 在全球主机市场的份额均超过 45%，持续排在行业前列。

表 7-6　2015—2018 年三大主机销量及市场份额

产品	项目	2015 年	2016 年	2017 年	2018 年
PLay Station 4	销量（百万）	721.23	687.48	1 003.36	845.96
	市场份额（%）	69.9	70.1	55.6	46.3
Xbox One	销量（百万）	309.96	293.62	253.94	302.66
	市场份额（%）	30.1	29.9	14.1	16.6
Switch	销量（百万）	—	—	546.55	678.91
	市场份额（%）	—	—	30.3	37.1

资料来源：根据 VGchartz 发布的数据整理。

索尼的新一代 PS VR 值得关注，有望迎来较大的产品升级。2016 年，索尼推出产品 PS VR，一度引起了极高的关注度，但此后数年未进行过产品迭代。自 2021 年元宇宙元年以来，索尼对虚拟现实技术表示了非常积极的态度，并终于在 2022 年 1 月的 CES 2022 新闻发布会上公布了新一代 VR 头显产品 PlayStation VR2。根据 PlayStation 官方博客，PS VR2 支持 4K HDR 清晰度，110°　FOV 视场角；使用 OLED 显示屏，支持 90Hz/120Hz 刷新率，并且单眼分辨率可达到 2 000×2 040。同时 PS VR2 在 PS5 的设备基础上，结合了眼球追踪、耳机反馈、3D 音频、创新的 PS VR2 Sense 控制器。[1] 此外，公司也将设置过程极力简化，用户只需将一根 USB-C 电缆直接连接

---

① 参考自 https://bbs.a9vg.com/thread-8797272-1-1.html。

到 PS5，即可开始体验 VR。

除硬件性能优良之外，优质且独占的游戏内容也是推动 PS 系列主机销量增长的重要原因。索尼具有强大的内容产出能力，许多旗下优质的游戏在 PS 系列主机上为独占，因此用户只有购买 PS 系列主机后才可以获得这类游戏的体验，比如自研游戏如《战神》《神秘海域》《最后的生还者》《漫威蜘蛛侠》等 3A 大作等，从而推动了 PS 系列硬件销量的增长。同样地，由于部分 VR 游戏如《宇宙机器人：搜救行动》《遥远星际》等为 PS VR 独占游戏，也推动了 PS VR 的销量增长。

作为游戏主机的行业领先者，得益于优质硬件与内容体验，索尼拥有一批忠实的主机用户群体。围绕着 PS 系列主机及优质的游戏内容，索尼构建了完整的生态体系，包括用户的账号体系 PSN、应用商店 Play Station Store、会员体系 Play Station Plus、云游戏服务 Play Station Now 等。根据公司官网披露，2021 年 PSN 月活跃用户为 1.04亿，其中 PS Plus 付费用户为 4 360 万，PS Now 的订阅用户数是 320万，具有较高的用户黏性。

基于 PS 系列硬件，索尼已形成完整的生态体系，坐拥数量较为庞大、忠实度较高的用户。未来，基于内容生态与流量优势，索尼有望在通用型硬件、分布式垂类硬件取得突破。

四、智能电车厂商

1. 特斯拉：硬件持续进化，软件逐步升级

特斯拉的前瞻性意义在于将汽车变成智能大型移动终端，可类比 iPhone 4 将功能机转变为智能机，特斯拉本身就承载着成为未来的通

用型入口的希望。未来随着应用场景的进一步探索，基于特斯拉强大的 AI 能力，其对应元宇宙内外的需求都有望显现为分布式垂类硬件。

特斯拉推崇以视觉传感器为主导的自动驾驶方案，率先实现较高程度的自动驾驶技术。公司于 2014 年 10 月推出了 Autopilot 1.0，具备 L2 级别的辅助驾驶，是率先实现较高程度自动驾驶技术的车企。2016 年发布了 Autopilot 2.0，实现了部分 L3 级别的自动驾驶功能。2019 年推出了搭载自研芯片 Hareware 3 的 Autopilot 3.0，有望实现 L4 级别。特斯拉推崇以视觉传感器作为主导，辅以毫米波雷达的技术方案，虽然激光雷达分辨率高、抗干扰能力强、感知信息丰富，但是造价过于高昂，短期内难以商用化。视觉传感器类似"人眼"，有较稳定的图像处理能力，但难以解决极端天气与环境带来的影响。

表 7-7　特斯拉自动驾驶系统

特斯拉自动驾驶系统	Autopilot 1.0	Autopilot 2.0	Autopilot 2.5
时间	2014 年 9 月— 2016 年 10 月	2016 年 10 月	2017 年 8 月
前置摄像头	1 个	3 个（广角 60 米、长焦 250 米、中距 150 米）	3 个（不同视角、广角、长焦、中等）
侧方前视摄像头	0 个	2 个（80 米）	2 个（一左一右）
侧方后视摄像头	0 个	2 个（100 米）	2 个（参与自动辅助驾驶）
后视摄像头	1 个	1 个（50 米）	1 个（参与自动辅助驾驶）
超声波传感器	12 个	12 个（探测距离 / 精度翻倍）	12 个（探测距离增加一倍）
毫米波雷达	1 个	1 个增强版前置雷达（160 米）	1 个前置雷达（增强版）
处理芯片	Mobileye Q3	英伟达 Drive PX2	英伟达 Drive PX2（增强型）

资料来源：高工智能。

表 7-8　传感器比较

传感器	检测距离 / 范围	优点	缺点
摄像头	长焦 FOV ±15°　200m 中焦 FOV ±30°　100m 短焦 FOV ±60°　50m	感知方式类似"人眼"，直接，成本较低，算法灵活	无直接的距离信息，对环境因素敏感
毫米波雷达	24GHz 中短距离 30—50m 77GHz 长距离 100—150m	距离、景深信息丰富，对障碍物识别率高	检测点稀疏，信息少
激光雷达	100m 左右	信息丰富、抗干扰能力强	成本高
超声波雷达	数米范围	体积小、成本低	距离有限
环视摄像头	5m 以内	成本低、技术成熟	对光照、天气敏感

资料来源：与非网。

特斯拉凭借其 Autopilot、FSD（Full Self-Driving）自动辅助驾驶技术，不仅在市场上碾压竞品，更推动了特斯拉从单纯的车企向平台公司与科技公司进化，引领了行业潮流。我们将特斯拉的核心竞争优势总结为三点：芯片优势、软件算法优势、数据优势。

芯片优势：作为率先实现较高程度的自动驾驶技术量产的车企，特斯拉持续创新并完善自动驾驶技术，2019 年推出的 AP 3.0 更是搭配了自研芯片，是特斯拉 AP 的又一个重大技术突破，也是特斯拉在自动驾驶领域的一大优势。该芯片由芯片皇帝 Jim Keller 设计，处理速度是英伟达 Drive PX2 芯片的 21 倍，是英伟达下一代自动驾驶芯片 Drive Xavier 的 7 倍。虽然 Autopilot 2.0、2.5、3.0 版本硬件采用类型与数量相同的传感器，但 Autopilot 3.0 硬件算力的提升使车辆能更高效地处理来自传感器的数据，这将让特斯拉的车型未来能够支持更高车速下的驾驶辅助或实现更多更全面的自动驾驶功能。特斯拉在由 Mobileye 与英伟达垄断的自动驾驶芯片中杀出一条血路，成为唯一具备自主研发自动驾驶芯片能力的车企。

软件算法优势：辅以可称创举的整车空中升级（OTA）技术，特斯拉在软件算法方面遥遥领先。软件方面，特斯拉的自动辅助驾驶功能是渐进式的，不是一步到位的。特斯拉通过 OTA 来更新软件与功能进而扩展自动驾驶的潜力，而每一次的更新都需要软件工程师的测试、调教、优化、路测、验证以及更新到实际应用中，再通过实况反馈数据进一步加强算法，算法的优化可以提升百倍性能，这也是特斯拉远超其他对手的主要原因。

数据优势：特斯拉在自动驾驶领域最大的优势是拥有海量的实际路况数据以供系统不断学习。特斯拉是最早将自动驾驶技术量产的车企，与走激光雷达技术的谷歌 Waymo 相比，特斯拉手握全球最大规模的自动驾驶车队，主要优势在于数据量。特斯拉拥有散布在全球各地的约 42.5 万辆 AP 2+ 车型，每一台车都会将实时行驶数据上传至云端，这些数据正是特斯拉自动驾驶算法学习的基础。

在目力可及的元宇宙内容与场景中，游戏、影视仅仅是局限的一部分；而自动驾驶会比游戏、影视更完整地把用户带进元宇宙。这是因为如果能将人的双眼与双手彻底释放，自动驾驶车辆将变成封闭的网联空间——座舱里的元宇宙，加上抬头显示（HUD）、硬件虚拟化、语音手势识别与 5G（甚至 6G）将构成一个真正的全数字化交互环境，消费者可以在这种场景中充分交流、协作、消费。而特斯拉，将成为构建座舱里的元宇宙的核心力量。

2. 蔚、小、理：智能驾驶新势力

蔚来汽车、小鹏汽车、理想汽车代表着智能电动汽车领域的新势力，除了本身作为通用型硬件入口的强有力竞争者外，也在持续精进其 AI 技术与能力，基于不同的资源禀赋探索适配的应用或场景，进而探索不同分布式垂类硬件的可能性。

（1）蔚来汽车尝试应用 VR/AR 产品于汽车座舱。

2021 年 12 月 18 日，NIO Day 2021（2021 蔚来日）上，蔚来汽车发布了中型智能电动轿跑，当前市场中首款 AR/VR 体验原生设计车型——ET5。

据腾讯新闻报道，蔚来汽车创始人、董事长兼 CEO 李斌在会上介绍称，ET5 搭载应用了 AR/VR 技术的蔚来全景数字座舱 PanoCinema。通过搭载前沿的硬件系统、持续的软件研发与内容拓展，配合全新 256 色数字光幕氛围灯与 7.1.4 杜比全景声音响系统，PanoCinema 在 ET5 座舱内带来独特的全感官沉浸体验。

同时，本次 Nio Day 蔚来发布了与 Nreal 联合开发的专属 AR 眼镜，可投射出视距 6 米、等效 201 英寸的超大屏幕，重量仅为 76 克，是目前最轻的量产 AR 眼镜。蔚来还发布了与 NOLO 合作研发的 NIO VR Glasses，搭载超薄 Pancake 光学镜片，可实现双目 4K 显示、6 自由度，以及 inside-out 亚毫米级空间定位技术，实现了毫秒级延时，同时也是全球首款汽车专用高性能 VR 设备。

（2）小鹏汽车持续拓展智能出行的边界。

小鹏汽车的自动驾驶技术已经发展到第三代的 XmartOS 3.0 智能数字交互系统。同时，其 XPILOT 3.0 自动驾驶辅助系统的应用范围在一步步扩大，先是推出了小鹏机器马，后又推出第六代飞行汽车，逐步拓展智能出行的边界。

据 CNMO 介绍，XPILOT 3.0 自动驾驶辅助系统新增 NGP 智能导航辅助驾驶，好处就是在适用路况下按照导航路径智能辅助驾驶，引导车辆抵达目的地，可以降低长途驾驶疲劳感，NGP 相比同类型功能具有更高场景覆盖率、更低人工接管率、更高换道效率等优势；为了让用户更好地使用 NGP，小鹏汽车还新增了 SR 智能辅助驾驶环境模拟显示，可以让用户实时了解车辆周边状态。[①]

据小鹏汽车官网介绍，小鹏机器马由小鹏生态企业新成员——鹏行智能发布，内部代号为"小白龙"。作为小鹏汽车生态企业，鹏行智能将引入汽车体系与思维，赋能智能机器人的研发与制造。智能机器马在动力模组、运动控制、智能驾驶、智能交互等方面均实现了对以往四足机器人的技术突破，是全球首款可骑乘智能机器马，承载着鹏行智能对未来美好生活的愿景。[②]

据腾讯新闻报道，小鹏第六代飞行汽车计划于小鹏汽车第三届 1024 科技日上官宣，并同步了量产计划表与售价区间，计划 2024 年实现量产与 100 万元以内的售价。小鹏汽车董事长、CEO 何小鹏还透露了第六代飞行汽车的一些具体细节，可以在陆地交通网上正常行驶，也可以在低空进行飞行，飞行方式为螺旋桨结构。何小鹏表达了对飞行汽车的高度看好，并表示第六代飞行汽车重量会得到控制，不超过小鹏 P7 的 50%。[③]

（3）理想汽车开启汽车 + 元宇宙的初步探索。

理想汽车将在 2022 年推出的全尺寸增程式智能 SUV 上率先使用 NVIDIA Orin 系统级芯片中运算能力最强的产品；理想汽车所使用的

---

① 参考自 https://smartcar.cnmo.com/news/702786.html。

② 参考自 https://www.xiaopeng.com/news/company_news/4037.html。

③ 参考自 https://new.qq.com/omn/20211027/20211027A04WMV00.html。

NVIDIA Orin 芯片的单片运算能力可达到每秒 200TOPS（每秒 200 万亿次运算），是上一代 Xavier 系统级芯片的 7 倍；基于强大的硬件系统，理想汽车将实现最高可达到 Level 4 级的自动驾驶功能，并为终端用户提供软件、硬件的可升级方案，整车运算能力最高可扩展至 2000TOPS。[①]

在自动驾驶领域，全球化合作已经成为行业共识，理想汽车也在疯狂拓展朋友圈。9 月 22 日，理想与英伟达以及德赛西威在北京签订三方战略合作协议。理想汽车将携手英伟达和德赛西威共同打造智能汽车。据雷锋网报道，英伟达创始人兼 CEO 黄仁勋表示，理想汽车将是第一个使用英伟达 Orin 系列芯片的汽车制造商；德赛西威将基于 Orin 系统级芯片的强大运算能力，为理想汽车提供性能优异的自动驾驶域控制器，理想汽车将成为可以完整独立开发 Level 4 级别自动驾驶系统的新能源车企。

五、AI

1. Google：重点布局企业级 AR

谷歌作为全球老牌科技公司，从未松懈过在攻占硬件入口层面的努力。谷歌的布局重点侧重于企业级 AR，在通用型硬件入口布局，在无人驾驶领域优势突出，在分布式垂类硬件布局目前已知相对空白。但谷歌在 AI 的 B 端及 C 端的内容、应用、场景均尝试赋能与布局，未来呈现为垂类硬件的可能性较大。

---

① 　参考自 https://auto.sina.com.cn/news/hy/2020-09-23/detail-iivhuipp6010780.shtml。

谷歌在硬件方面的探索分为多个阶段，几经探索，目前以企业级 AR 作为主要的布局方向：（1）起步于 AR。2012 年发布了其 AR 眼镜雏形——谷歌眼镜 Google Project Glass，并于 2014 年推出正式版 Google Glass。（2）转而投向智能手机移动 VR 研发。2015 年，公司搁浅 Google Glass 相关研发，并加入三星之列发售 Cardboard "手机 VR"，正式进入 VR 领域。2016 年，Google 发布 Daydream VR 平台，并上市 Daydream View VR。（3）重回企业级 AR 方向，产品生态更加完善。2017 年，Google Glass 以企业版本回归，主要面向企业客户，涉及农业机械、制造业、医疗以及物流等领域。并且推出了搭建增强现实应用程序的软件平台 ARCore。2019 年 Google Glass Enterprise Edition 2 问世。

除硬件探索之外，谷歌在操作系统的垄断地位也相当稳固，谷歌旗下的安卓是目前市场份额最高的 VR/AR 操作系统。得益于安卓系统在智能手机上的成功，目前主流的 VR/AR 硬件设备的操作系统几乎都是基于安卓系统的二次开发，全球出货量最高的 Oculus Quest 系列、Pico、VIVE、Nreal 等头部产品都是基于安卓系统的二次开发。结合产品出货量来看，可以初步推断安卓在 VR/AR 硬件操作系统中具有最高的市场占有率。

谷歌同样还是人工智能领域的领跑者。它所做出的在人工智能领域的里程碑的事件是 2016 年 Alpha GO 打败围棋手李世石，推动了人工智能在市场上得到广泛的关注。之后一级市场也产生了非常多的投资事件，很多的人工智能独角兽企业从此加速发展，而 Alpha GO 背后就是谷歌旗下的 Deep Mind 开发团队。2017 年，谷歌正式提出将战略由原来的 Mobile first 转变为 AI first，将 AI 作为公司最核心的战略。发展至今，谷歌在 AI 领域已积累很强的综合实力，无论是学术的研究能力还是场景的落地能力，都属于在全球科技巨头中 AI 能力排名领先的公司。

在人工智能场景当中，巨量的数据与多样的数据类型导致串行计算的 CPU 难以满足要求，计算芯片种类走向多元——GPU、FPGA、ASIC 等。谷歌研发的 TPU，就是 ASIC 芯片的代表性产品之一。2021 年 5 月，谷歌推出新一代人工智能 ASIC 芯片 TPUv4。该芯片对系统内部的互联速度及架构进行优化，以进一步提升互联速度。TPUv4 集群的互联带宽可以达到大多数其他网络技术的 10 倍，可以提供 exaflop 级别计算能力。[①]

TPU 比通用处理器有着更高的设计门槛与生产成本。目前，谷歌并未选择批量产出 TPU 并对外售卖，而是用于数据中心并以云服务的形式进行销售。2015 年起，谷歌基于 TPU 逐步完善从云到端的布局。在面向云服务的 TPU 与 TPU POD 之外，还推出了为端到端、端到边提供 AI 算力的 Edge TPU，赋能预见性维护、故障检测、机器视觉、机器人、声音识别等更广泛的场景。[②]

AI 加持之下，谷歌在无人驾驶领域优势突出。Google 的无人驾驶项目于 2009 年正式启动，2016 年谷歌无人驾驶项目独立为谷歌母公司 Alphabet 旗下子公司 Waymo。目前，Waymo 是无人驾驶领域技术最为领先、也是估值最高的公司之一。Waymo 的自动驾驶软件已经收集了几十亿英里的模拟驾驶数据、超过 350 万英里的道路驾驶数据，同时 Waymo 模拟器可以在每个新软件版本里回放真实世界的驾

---

① 参考自 https://www.ednchina.com/news/a7027.html。
② 参考自 https://new.qq.com/omn/20210521/20210521A0BK9500.html。

驶数据，还可以针对软件构建全新的现实虚拟场景进行测试，从而帮助车辆安全地在现实世界中驾驶。激光雷达技术是 Waymo 公司拥有的最重要的技术壁垒，Waymo 的雷达系统具有连续的 360° 视野，可以跟踪车辆的前后方与两侧过路车辆的行驶速度。同时 Waymo 的系统包括内部开发的三种类型激光雷达：短程激光雷达可以让车辆持续不断地观察与监控；高分辨率的中程激光雷达；新一代功能强大的长距离激光雷达，视线面积可达三个足球场。[①]

应用层面，谷歌目前不仅仅将自己 AI 的技术应用到搜索、YouTube 等 C 端业务，最重要的是在安卓的系统上也进行了不断的迭代，将其开放给采用安卓系统的 B 端智能手机厂商使用。未来，谷歌的 AI 有望深度赋能与重塑 B 端与 C 端的各类场景，成为孕育新垂类硬件的肥沃土壤。

2. 百度：AI 加持之下的 VR+ 智能驾驶

百度在新硬件层面的布局主要有两大方向，一是 VR，二是智能驾驶，这两大方向有望以通用设备的定位作为元宇宙的入口级硬件。同时，支撑这两大方向布局的是百度的强 AI 能力，一方面，赋予百度硬件不同于其他纯硬件公司的 AI 能力；另一方面，其 AI 能力未来也有望持续产品化，丰富垂类硬件的范畴。

百度在 VR 方面的布局较为全面，主要有百度 VR 与爱奇艺奇遇系列 VR 两个硬件入口，分别面向企业端助力产业数字化升级、面向消费者提供影音及游戏等娱乐体验。

---

① 参考自 https://new.qq.com/omn/20200916/20200916A0LXDN00.html。

（1）百度 VR 面向 B 端重点布局教育、营销等垂类领域。

2016 年百度先后推出 WebVR、VR 浏览器安卓 1.0 版本，敲开 VR 技术产业的大门。经过两年的试错与迭代，2018 年，世界 VR 产业大会上，百度发布了全新的 B 端标语——"开视界，创未来"，并表示百度 VR 作为百度 AI 战略中感知层的重要组成部分，承担着百度 VR 领域的战略开拓任务；百度 VR 的战略中心主要在于教育、实训、营销等垂类领域及生态闭环的打造。2019 年，百度 VR 进一步拓展落地场景，在 2019 年世界 VR 产业大会上推出 VR 营销平台"蓬莱"，面向汽车、珠宝、家居等行业，围绕 3D 环物营销场景，帮助客户实现快速、低成本制作商品的 VR 内容。

百度 VR 兼顾软与硬生态，致力于提供综合解决方案。百度 VR 重点从三个方面完善生态布局：一是依托百度大脑等底层技术积累，面向开发者提供 VR suite 开发者套件，内含开发工具集 SDK、展示 SDK、Cloud VR、深度算法等，从而降低开发者的 VR 内容制作门槛，提高内容制作质量；二是提供针对场景定制的 VR 一体机以及智拍系列硬件；三是开放生态合作，合作方式包括内容、硬件、技术、渠道等多个方面。以 VR 产业化平台为基础，2021 年 10 月，百度正式发布基于百度大脑的百度 VR2.0 产业化平台。百度副总裁马杰表示，整套 VR2.0 产业化解决方案，融合了百度在 AI 领域的领先技术，百度期待这些开源开放的技术可以更大程度地应用于元宇宙中。

（2）爱奇艺 VR 依托千元机与内容生态切入市场。

爱奇艺是国内最早布局 VR 生态的长视频内容公司，先后推出了奇遇 1、奇遇 2、奇遇 2S、奇遇 2Pro、奇遇 3 等 VR 一体机产品，并创造了诸如全球首款 4K VR 一体机、独家定制 iQUT 观影标准、全

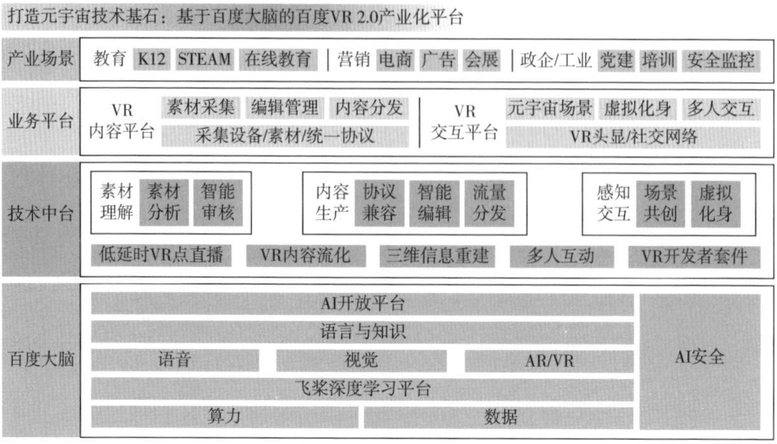

打造元宇宙技术基石：基于百度大脑的百度VR 2.0产业化平台

| 产业场景 | 教育 K12 STEAM 在线教育 ｜ 营销 电商 广告 会展 ｜ 政企/工业 党建 培训 安全监控 |

图7-19　基于百度大脑的VR2.0产业化平台

资料来源：2021世界VR产业大会。

球首个5G+8KVR直播、国内首个计算机视觉（CV）头手6DoF VR交互技术等多项业界第一。2021年12月1日，爱奇艺新款VR一体机产品奇遇DreamVR开放预约，并于12月8日在京东、天猫平台正式发售。从硬件配置来看，奇遇DreamVR与Quest 2一样搭载VR旗舰级处理器高通XR2芯片，但是售价仅1 999元，首发版还提供90天视频打卡赢半价、送3款热门游戏等多种福利活动，实际价格有望更低。根据"爱奇艺·奇遇VR"官方微博，奇遇DreamVR首发销量表现亮眼，截至12月9日首批产品已经售罄。

表7-9　奇遇DreamVR与Oculus Quest 2参数对比

参数	奇遇 DreamVR	Oculus Quest 2
首发价	1 999 元	299 美元（128GB）/399 美元（256GB）
重量	2 130g	503g
处理器	高通骁龙 XR2 平台	高通骁龙 XR2 平台

续表

参数	奇遇 DreamVR	Oculus Quest 2
运存	8G	6G
存储	128G	128GB/256GB
存储卡	不支持	—
传感器	IMU，接近光传感器	—
定位	头部手部 6DoF，基于计算机视觉	6DoF，可实现无控制器手势追踪
Wi-Fi	Wi-Fi6	
接口	Type-C 充电 / 数据传输，3.5mm 耳机接口	Type-C 充电 / 数据传输
扬声器	内置立体声扬声器	集成扬声器和麦克风
屏幕	72Hz/90Hz LCD，分辨率为 1 560×1 440	90Hz LCD，分辨率为 1 832×1 920
镜片	双非球面	—
瞳距	自适应，标准 63mm，适配 57—69mm	具有 58mm、63mm 和 68mm 三挡可调节设置
屈光度	固定，支持用户佩戴眼镜，宽度 ≤16cm	—
主机电池	5 500mAh，约 3 个小时观影和 2 个小时游戏	2—3 小时续航
手柄电池	1 节 AA 电池 / 手柄，约 15 小时使用续航	—
佩戴设计	帽式佩戴	帽式佩戴
游戏方式	无须连线（或连其他设备），联网即玩，可戴眼镜使用	无须连线（或连其他设备），联网即玩，可戴眼镜使用

资料来源：根据京东、什么值得买平台信息整理。

　　奇遇 VR 影视内容资源丰富，正在大力引入精品游戏。一方面，奇遇系列 VR 依托爱奇艺强大的影视内容库，能够提供行业内最全面最新鲜的影视内容，并能够为用户提供行业内领先的观影体验；另一方面，奇遇 VR 开始积极引入精品游戏内容，平台目前游戏总数接近 40 款，并以每月 3—5 款的速度不断更新，包括时下火爆的《亚利桑那阳光》《危机行动队》《雇佣兵：智能危机》等游戏均已收入囊中。[①]

百度在智能驾驶领域同样深耕多年，战略清晰。百度智能驾驶明确三大商业模式，Apollo 平台生态日趋完善。百度最初在 2013 年就组建了自动驾驶的研发团队，于 2017 年推出全球首个自动驾驶开放平台 Apollo。公司明确了 Apollo 智能驾驶业务的三种商业模式：一是为主机厂商提供 Apollo 自动驾驶技术解决方案，助力车企快速搭建自动驾驶能力；二是百度造车，端到端地整合百度自动驾驶方面的创新，如与吉利展开合作，成立智能电动汽车公司集度汽车；三是共享无人车，百度无人车商业化进程一直在加速，Robotaxi 已开启常态化商业运营。

百度 Apollo 是中国自动驾驶市场的领先者。2017 年以来，百度持续加码 Apollo，产品不断迭代，目前 Apollo 平台已经由 Apollo 1.0 迭代至 Apollo 6.0 版本，涵盖的功能也不断增加，包括智能新模型、安全无人化、系统新升级、联动新服务、V2X 车路协同五大功能，覆盖了硬件、软件、智能驾驶解决方案、Robo-Taxi、车联网等业态。目前，百度已成为中国互联网公司中发展时间最早、积累最为深厚的自动驾驶市场的领先者。

Apollo 在汽车智能化领域推出多个拳头产品，以软硬结合的汽车智能化解决方案助力车企。2020 年 12 月，百度 Apollo 发布乐高式汽车智能化解决方案，方案包括可组装的"智驾、智舱、智图、智云"

---

① 参考自 http://vr.sina.com.cn/news/hot/2021-12-01/doc-ikyakumx1372821.shtml。

四大系列产品，可以根据车企不同层级的智能化量产需求提供定制化解决方案。

Apollo 1.0 2017年7月	Apollo 2.0 2018年1月	Apollo 2.5 2018年4月	Apollo 3.0 2018年7月	Apollo 3.5 2019年1月	Apollo 5.0 2019年7月	Apollo 6.0 2020年9月
开放封闭场地自动驾驶能力，其具备具控制、定位、标记3D障碍物数据等技术	开放固定车道自动驾驶，具备提感知、定位、安全OTA等技术	开放高速公路自动驾驶，其具备提感知、定位、安全OTA等技术	产品层面的封闭式运营测试，新增卡车物流应用场景；限定区域视觉高速自动驾驶	可支持复杂城市道路的自动驾驶场景	获得北京首批自动驾驶牌照，推出Apollo GO	迈向无人化自动驾驶

图 7-20　Apollo 版本从 1.0 到 6.0 的演进

资料来源：知乎，https://zhuanlan.zhihu.com/p/258057165。

百度商业化探索已初见成效，依托前瞻性的 AI 布局优势已率先实现 Robotaxi 的商业化落地，且自动驾驶解决方案也逐步渗透至广汽、吉利等主流整车厂商。未来这些商业化程度的加深，创造终端收入的同时也将为软件算法端带来更多道路实况数据，强化其自动驾驶技术与 Apollo 平台，从而实现更多 To B 场景的落地商用，同时基于其用户流量可以布局车内娱乐、生活等 To C 消费场景。我们认为百度对于智能驾驶商业化及生态建设的思考较为全面，有望在智能驾驶时代成功突围，成为领域内的头部互联网科技企业。

而百度无论是 VR、还是智能驾驶的布局，都离不开 AI 的加持。百度布局 AI 较早，并逐步释放 AI 能力。2010 年以前，百度技术的迭代主要围绕其搜索业务开展。2010—2015 年，百度持续布局 AI 技术，并逐步向 NLP、机器翻译、语音、图像、知识图谱、机器学习等技术研发。2016 年百度大脑发布，并对外开放 AI 核心技术，不断赋能各个产业。2016 年百度还推出飞桨深度学习平台，赋能自身移动生态，提高搜索效率，根据 2019 百度世界大会，百度搜索结果的首条满足率在 2017—2019 年分别达到 16%、37%、58%。

其中，百度大脑是百度 AI 核心技术引擎，为百度所有的业务提供 AI 的能力与底层支撑，其中包含人脸识别、人体、图像、视频等分析、自然语言理解等。经过几年的发展，百度大脑于 2020 年 9 月升级为 6.0 版本，已具备"知识增强的跨模态深度语义理解"能力。且百度大脑实现了"软硬一体 AI 大生产平台"的持续升级：（1）软件方面，百度依托自主研发的飞桨深度学习平台全面升级 API 体系，降低开发者开发门槛，实现广泛部署；（2）硬件方面，百度自研昆仑芯片实现商业化落地，逐渐完善对各产业的适配，满足各场景对 AI 计算的需求。

2021 年 1 月，吉利控股正式宣布与百度组建智能电动汽车公司，成为百度电动汽车公司的战略合作伙伴。以整车制造商的身份进军汽车行业，打响了商业化造车的"第一枪"。随后 3 月，集度成立，百度持股 55%，吉利持股 45%。集度早已推出模拟样车 SIMUCar（Software Integration Mule Car），并融通了城市域、高速域的自动驾驶功能，提前验证了其安全、可靠的量产 L4 级自动驾驶能力。目前，集度自研的电子电气架构 JET1.0，以及 SOA、自动驾驶系统、核心算力平台、相关传感器正在向量产状态进一步迭代。此外，集度首款汽车机器人量产车的内外饰，以及所有零部件的设计已逐渐进入量产模具开发阶段。[1] 2022 年 1 月 26 日，集度宣布完成近 4 亿美元 A 轮融资，由百度与吉利共同增持。融资完成后，集度将持续加快研发与量产进程，首款汽车机器人概念车将于 2022 年 4 月在北京车展

---

[1] 参考自 https://www.sohu.com/a/519113817_115565。

发布，量产车型预计将于 2023 年上市。①

百度在 PC 互联网时代风头无两，但在移动互联网时代稍显落寞。我们判断这一轮元宇宙时代百度有望全面突围，凭借较强的 AI 实力加持，无论是通用型、还是分布式垂类，百度与其他纯硬件或平台类公司相比或具备更大的胜算。

3. 亚马逊：专注底层能力建设

亚马逊在云计算、大数据方面的底层能力积蓄良久，未来该能力有望进一步产品化为相关硬件，无论是通用型入口，还是分布式垂类，都离不开数据的积累。

亚马逊 2006 年在 AWS（Amazon Web Services）上增加云计算服务，此后不断投入资源发展云计算业务，每年举办"re：Invent 全球大会"发布年度新产品，在相当程度上引领了云计算行业的发展。2013 年发布实时流式数据服务 Amazon Kinesis，为移动互联网时代的数据分析奠定基础；2014 年发布业界首个无代码函数计算服务 Amazon Lambda，成为业内发展的主流方向；2018 年发布 Amazon Outposts，将云能力延伸到本地，成为亚马逊云科技重塑混合云的关键一环。

表 7-10 2012—2021 年亚马逊 re：Invent 全球大会发布的主要产品

时间	主要的技术革新
2012 年	发布业界首个云上数据仓库 Amazon Redshift，实现并发扩展的过程中持续稳定的查询性能，且按用量付费，数据仓库不再只是超大型企业的专利

---

① 参考自 https://www.thepaper.cn/newsDetail_forward_16458634。

续表

时间	主要的技术革新
2013 年	发布实时流式数据服务 Amazon Kinesis，为移动互联网时代的流式数据实时分析处理奠定基础
2014 年	发布云原生关系数据库 Amazon Aurora，兼具性能和成本效益，它在日后成为亚马逊云科技历史上用户数量增速最快的云服务；发布业界首个 Serverless 函数计算服务 Amazon Lambda，颠覆应用运营模式，免除运维烦恼，让开发者更专注于业务
2015 年	发布首个按会话付费的商业智能（BI）服务 Amazon QuickSight，强势解决大数据应用"最后一公里"问题；发布亚马逊云科技首个硬件服务 Amazon Snowball，海量数据可以快速安全地迁移上云
2016 年	发布 Serverless 的交互式查询服务 Amazon Athena 和数据集成服务 Amazon Glue，为云上数据湖解决方案迈出重要一步
2017 年	发布 Amazon Nitro 系统，重构云计算的基础。Nitro 架构充分释放服务器性能，摆脱虚拟化损耗。用户可获取更多算力，上百种 EC2 实例创新都以此为基石。发布首个机器学习集成开发环境 Amazon SageMaker，破除软硬件环境限制及资金门槛，释放数据科学家的生产力
2018 年	首次发布 Amazon Outposts，真正将云能力延伸到本地，成为亚马逊云科技重塑混合云的关键一环；首次发布 Amazon DeepRacer，一个人人都能玩转且趣味无穷的自动驾驶赛车，极大地降低机器学习门槛
2019 年	发布基于 Arm 架构的自研云原生处理器 Amazon Graviton 2，开创了企业级应用大规模使用云端 Arm 架构服务的局面，同规格实例相较 ×86 架构性价比提升可达 40%；发布首个全托管量子计算服务 Amazon Braket，让企业通过熟悉的云计算模式轻松地开始体验量子计算
2020 年	发布云上首个 Mac 实例 Amazon EC2 Mac，首次实现在云上按需运行 macOS 工作负载；发布 Serverless 数据库 Amazon Aurora Serverless v2，实时自动容量伸缩，摆脱烦琐复杂的数据库容量预置管理，恰到好处的精细化资源配置，仅为实际用量付费
2021 年	发布新一代 Arm 架构自研芯片 Amazon Graviton 3、快速搭建 5G 专用网络的 Amazon Private 5G、无代码机器学习平台 Amazon SageMaker Canvas、数字孪生服务 Amazon IoT TwinMake

资料来源：知乎，https://zhuanlan.zhihu.com/p/439856390。

AWS 在全球范围内拥有广泛的客户分布，覆盖多个垂直行业。亚马逊客户提供超过 200 大类云服务，包括计算、存储、网络、安全、数据库、数据分析、人工智能、机器学习、物联网、混合云等，直至前沿的量子计算与卫星数据服务，具备强大的综合云服务解决能力。得益于优质的技术服务能力，亚马逊覆盖来自全球各个领域的客户，包括来自互联网、制造、金融等领域的 Netflix、西门子、纳斯达克、英特尔、高盛等。

基于深厚的技术积累与客户沉淀，亚马逊云计算业务实现快速增长，目前其所服务范围覆盖全球 245 个国家与地区，是全球公有云市场中占有率排名第一的公司，据 IDC 数据，其市场份额达到 46.8%，远超过排名第二的微软（14.2%）；在中国，亚马逊云科技也具有一定的客户资源，市场占有率为 5.1%，排名第五。

亚马逊更聚焦于技术底层的能力建设。2021 年亚马逊 re：Invent 全球大会上，亚马逊全球副总裁、亚马逊云科技大中华区执行董事张文翊表示"我们认为元宇宙一定是云计算可以大量赋能的一个领域。元宇宙本身需要的就是计算、存储、机器学习等，这些都离不开云计算"。[①]

目前亚马逊以云为核心，已形成丰富的元宇宙开发工具矩阵。

- VR/AR 开发平台 Amazon Sumerian：开发者可以轻松创建 3D 场景并将其嵌入现有网页中。Amazon Sumerian 编辑器则提供了现成的场景模板与直观的拖放工具，使内容创建者、设计师与开发人员都可以构建交互式场景。该平台让开发者以简单的程序构建出一个能够在 VR/AR 现实应用中使用的 3D 模型。
- 搭建 5G 专用网络的 Amazon Private 5G：可自动设置与部署企

---

① 参考自 https://www.eet-china.com/mp/a95167.html。

业专有 5G 网络，并按需扩展容量以支持更多设备与网络流量，重点服务了以工业 4.0 为主的庞大传感器与端侧设备集群。

- 数字孪生服务 Amazon IoT TwinMaker：让开发人员可以轻松汇集来自多个来源（如设备传感器、摄像机与业务应用程序）的数据，并将这些数据结合起来创建一个知识图谱，对现实世界环境进行建模，是实现工业元宇宙的组成技术之一。

- 游戏引擎 Amazon Lumberyard：唯一一款融合了功能丰富的开发技术、对 AWS 云的原生集成以及对 Twitch 的功能的原生集成的 AAA 游戏引擎。Lumberyard 的可视化技术方便用户创建近乎照片般逼真的、高动态范围环境、极其出色的实时效果。Lumberyard 拥有的强大的渲染技术与创作工具：基于物理的着色器、动态全局光照、粒子特效系统、植被工具、实时动态水流、体积雾、电影特写（如色彩分级、运动模糊、景深以及镜头光晕）。

- 无代码机器学习平台 Amazon SageMaker Canvas：保证在脱离数据工程团队的情况下，依然可以提供服务，进一步降低了未来元宇宙内容生产的门槛，保证了内容的多样性。

亚马逊提供的云计算服务支持同样为科技巨头的人工智能项目添砖加瓦。2021 年亚马逊云科技 re：Invent 全球大会上，Meta 宣布深化与亚马逊云科技的合作[①]，将使用亚马逊云科技的计算服务来加速 Meta AI 部门人工智能项目的研发工作，双方还将合作帮助客户提高在

---

① 参考自 http://www.techweb.com.cn/world/2021-12-02/2868116.shtml。

亚马逊云科技上运行深度学习计算框架 PyTorch 的性能，并助力开发
人员加速构建、训练、部署、运行人工智能与机器学习模型的机制。

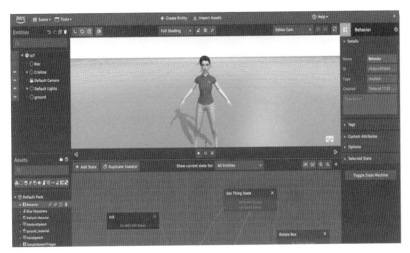

图 7-21　VR/AR 开发平台 Amazon Sumerian

资料来源：AWS。

图 7-22　游戏引擎 Amazon Lumberyard

资料来源：AWS。

4.阿里巴巴：底层基建具先发优势

阿里巴巴在元宇宙的布局，策略是后退一步成为元宇宙世界的底层建设者。因此，无论是通用型硬件还是分布式垂类，阿里巴巴目前均无直接的产品布局。但阿里巴巴的优势主要在于底层庞大数据的累积以及 AI 实力的加持。

阿里在元宇宙方向的布局可以追溯至 2016 年在淘宝上线 VR 购物功能，并投资 AR 独角兽 Magic Leap。2021 年阿里在元宇宙方向的布局更加频繁，先后成立新品牌"云镜"、XR 实验室，聘请AYAYI 成为天猫超级品牌日数字主理人等。

表 7-11　阿里巴巴元宇宙布局版图

时间	事件	主要内容
2016 年 11 月	淘宝 VR 购物 Buy+ 计划正式上线	用户可以直接与虚拟世界中的人和物进行交互，甚至将现实生活中的场景虚拟化，成为一个可以互动的商品
2016 年	参与 AR 独角兽 Magic Leap C 轮和 D 轮融资	Magic Leap 创立于 2010 年，曾推出 Magic Leap One 的头戴式虚拟视网膜显示器与类人 AI 助手 Mica
2021 年 8 月	注册成立杭州数典科技有限公司	布局 VR 硬件设备领域
2021 年 9 月	阿里云游戏事业部成立新品牌"元镜"	"元镜"是一个基于元宇宙底层技术二设立的云游戏 PaaS 能力和开发者平台
2021 年 9 月	AYAYI 正式入职阿里	AYAYI 成为天猫超级品牌日数字主理人，并与品牌展开合作
2021 年 9 月	阿里云方面表示，针对元宇宙的企业级应用，能够提供从渲染、串流到编码的一整套视觉计算解决方案	阿里云在广州举办了视觉计算私享会上，阿里云异构计算产品专家张新涛分享，针对元宇宙的企业级应用，阿里云提供了从渲染、串流到编码的一整套视觉计算解决方案。其中，亚洲最大的 GPU 集群、自研编码技术与视频增强技术等是阿里云的独特优势

时间	事件	主要内容
2021 年 10 月	在达摩院旗下建立 XR 实验室	致力于探索 XR 眼镜等新一代移动计算平台

资料来源：零壹财经、Metaverse 元宇宙、阿里达摩院公众号。

　　除在内容与场景探索元宇宙外，阿里巴巴更为重要的布局是以阿里云为核心的底层计算能力的构建。阿里云成立于 2009 年，起初的发展是为了满足阿里巴巴集团自身庞大复杂的涵盖支付、物流的核心商业业务的需求，由王坚带领团队开创了自主研发的超大规模通用计算操作系统"飞天"，满足了零售业务对算力的需求。2014 年后，阿里云服务开始提供对外服务，并启动全球布局，在此基础上不断提升产品服务能力，目前已能够为用户提供以云为核心的软硬件技术体系。

　　根据 IDC 数据，阿里云已成长为全球第三、中国第一的云服务商。基于营收规模计算，2020 年阿里云全球市场份额为 7.6%，仅次于亚马逊 AWS（46.8%）、微软 Azure（14.2%），是全球第三大共有云服务商；在中国市场，2020 年阿里云在公有云 IaaS 市场中的份额为 38.5%，远高于腾讯云（12.7%）、华为云（11.1%），是行业内第一的云服务商，且领先优势较为明显。

　　根据官网数据显示，阿里云基础设施目前已面向全球四大洲，开服运营 25 个公共云地域、80 个可用区，此外还拥有 4 个金融云、政务云专属地域，其中中国共有 56 个可用区（占比为 70%）。目前阿里云在全球拥有超过 2 800 个边缘计算节点，其中中国的边缘计算节点超过 2 300 个。整体来看，阿里云仍主要以中国为核心服务区域，辐射亚太与欧美区域。

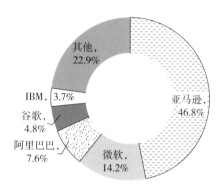

图 7-23　2020 年全球公有云 IaaS 市场份额

资料来源：IDC。

在产品层面，阿里云以飞天云操作系统为核心，向下定义硬件体系，向上打造云钉一体的软件服务，目前已经形成以云为基础的软硬件技术体系[①]：在硬件层面，阿里云自研"倚天—含光—玄铁"系列芯片、磐久自研服务器系列以及更清洁高效能的数据中心，打造以云为基础的硬件体系；在软件层面，阿里云的产品主要包括飞天云操作系统、面向磐久服务器的龙蜥操作系统、自研数据库 PolarDB、集大数据 +AI 一体化的平台"阿里灵杰"等，提高云的易用性；在应用层面，2020 年云栖大会上阿里云首次宣布"云钉一体"战略，依托钉钉向上渗透至 PaaS、SaaS 层。钉钉已经成为中国最大的企业级 SaaS，用户破 5 亿人，覆盖组织数 1 900 万。

----

① 参考自甲子光年，2021 年钉钉未来组织大会。

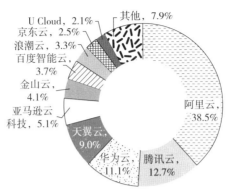

图 7-24　2020 年中国公有云 IaaS 市场份额

资料来源：IDC。

　　得益于领先的技术体系，阿里云能够应对多元丰富的用户场景与需求，目前主要为新零售、数字政府、交通物流、制造等领域的客户提供实时存储、交易处理、计算的需求，并根据使用弹性与拓展性提供服务。根据公司年报披露数据，2021 财年阿里云服务了超过 400 万付费客户，包括太平洋保险、一汽集团等大型客户，推动云计算收入的快速增长。

　　2021 年 9 月，阿里云游戏事业部在北京国际游戏创新大会（BIGC 2021）上发布了全新品牌"元境"，并将其定义为面向云游戏时代的研运一体化服务平台，致力于提供云游戏时代的底层基础设施。云游戏是最贴近元宇宙的内容形态之一，参考云游戏对算力的巨大需求，预计元宇宙时代的内容形态将大概率部署于云端，而一旦上云将面临巨大的迁移成本，同时由于云计算是重资产行业，前期需要投入较高的成本，市场竞争者的准入门槛较高。阿里巴巴已经具备入局的先发优势，有望发展成为元宇宙时代不可或缺的云计算基础设施。

图 7-25　2017—2021 财年阿里云计算营业收入及同比增速

资料来源：阿里巴巴历年财报。

图 7-26　阿里云目前服务的部分客户

资料来源：2021 阿里巴巴投资者活动日。

　　阿里巴巴在 AI 技术运用与现实中产业推进的能力同样不容小觑。阿里巴巴是国内科技巨头里最早成立技术委员会的公司，拥有数万名工程师；旗下的达摩院实验室超过半数科学家具有名校博士学位，其中仅机器智能团队就拥有 20 多位知名大学教授，近 10 位 IEEE FELLOW。[①] 阿里 AI 每天调用超 1 万亿次，服务全球 10 亿用户，积累了规模庞大的数据体量。

---

① 　参考自 https://www.zhihu.com/question/347775590。

在达摩院的推动下，阿里巴巴从 AI 平台、AI 算法、AI 引擎框架、AI 云服务、AI 芯片、产业 AI 等多个领域进入市场，以"云＋AI+IoT"的模式完成从单点系统到技术生态的全面布局。在 2019 杭州云栖大会上，阿里巴巴首次披露其人工智能的完整布局，全面展示了在 AI 芯片、AI 云服务、AI 算法、AI 平台、产业 AI 上的能力。

- AI 云服务层：阿里云的人工智能集群包括 GPU、FPGA、NPU、CPU、超算集群、第三代神龙架构等在内的公共云服务，共同形成面向人工智能产业的支持。

- AI 平台层：飞天 AI 平台、飞天大数据平台、AIoT 平台等大降低了 AI 开发门槛。其中，AI 飞天平台是国家首个云端商业化机器学习平台，支持上百亿特征、千亿训练样本的超大规模经典算法，降低 35% 训练成本，多个场景下提升 400% 训练速度，首创公共云上可视化建模，为开发者提供了接近本地开发的体验。

- AI 算法层：达摩院在自然语言处理、智能语音、视觉计算等领域取得 40 多项世界第一。其中，自然语言处理在 SQuAD 机器阅读评比中精确阅读率首次超过人类，智能语音入选 MIT Technology Review 2019 年"全球十大突破性技术"，打电话语音客服机器人被认为是"比谷歌更好的语音技术"，世界计算可识别超过 100 万种物理实体。[①]

---

① 参考自 https://zhuanlan.zhihu.com/p/84795730。

六、芯片

1. 英伟达：基于 GPU 构建软硬一体化生态

除 GPU 核心技术之外，英伟达将业务范围进一步辐射至数据中心、高性能计算、AI 等，引领 GPU 技术持续发展。其基于 GPU 构建的软硬件一体生态是构建元宇宙的关键技术平台底座。芯片实力与通用型、分布式硬件的当前及未来布局紧密相关。因此，英伟达在 GPU 领域积累的坚实基础，有助于其打入通用型硬件入口的核心环节，其 AI 芯片的强劲实力，让英伟达在通用型入口、分布式垂类两类硬件上都不可小觑。

持续迭代 GPU 架构，从 Tesla 到 Ampere、从 GTX 到 RTX 性能稳步提升。英伟达的 GPU 架构历经多次变革，基本保持两年一迭代，从最初的 Tesla（2008），到 Fermi（2010），之后 Kepler（2012）、Maxwell（2014）、Pascal（2016）、Volta（2017），再到 Turing（2018），然后是现在的 Ampere（2021）。从 Turing 开始，英伟达 GPU 也启用了全新的品牌名，从 GTX 变更为 RTX。英伟达 CEO 黄仁勋在 SIGGRAPH 计算机图形学顶级年度会议上表示，Turing 是近 12 年来 GPU 架构变化最大的一次，原因在于 RTX 通过专用的 RT Core 核心实现了游戏中可用的实时光线追踪渲染。目前，NVIDIA RTX 技术凭借其强大的实时光线追踪与 AI 加速能力，已经改变了最复杂的设计任务流程，例如飞机与汽车设计、电影中的视觉效果以及大型建筑设计，并且驱动着后续的协作与模拟平台 Omniverse。GTC 2020 发布会上，英伟达发布了最新一代的 Ampere，黄仁勋表示这是 NVIDIA 八代 GPU 史上最大的一次性能飞跃。Ampere 建立在 RTX 的强大功能之上，进一步显著提高其渲染、图形、AI、计算工作负载的性能。

随着 GPU 在 AI 领域的普及，专注 GPU 的英伟达迎来收获期。英伟达大约在 2010 年起就已经开始转型布局人工智能，当时人工智能概念还未兴起，AI 仍是一片蓝海。经过持续多年的研发，英伟达在 2016—2018 年陆续推出一系列人工智能芯片、系统、软件、服务。目前，英伟达在 AI 芯片领域也已经占据主导地位。据《硅谷封面》报道，2019 年，前四大云供应商 AWS、谷歌、阿里巴巴、Azure 中 97.4% 的 AI 加速器实例（用于提高处理速度的硬件）部署了英伟达 GPU。Cambrian AI Research 的分析师 Karl Freund 表示，英伟达占据了人工智能算法训练市场"近 100%"的份额；Top 500 超级计算机中近 70% 使用了英伟达的 GPU。[①]

英伟达 Omniverse，是集齐其软、硬件技术的集大成者，真正帮助企业及用户渲染元宇宙世界。NVIDIA Omniverse 最早于 2019 年正式提出，最初是一款基于 NVIDIA RTX GPU 与皮克斯 USD（Universal Scene Description）的实时图形与仿真模拟平台，推出目的是改变工程与设计行业工作流程，加快项目设计与生产效率。2020 年，Omniverse Open Beta 公测版本上线，截至目前已有约 5 万用户进行了下载，其中中国市场有接近 1 万名用户。目前，Omniverse 提供 To C、To B 的两个版本。其中，To C 的 Omniverse Individual 版本全部免费，用户可通过英伟达官网、微信公众号等渠道下载；To B 的 Omniverse Enterprise 为付费版本，在 GTC 2021 正式发布，采取年度付费的订阅形式。

---

① 参考自 https://zhuanlan.zhihu.com/p/382859622。

Omniverse 由五大核心组件构成：Nucleus、Connect、Kit、Simulation、RTX Renderer。这些组件连同所连接的第三方数字内容创作（DCC）工具，以及所连接的其他 Omniverse 微服务，共同组成整个 Omniverse 生态系统。[①]

- Omniverse Nucleus：Nucleus 是连接不同位置的用户，实现 3D 资产交互与场景描述的数据库引擎。连接以后，负责建模、布局、着色、动画、照明、特效或渲染工作的设计师，可以协作创建场景。Omniverse 向数字内容与虚拟世界做出改动，应用于 Nucleus Database。这些改动在所有连接应用之间实时传输。

- Omniverse Connect：Connect 被作为插件分发，使客户端应用程序可以连接到 Nucleus。当需要同步时，DCC 插件将使用 Omniverse Connect 来应用外部接收的更新，并根据需要发布内部生成的更改。

- Omniverse Kit：Kit 是一个用于构建原生 Omniverse 应用与微服务的工具包，基于基础框架而构建，该框架可通过一组轻量级扩展程序提供各类功能。这些独立扩展程序是用 Python 或 C++ 语言编写的插件。

- Simulation：Omniverse 中的仿真由英伟达一系列技术作为 Omniverse Kit 的插件或微服务提供。作为 Omniverse 一部分进行分发的首批仿真工具是英伟达的开源物理仿真器 PhysX，该仿真器广泛用于计算机游戏中。

---

① 参考自 https://zhuanlan.zhihu.com/p/362699788。

- RTX Renderer：RTX 视口扩展程序利用 NVIDIA RTX、MDL 材质，以超高保真度表示数据。该程序可扩展性惊人，支持大量 GPU，并能在大型场景中提供实时交互，利用 Turing 与下一代 NVIDIA 架构中的硬件 RT 内核进行实时硬件加速的光线跟踪与路径跟踪。

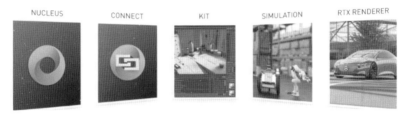

图 7-27　Omniverse 的构成

资料来源：英伟达官网。

英伟达基于 GPU 建立的软硬件生态，将使其在计算领域长期占据举足轻重的地位。英伟达在 GTC 2021 上宣布将升级为"GPU+CPU+DPU"的"三芯"产品战略。英伟达强劲的 GPU 加上发布的 CPU Grace，再加上最新的 Bluefield DPU，构成了英伟达最新的数据中心芯片路线图。英伟达在芯片行业的竞争进入组合拳时代——通过三种芯片的组合实现差异化并保持竞争力。

基于在 AI 芯片领域的领导力，英伟达有望在遵守现实物理世界规律的基础上建造元宇宙世界，不仅仅是硬件入口，元宇宙内的内容、应用、场景，均有望在 AI 芯片的加持下被重塑。

2. 高通：XR 芯片统治者

高通芯片是移动互联网时代智能硬件产品的关键底层技术构建

者，XR 时代高通芯片延续优势地位，目前已被广泛应用于 VR/AR
设备。芯片实力则与通用型、分布式硬件的当前及未来布局有关，高
通未来在元宇宙新硬件领域的探索值得关注。

XR 是高通在物联网领域的重点布局的方向之一。围绕 XR 的业务
布局，高通形成了较为清晰的发展路径。具体来讲，即利用在移动通
信领域的技术积累，打造并不断优化骁龙 XR 平台，通过 XR 核心芯
片平台、软件与算法、参考设计、合作项目等加速其在 XR 行业落地。

高通在 XR 生态的布局上较为积极，可能存在两方面原因，一是
预计未来消费级 XR 设备的使用场景与当今的智能手机设备相类似，
追求轻便与低能耗，因此得益于在智能手机领域的技术积累，高通具
备相应的技术迁移能力，从而可以降低研发成本；二是 VR/AR 对新
的互联网生态的重要性可类比智能手机对移动互联网的重要性，公司
具有较强的积极性与意愿去把握新一代硬件入口所带来的增长机遇。

高通 XR 芯片延续智能手机强势地位，已被广泛应用于主流
VR/AR 设备。高通自 2015 年开始布局 XR 芯片，早期应用到 VR/AR
设备的芯片是高通基于手机骁龙 800 系列芯片对 VR/AR 设备作相应
优化。2018 年 5 月，高通推出 VR 专用芯片骁龙 XR1，其性能与骁
龙手机芯片 660 相近。2019 年 12 月，高通发布基于骁龙 865 衍生的
XR2，集成了高通的 5G、人工智能及 XR 技术。XR2 相对 XR1 其性
能得到显著提升。

- 在视觉体验方面，XR2 平台的 GPU 可以 1.5 倍像素填充率、3
  倍纹理速率实现高效高品质的图形渲染；支持眼球追踪的视觉
  聚焦渲染；支持更高刷新率的可变速率着色，可以在渲染重负

载工作的同时保持低功耗；XR2 的显示单元可以支持高达 90fps 的 3K×3K 单眼分辨率；在流传输与本地播放中支持 60fps 的 8K 360 度视频。

- 在交互体验方面，XR2 平台引入 7 路并行的摄像头支持及定制化的计算机视觉处理器；可以高度精确地实时追踪用户的头部、嘴唇及眼球；支持 26 点手部骨骼追踪。

- 在音频方面，XR2 平台在丰富的 3D 空间音效中提供全新水平的音频层以及非常清晰的语音交互；集成定制的、始终开启的、低功耗的 HexagonDSP；支持语音激活、情境侦测等硬件加速特性。[①]

　　除硬件平台外，高通还提供包括平台 API 在内的软件与技术套装以及关键组件选择、产品、硬件设计资料的参考设计。同时公司在后续也不断进行功能调优，在软件算法端加入了如 SLAM、3D 音频、眼球/手势追踪、场景理解等功能应用，帮助下游的硬件设备厂商更轻松地进行产品开发。

　　高通还推出骁龙 Spaces XR 平台，助力 AR 设备的软硬件开发。据集微网报道，2021 年 11 月，高通进一步推出头戴式 AR 开发套件骁龙 Spaces XR 开发者平台，该平台目前已面向部分开发者提供。骁龙 Spaces 平台具有成熟的技术，并且是一个开放的跨终端平台与生态系统，能够支持 Epic Games 的虚幻引擎等领先 3D 引擎的软件开发套件（SDK），也可以与 Lightship 平台将 AR 体验扩展到户外 AR 应

[①]　参考自 https://zhuanlan.zhihu.com/p/95969809。

用场景，激发人们进行户外探索。

高通 XR 专用芯片的问世促进了 VR 设备形态向一体机的转变，高通持续提升 VR 设备的算力上限，是推动 VR 技术不断进步、不断优化的关键力量。目前，高通芯片已经成为 VR/AR 设备的统治者，未来也有望迭代创新，支撑 VR/AR 设备不断优化。

3. 英特尔：提供元宇宙所需算力

笔记本电脑的全盛时期，英特尔曾是 PC 互联网时代的芯片霸主；但来到移动互联网时代，半导体先进制程赛道上满是以智能手机、各种新型终端为主导的竞争对手，英特尔光芒明显暗淡。但如果仍然把 PC 看作进入元宇宙的入口之一，英特尔仍然占据较为关键的环节；同时，元宇宙世界需要消耗极为庞大的算力，需要英特尔这样的公司参与计算机、存储、网络基础设施的建设。同时，芯片实力与通用型、分布式硬件的当前及未来布局息息相关，这也就意味着，芯片实力强劲的公司如英特尔，若进军元宇宙新硬件或有独到的优势。

英特尔自 IDM 2.0 战略后，逐步转型为兼具芯片设计与芯片制造能力的继承设备制造商。根据英特尔首席执行官 Pat Gelsinger 的首场线上演说，英特尔未来 IDM 2.0 新战略有三。[①]

第一，英特尔面向大规模制造的全球化内部工厂网络，能够实现不断优化的产品、更高经济效益和更具韧性的供货能力，是英特尔的关键竞争优势。英特尔希望继续在内部完成大部分产品的生产，搭配更先进的制程技术包括 7nm 制程、Sip 芯片封装技术等构建基于既有

---

① 参考自英特尔公关部新闻稿，"英特尔 CEO 帕特·基辛格宣布'IDM 2.0'战略，实现制造、创新和产品的全面领先"。

垂直集成制造的竞争优势。

第二，扩大采用第三方代工产能。英特尔希望进一步增强与第三方代工厂的合作，现已为一系列英特尔技术，从通信、连接到图形和芯片组进行代工生产。基辛格预计英特尔与第三方代工厂的合作将不断扩大，涵盖以先进制程技术生产一系列模块化晶片，包括从 2023 年开始为英特尔客户端和数据中心部门生产核心计算产品。这将优化英特尔在成本、性能、进度和供货方面的路线图，带来更高灵活性、更大产能规模，为英特尔创造独特的竞争优势。

第三，打造世界一流的代工业务——英特尔代工服务（IFS）。英特尔宣布相关计划，成为代工产能的主要提供商，起于美国和欧洲，以满足全球对半导体生产的巨大需求。为了实现这一愿景，英特尔组建了一个全新的独立业务部门——IFS 事业部。IFS 事业部与其他代工服务的差异化在于，它结合了领先的制程和封装技术、在美国和欧洲交付所承诺的产能，并支持 x86 内核、ARM 和 RISC-V 生态系统 IP 的生产，从而为客户交付世界级的 IP 组合。

英特尔高级副总裁 Raja Koduri 公开发言时表达了对于元宇宙的看好[1]，"元宇宙可能是继万维网与移动互联网之后的下一个主要计算平台"，同时，他还认为："我们当下的计算机、存储与网络基础设施根本不足以实现真正的元宇宙"，"我们需要目前服务器 1 000 倍或以上的集群计算性能"。除了处理器、服务器等元宇宙的基础设施外，英特尔在元宇宙的软件领域也有所布局。英特尔公布的一项全新的持续计算的游戏技术——Continual Compute，这项技术的主要目的是解

---

[1]　参考自 https://mp.weixin.qq.com/s/kgr9GpQ3xZJnVAXuHL0_PQ。

决低性能设备无法有效运行高性能要求应用的问题，让任意设备都可以运行 3A 甚至元宇宙级别的游戏与应用。[1]

这项技术虽然听起来与云游戏技术有点相似，两者都是将游戏本体运行在云端设备或是另一台设备上，然后通过网络将游戏画面传输到设备上。但是英特尔的持续计算技术在应用层面与云游戏是有着本质区别的，英特尔的持续计算技术是调用其他设备的高性能硬件来参与运算，通过高速网络与特殊的软件协议直接传输运算数据而非画面。二者的区别在于持续计算的运算结果转化实际上是在用户 PC 上完成的，PC 是整个运算系统的一部分，而在云游戏的系统中 PC 仅仅承担显示器的功能。

无论是作为芯片设计与制造商，还是作为算力提供方，英特尔错失了智能手机的发展机遇，未能将 PC 芯片能力迁移至智能手机上，进入以 VR/AR 等新硬件为主的元宇宙时代，英特尔能否跳级进阶值得关注。

图 7-28　借助持续计算技术，无独立显卡的计算机流畅运行 3A 游戏

资料来源：腾讯网，雷科技，https://new.qq.com/omn/20211219/20211219A05NVF00.html。

---

[1]　参考自 https://www.sohu.com/a/510082131_121212438。

4. 联发科：全球最大智能手机 SoC 制造商

联发科虽然不直接做智能终端，但是却掌握着智能手机产业链的关键环节——SoC（System on Chip，芯片级系统），其芯片实力与通用型、分布式硬件的当前及未来布局紧密相关。

把握 4G—5G 换挡期，联发科已超越高通、成为全球规模第一的手机芯片厂商。根据 Counterpoint 公布的最新的全球智能手机芯片市场报告，2020 年第三季度联发科市场份额达到 31%、超越高通（29%）排名第一，同比大幅增长 5%；2021 年第三季度，联发科的市场份额增长至 38%，领先优势进一步扩大。可以说，目前联发科已经牢牢站稳市场第一的位置。联发科市场份额反超高通，主要原因在于国内厂商的大力支持。美国规则的修改，一定程度上给中国手机厂商敲响了警钟，过去大量采用高通芯片的国产厂商，如 OPPO、vivo、小米等，其性价比机型的芯片选择近几年逐渐转向联发科。

价格优势之外，联发科性能、5G 还是功耗均取得长足进步，并推出天玑系列向旗舰机型发起冲击。[①]2019 年 11 月，联发科发布天玑 1000 系列，定位高端机型，该系列不仅有 7nm 工艺加持，还有 A77 架构，综合性能表现达到安卓阵营第一梯队的水平。2020 年 5 月，联发科发布了天玑 1000+，首发天玑 1000+ 的是 iQOO Z1，这款手机的价格为 2 198 元，超低的价格再一次凸显出联发科处理器的高性价比优势。2020 年的天玑 800 系列则定位中端市场，该系列主要有两

---

① 参考自 https://mp.weixin.qq.com/s?src=11&timestamp=1646997167&ver=3670&signature=
2VsqXCCJMcb9RYUB5*j5-VLOIeS3SBFtDQ57*niRtuPRPnoZ8GSavy0meA98MaC8q191
GnFU0OhqU0LSoyURdcGlS3onfrHjgWK0HBv-QYpvgPkpy7poYI*TKkyRoumq&new=1.

款芯片——天玑 820、天玑 800，都拥有旗舰级 4 大核 CPU 架构，并且都采用 7nm 制程打造。

5G 积淀开花结果，2021 年发布的天玑 1200、9000 能够带来最先进的 5G 体验。首先是天玑 1200 基于的天玑 5G 开放架构，为手机厂商在 ISP、APU 等硬件上做个性化的调用提供了更大的空间，可以满足各种细分市场的需求。再是被寄予厚望的天玑 9000[①]，奠定了联发科在旗舰机芯片的市场地位。天玑 9000 采用台积电 4nm 制程工艺，相比主流的 5nm、6nm SoC 芯片在计算性能、晶体管密度等方面都有不小提升。在此之上，联发科提出了通过 CPU、GPU、APU、ISP 等元件协同合作的全局能效优化技术。对比上代性能提升 400%，能效提升 400%，天玑 9000 能够进行超分辨率运算，以更低的功耗提供更好的画质表现。

5G 可以带来高带宽、低时延的网络传输，但在 4G 向 5G 过渡的初期，5G 网络体验并不算完整。而联发科在 5G 技术上不遗余力地研发投入，给消费者带来了高性价比的体验，让天玑品牌得到了用户与市场的双重认可。[②] 元宇宙时代，芯片仍然会是硬件产业链的重要环节，具备较强芯片实力的联发科的发展与硬件终端，包括通用型与分布式垂类，仍紧密相关。

[①]　参考自 https://zhuanlan.zhihu.com/p/438179183。

[②]　参考自 https://mp.weixin.qq.com/s?src=11&timestamp=1646997167&ver=3670&signature=2VsqXCCJMcb9RYUB5*j5-VLOIeS3SBFtDQ57*niRtuPRPnoZ8GSavy0meA98MaC8q191GnFU0OhqU0LSoyURdcGlS3onfrHjgWK0HBv-QYpvgPkpy7poYI*TKkyRoumq&new=1。

第三节　"科技向善"

我们在《元宇宙大投资》一书最后强调了前置"科技向善"的必要性。新硬件主义时代，当 AI 在元宇宙中以内容、应用、场景的各类供给满足人的需求，再在现实物理世界中以分布式垂类新硬件的方式，承接人在元宇宙中开发出来的更多需求，作为供给方，"科技向善"就成了一桩必须要前置的"系统设定"。

针对互联网、移动互联网，我们认为"双刃剑"的另一面，是"燃烧一片森林只为照亮自己"。互联网、移动互联网的经验已经证明了，科技并不会进化伦理，前置"科技向善"如果在元宇宙上半场还解决不好，新硬件主义时代可能就"回天乏力"了。

未来的全息社会，一切均可知、没有不对称，用户最关键的是创造力与分辨力，但这两样预计是多数人难以具备的，从这个角度来讲，作为需求方的"用户"较为弱势。"科技向善"是一种选择，用户时长是自变量，作为供给方的企业如何选择，则是因变量。

从历史的角度来看，科技发展一方面为人类社会带来了进步与繁荣，另一方面也衍生出许多非常严重的问题，这些问题是科技所不能解决的；人类文明的发展，从远古开始，都是从"尝试错误"着手，难免有方向不明、步履错乱的现象，必须谨慎从事，以防止迷失方向，才能够无咎。

即便一个超级人工智能体是可能的，但它未必是生存最优化的结

331

果，因为智能并不进化伦理，高智能与人的价值、意义之间并没有必然联系，如何才能让超级智能体在没有界限的情况下，与我们的价值观相匹配？一种可能的方式是正确设置智能爆炸的初始条件，另一种可能的方式是尽早进入元宇宙，在新的环境中去真实地面对不确定性，并模拟其结果。这些事都很难，但值得去做好，且都需要前置"科技向善"。

在新硬件主义的框架中，分布式垂类新硬件的背后是 AI，以霍金为代表的科学家，一直对 AI 持有非常谨慎的态度，他们认为人工智能是人类文明史上的最大事件，但也有可能是人类文明史的终结。国内的先行者，一方面认为人工智能会创造巨大的财富，并有可能彻底解决癌症等医疗问题；另一方面也存在大公司作恶、人类失业等风险。

基于 AI 的巨大潜力，研究如何应用 AI 来获益并规避风险是非常重要的，科技向善的选择，微观上着眼于如何科技向善于"用户时长"的使用，新硬件主义时代，用户时长约等于用户所有可支配时长。

科技向善的第一公式：$y=f(x)$，$x=$ 用户时长。"向善"应该有四个层面的含义。

第一个是功用层面，科技肯定会在功用的层面上给人类生活的各个领域带来进步、提高效率，带来方便甚至舒适，能够提高人的物质生活水平，这一点是毫无疑问的。

第二个是社会层面，在社会的层面，善的含义是什么？就是公平正义，怎么样让社会各个阶层比较平等地享受到科技发展的成果，这就是我们提出"科技普惠"概念的意义。

第三个是伦理层面，在科技发展的过程中，怎么样尊重人类最基本的伦理价值——如人的生命价值，又如家庭伦理？生命科学、基因工程的发展已经对此形成了巨大挑战。

第四个是精神层面，即人类不只物质生活要发展，精神生活的品质也需要提升。这个问题其实科技本身不能解决，一定需要科技与人文进行合作，来解决这个问题。

科技向善有条件成为元宇宙这一数字世界及未来物理世界运行的最大公约数：一是更充分地连接到社会的每一个人，向善于用户的使用时长（x）；二是提供的产品服务（y），更有责任感。